动物生物化学

DONGWU SHENGWU HUAXUE

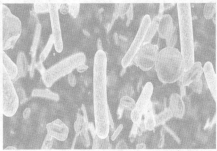

金成浩　主　编

罗英花　副主编

中国农业出版社

北　京

前　言
FOREWORD

　　动物生物化学是专门研究动物机体化学变化规律以揭示动物生命现象本质的一门学科。它是高等农业、林业、水产院校中动物科学、动物医学、动物药学、水产养殖、动植物检疫、水族科学与技术、野生动物与自然保护区管理和生物技术等专业的专业基础课，在相关专业人才培养课程体系设置中占有举足轻重的地位。

　　本书以培养"厚基础、强能力、高素质、广适应"的创新型人才为目标，以"思路清、内容新、形式活"为指导思想，以"利于教师传授，利于学生学习"为宗旨，进行精心编写。全书共有11章，主要内容包括绪论、核酸化学、蛋白质化学、酶与维生素、脂类代谢、糖代谢、生物氧化、蛋白质的酶促降解和氨基酸代谢、核酸的酶促降解及核苷酸代谢、核酸与蛋白质的生物合成、物质代谢的调节。

　　本书在编写过程中注重对以下特色的把握：第一，全书内容详略得当，重点突出，脉络清晰，利于学生全面理解和把握课程核心知识。第二，注重动物生物化学理论和动物生产实际的紧密结合，突出课程理论指导实践的特点。第三，将动物生物化学领域的一些必要补充知识以"知识链接"的形式进行了专门介绍，利于丰富内容，便于学生学习。

　　本书是黑龙江省重点研发计划指导类项目（GZ20220039）、中央支持地方高校改革发展基金人才培养项目（2020GSP16）、黑龙江省高等教育学会高等教育研究课题（23GJYBC036）、黑龙江省研究生课程思政高质量建设项目（HLJYJSZLTSGC-KCSZTD-2021-020），黑龙江省高等教育教学改革研究项目（SJGY20210651，SJGY20190484）的最终成果。

笔者在编写本书的过程中，参阅了国内生物化学领域的一些专家的研究成果，在此，向相关专家致以诚挚的敬意与谢意。

由于笔者水平有限，加之生物化学学科发展迅速，书中不足之处在所难免，恳请读者不吝指正。

编者

2023 年 12 月

目　录

CONTENTS

前言

目　　录

第一章 绪 论

第一节 生物化学概述

生物化学即生命的化学，是以生物体（动物、植物、微生物等）为研究对象，运用化学的原理、方法，研究生物体的物质组成、结构与功能的关系以及物质在生命过程中的变化过程与变化规律，并在分子水平上来研究生命现象和生命本质，以阐明生物机体各种生理过程的分子机理的一门学科。

根据研究对象的不同，生物化学可分为动物生物化学、植物生物化学和微生物生物化学。如果以一般生物为研究对象，则称为普通生物化学或者直接称为生物化学。如果以生物不同进化阶段的化学特征为研究对象，又派生出了进化生物化学或比较生物化学。根据不同的研究对象和研究目的，生物化学还有很多的分支，如医学生物化学、农业生物化学、工业生物化学、环境生物化学和营养生物化学等。动物生物化学是以动物为研究对象的生物化学。

第二节 动物生物化学研究的主要内容

概括地说，动物生物化学研究的内容主要包括以下四个方面。

一、动物体的化学组成、分子结构及生物学功能

构成动物体的化学元素主要是 C、H、O、N、P、S、Ca、Mg、Na、K、Cl、Fe 等。这些化学元素以多种有机化合物和无机化合物的形式存在于动物体内，例如维生素、激素、氨基酸、葡萄糖、核苷酸等低分子有机化合物在此基础上构建出的蛋白质、核酸、多糖、脂类等高分子有机化合物，这些高分子有机化合物巨大的分子质量、复杂的空间结构使它们具备了执行各种各样生物学功能的本领。细胞的组织结构、生物催化、物质运输、信息传递、代谢调节以及遗传信息的存储、传递与表达等都是通过生物大分子及其相互作用来实现的。因此，对生物大分子的结构与功能的研究永远是生物化学的核心课题。当然，无机元素在生物体内也有其独特的作用，许多无机元素是蛋白质和酶的重

要组成部分，并参与体内的物质代谢、能量代谢、信息的传递和代谢的调控。

二、动物体新陈代谢与调控

新陈代谢是生命的基本特征之一。广义的新陈代谢是机体与外界进行物质和能量交换的过程，即物质的消化、吸收、中间代谢、废物排泄过程；狭义的新陈代谢是指中间代谢，即生物大分子在细胞中的分解、合成、再分解、再合成及其能量转移规律，是在细胞中进行的化学过程，这是动物生物化学研究的重要内容之一。机体的各种代谢活动是由许多代谢途径构成的网络，是在一系列的调控下有条不紊地进行的。外界刺激通过体内神经、激素等作用于细胞，通过对酶的调节改变细胞内的物质代谢。细胞内存在的各种信号传导系统调节机体的生长、增殖、分化、衰老等生命过程。细胞信号传导机制与网络的深入研究是现代生物化学重要的研究课题之一。

三、动物体基因的表达及调控

动物生命现象的一个基本属性是能够进行自我复制、自我繁殖。核酸起着携带和传递遗传信息的作用，基因是遗传信息存储与传递的载体，是 DNA 分子中可表达的功能片段，通过 DNA 的复制、RNA 的转录和翻译将遗传信息传递给后代。研究基因在染色体中的定位、核苷酸的排列顺序及其功能、DNA 复制、RNA 转录、蛋白质生物合成过程中基因传递的机制，以及基因传递与表达的时空调节规律等是生物化学极为重要的课题。

四、生物化学技术

生物化学是实验的科学，生物化学的一切研究内容均建立在严谨的科学实验基础之上。生物化学技术包括生物大分子的提取、分离、纯化与检测鉴定技术，生物大分子组成的序列分析和体外合成技术，物质代谢与信号传导的跟踪检测技术，以及基因重组、转基因、基因敲除、基因芯片等基因研究的相关技术等。生物化学技术不是单纯的化学技术，其中融入生物学、物理学、免疫学、微生物学、药理学的知识与技术，这些技术的开发应用也是生物化学研究内容中的重要组成部分。

第三节　生物化学发展简史

生物化学一词的出现是在 20 世纪初期，但它的起源可追溯得更远，其早期的历史是生理学和化学早期历史的一部分。18 世纪 80 年代，拉瓦锡证明呼吸与燃烧一样是氧化作用；几乎同时，有科学家发现光合作用本质上是动物呼吸的逆过程。1828 年，沃勒首次在实验室中合成了一种有机物——尿素，打破了有机物只能靠生物产生的观点，给"生机论"以重大打击。1860 年，巴斯德证明发酵是由微生物引起的，同时他认为必须有活的酵母才能引起发酵。1897 年，毕希纳兄弟发现酵母的无细胞抽提液可进行发酵，证明没有活细胞也可进行如发酵这样复杂的生命活动，终于推翻了"生机论"。

生物化学的发展大体可分为三个阶段。

一、静态生物化学阶段

生物化学从 19 世纪末至 20 世纪 30 年代是静态的描述性阶段。这一阶段主要是研究生物体的物质组成、结构、性质、含量等。主要贡献有：对脂类、糖类及氨基酸的性质进行了较为系统的研究；发现了核酸；化学合成了简单的多肽；在酵母发酵过程中发现了酶，并认识了酶的化学本质。

二、动态生物化学阶段

20 世纪 30—50 年代是动态生物化学阶段。这一阶段主要研究物质代谢与相关调节。本阶段主要贡献有：发现了必需氨基酸、必需脂肪酸及多种维生素、多种激素；获得了酶晶体；基本确定糖酵解、三羧酸循环、脂肪酸氧化、尿素合成途径；对呼吸、光合作用以及三磷酸腺苷（ATP）在能量转化中的关键位置有了较深入的认识。

三、机能生物化学阶段

20 世纪 50 年代至今，是机能生物化学阶段。这一阶段以提出 DNA 双螺旋结构模型为标志，主要研究生物大分子结构和生理功能之间的关系。本阶段主要贡献有：完成胰岛素的氨基酸序列分析；DNA 双螺旋结构模型的提出；初步确立了遗传信息传递的中心法则，并破译了 RNA 分子中的遗传密码等；建立了重组 DNA 技术、转基因技术、基因敲除技术、基因芯片技术、聚合酶链式反应技术；发现了核酶；启动了人类基因组计划并完成了人类基因组草图等。

知识链接

生物化学与诺贝尔奖

诺贝尔奖是根据瑞典化学家阿尔弗雷德·诺贝尔的遗嘱创立的一项旨在表彰自然科学研究者、文学创作者和世界和平推动者的著名奖项，从 1901 年开始，每年颁发一次。诺贝尔奖分为 5 项，即物理学奖、化学奖、生理学或医学奖、文学奖和和平奖，在诺贝尔奖一百多年的历史中，96项生理学或医学奖中有35项与生物化学有着密切的关系，而化学奖中则有39项与生物化学关系密切，特别是从20世纪50年代以来，65%的生理学或医学奖和40%的化学奖属于生物化学领域，二者之和相当于另外设立了一个生物化学诺贝尔奖。

第四节　动物生物化学的发展动态

半个世纪以来，分子生物学的迅速发展从根本上改变了生命科学的面貌，并极大地丰富和扩展了生物化学的内涵。现代生物化学的发展已经从多个方面融入了生命科学发展的主流当中。

自20世纪90年代以来，生物大分子研究的迅速发展出现了信息"爆炸"。过去10年才能搞清一个蛋白质的结构，到20世纪90年代中期已达到平均每天3.5个。从20世纪90年代初开始的"人类基因组计划"历经10个年头，在进入21世纪后不久宣布完成，得到了由30亿个碱基组成的人类染色体全部基因的DNA序列，这是对人类基因组序列的首次揭示，表示科学家们可以开始"解读"人类生命"天书"所蕴涵的内容。一般认为，所有的疾病都间接或直接地与基因有关，人类基因组的解读为疾病的诊断、防治和新药的研究开发提供了有力的武器。

20世纪50—60年代，人们对核酸的化学、核酸酶学的认知不断扩大，到了70年代，人们掌握了利用分子杂交、限制性内切酶和反转录酶等工具酶，按照自己的意愿改造遗传基因和操纵遗传过程的技术，即重组DNA技术。这项技术的规模化和工业化就是基因工程，也称遗传工程。以基因工程技术为核心，与现代发酵工程、细胞工程、胚胎工程、酶工程、蛋白质工程等集合而成的生物工程学，正在展现出其推动生产力发展的巨大潜力。运用DNA重组技术，将一些外源蛋白质基因转入细菌、酵母和动植物细胞中，已经可以大量地生产如生长激素、干扰素和乙肝疫苗等激素和药物。注射重组生长激素的猪生长速度大大加快，注射重组生长激素的奶牛的牛奶产量可得到大幅度增加。1982年，Palmiter将大白鼠生长激素的基因重组后注射入小鼠受精卵，再将受精卵植入小鼠子宫，发育成的小鼠长得比原小鼠大两倍，证明转入的外源基因改变了生物的性状，从而创立了动物转基因技术。1991年，有人运用转基因技术使绵羊的乳腺表达 α-抗胰蛋白酶成功，表明乳腺等动物器官可以作为大量表达特异蛋白的"生物反应器"。1997年，英国Wilmut等利用羊的体细胞（乳腺细胞）克隆出了多莉羊，震惊了世界。在医学方面，由转基因技术而萌发的基因诊断、基因治疗的概念，正在变为现实。自 1990 年以来，已有数百位遗传缺陷性疾病患者接受基因治疗，并且看到了康复的希望。虽然目前对于基因改造产品的商品化和转基因生物的安全性还有不同看法，但是已经没有人怀疑现代生物技术对于人类未来的发展将产生的难以估量的影响。

第五节　动物生物化学与畜牧兽医专业的关系

一、与畜牧业的关系

了解动物体内生物化学物质的组成、物质与能量代谢以及营养物质代谢间的相互转化、相互影响的规律，可以进一步促进研究动物营养机理，合理调配动物营养，改进饲料配方，开发新型饲料、新型饲料添加剂，提高饲料转化率，提高畜禽生产效率，防止各种代谢病。

二、与兽医科学的关系

了解正常动物的物质和能量代谢规律，可为正确诊断动物疾病、科学用药、动物疾病防治等提供理论基础。

三、与其他学科的关系

动物生物化学是动物生命学科的基础，生物化学的理论与技术已经渗透到了动物科学、动物医学的各个领域，奠定了动物养殖和动物疾病的科学诊断与防治等方面的理论基础。生物化学的基础理论和实验技术是畜牧兽医、动物营养生物制品技术等专业的重要专业基础课程，掌握其基本理论和基本实验技能必将为学习专业课程（如动物解剖生理学、微生物学、病理学、药理学、畜产品加工与品质检验等）和学生毕业后的继续学习奠定坚实的基础。

知识链接

中国学者对生物化学发展的贡献

中国学者对生物化学的发展做出了重要贡献。早在 20 世纪 30 年代，吴宪提出了蛋白质变性学说，创立了血滤液的制备和血糖测定法。中华人民共和国成立后，中国的生物化学迅速发展。1965 年中国科学家首次人工合成了具有生物活性的结晶牛胰岛素；1981 年又成功合成了酵母丙氨酰- tRNA；1999 年中国参加人类基因组计划，承担其中 1% 的任务，并于次年完成；2002 年中国学者完成了水稻的基因组精细图；2002 年启动的人类蛋白质组计划中，中国科学家领衔完成"人类肝蛋白质组计划"，在 2010 年精确鉴定出 6 788 种蛋白质，成为首个被鉴定的人体蛋白质组；2010 年中国科学家又承担了人类染色体蛋白质组计划中 1 号、8 号和 20 号染色体对应蛋白质的鉴定任务。此外，在基因工程、蛋白质工程、疾病相关基因研究等方面，中国均取得重要成果。

第二章　核酸化学

核酸是生命有机体的基本组成物质之一，是重要的生物大分子，从高等的动植物到简单的病毒都含有核酸。核酸最早是在 1868—1869 年由 Miescher 发现的，他从附着在外科绷带上的脓细胞核中分离出一种含磷量很高的酸性物质，由于它来源于细胞核，当时称之为"核素"；1889 年，Altmann 将其纯化，并把不含蛋白质的这种物质称为核酸。后来证明，所有的生物都含有核酸，核酸是遗传信息的载体。天然存在的核酸根据其分子所含戊糖的不同分为两类：一类为脱氧核糖核酸（DNA）；另一类为核糖核酸（RNA）。DNA 的主要生物学功能是储存遗传信息，具有复制功能，能将其储存的遗传信息毫无保留地传给后代并且控制着生物特征的表达。通常所说的基因即为 DNA 分子的一个功能片段。生物细胞内的 RNA 根据生物学功能不同分为三种，即信使RNA（mRNA）、转运 RNA（tRNA）和核糖体 RNA（rRNA）。mRNA 是合成蛋白质的模板，tRNA 是蛋白质合成过程中转运氨基酸的工具，rRNA 与蛋白质结合成核糖体，作为蛋白质合成的场所。所有的原核细胞和真核细胞都同时含有这两类核酸，并且一般都和蛋白质结合在一起，以核蛋白的形式存在。核酸在生物的生长、发育、繁殖、遗传和变异等生物活动过程中都具有极其重要的作用，其生物遗传作用最为重要。

第一节　核酸的化学组成

一、概念

核酸（DNA 或 RNA）是核蛋白的组分之一，是许多核苷酸单位按一定顺序连接组成的多聚核苷酸，呈酸性。

二、分类与分布

根据组成不同，核酸可分为 DNA 和 RNA。98％的 DNA 存在于细胞核中，2％的 DNA 存在于线粒体中；90％的 RNA 分布在胞液中，10％的 RNA 存在于细胞核中。所有生物细胞都含有这两类核酸，但对于病毒来说，只含有

DNA 和 RNA 的一种，因此分为 DNA 病毒和 RNA 病毒。

三、核酸的化学组成

核酸由 C、H、O、N、P 等元素组成，其中 P 的含量为 9%～10%。由于核酸分子中 P 的含量比较稳定，故可通过测定 P 的含量来估算核酸的含量。

（一）核酸的结构组成单位

若将核酸逐步水解，则可生成多种中间产物。首先生成的是单核苷酸；单核苷酸进一步水解生成核苷及磷酸；核苷水解后则生成核糖和碱基。核酸的水解过程可用下式表示：

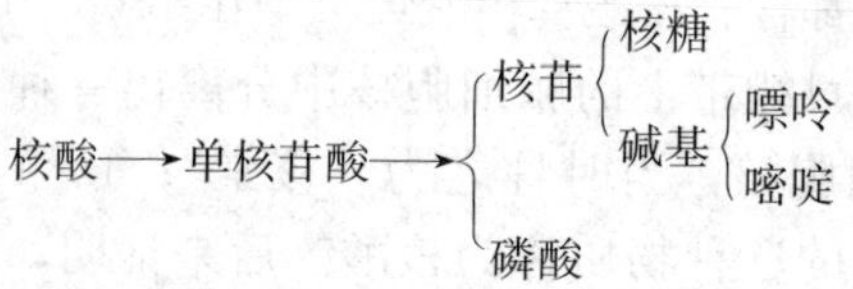

$$\text{核酸} \longrightarrow \text{单核苷酸} \longrightarrow \begin{cases} \text{核苷} \begin{cases} \text{核糖} \\ \text{碱基} \begin{cases} \text{嘌呤} \\ \text{嘧啶} \end{cases} \end{cases} \\ \text{磷酸} \end{cases}$$

（二）两类核酸的组成成分

核酸的基本单位是单核苷酸，而单核苷酸则由含氮碱基、戊糖和磷酸 3 种成分连接而成。DNA 的基本组成单位是脱氧核糖核苷酸，RNA 的基本组成单位是核糖核苷酸，两类核酸的基本组成成分见表 2-1。

表 2-1　两类核酸的基本组成成分

核酸	主要碱基	核糖
DNA	腺嘌呤（A）、鸟嘌呤（G）、胞嘧啶（C）、胸腺嘧啶（T）	D-2-脱氧核糖
RNA	腺嘌呤（A）、鸟嘌呤（G）、胞嘧啶（C）、尿嘧啶（U）	D-核糖

（三）结构

1. 碱基　核酸中的碱基主要是嘌呤碱基和嘧啶碱基两种，此外，还含有很少量的稀有碱基。

（1）嘌呤碱基（图 2-1）。嘌呤碱基由嘌呤衍生而来。核酸中常见的嘌呤碱基有两类：腺嘌呤（A）和鸟嘌呤（G）。

（2）嘧啶碱基（图 2-2）。嘧啶碱基是嘧啶衍生物。常见嘧啶碱基有 3 类：胞嘧啶（C）、尿嘧啶（U）和胸腺嘧啶（T）。

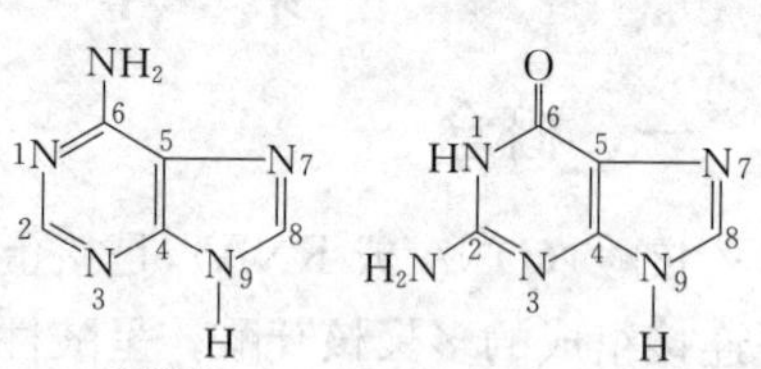

（3）稀有碱基。核酸中含量很少的碱

腺嘌呤　　　　　鸟嘌呤
(adenine, A)　　(guanine, G)

图 2-1　嘌呤碱基

基，称为稀有碱基（也称为修饰碱基）。常见的稀有嘧啶碱基有 5-甲基胞嘧啶、5,6-二氢尿嘧啶等；常见的稀有嘌呤碱基有 7-甲基鸟嘌呤、N^6-甲基腺嘌呤等。tRNA 中含有较多稀有碱基。

2. 核糖 核糖中所含的糖是 D-核糖和 D-2′-脱氧核糖，均属于戊糖。核糖中的 2′-OH 脱氧后形成脱氧核糖。

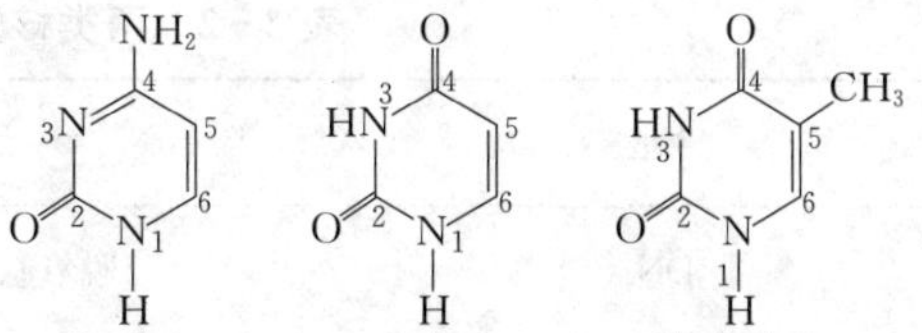

为区别于碱基上的原子编号，核糖上的碳原子编号的右上方都加上 "′" 来表示，如 1′、3′ 就表示核糖上第 1 个和第 3 个碳原子。

图 2-2 嘧啶碱基

胞嘧啶 (cytosine, C)　尿嘧啶 (uracil, U)　胸腺嘧啶 (thymine, T)

3. 核苷 核苷由一个戊糖（核糖或脱氧核糖）和一个碱基（嘌呤或嘧啶碱基）缩合而成。RNA 中的核苷称为核糖核苷（或称核苷），共有 4 种，分别由腺嘌呤、鸟嘌呤、胞嘧啶和尿嘧啶与核糖构成腺苷、鸟苷、胞苷和尿苷，如图 2-3 所示。DNA 中的核糖在 2′-OH 上的氧被脱掉，由它与碱基缩合形成的核苷，称为脱氧核糖核苷，亦有 4 种，分别是脱氧腺苷、脱氧鸟苷、脱氧胞苷和脱氧胸苷，如图 2-4 所示，两类核酸的核苷组成见表 2-2。

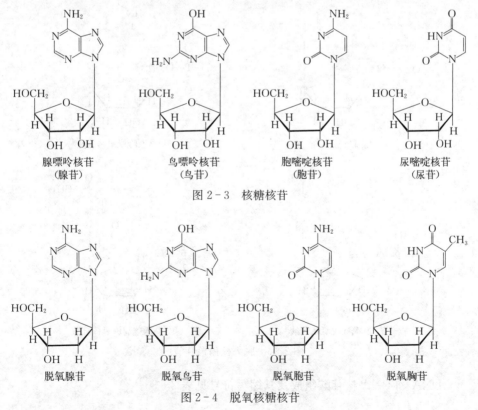

腺嘌呤核苷（腺苷）　鸟嘌呤核苷（鸟苷）　胞嘧啶核苷（胞苷）　尿嘧啶核苷（尿苷）

图 2-3 核糖核苷

脱氧腺苷　脱氧鸟苷　脱氧胞苷　脱氧胸苷

图 2-4 脱氧核糖核苷

表 2-2 两类核酸的核苷组成

核酸	核苷组成
DNA	脱氧腺苷、脱氧鸟苷、脱氧胞苷、脱氧胸苷
RNA	腺苷、鸟苷、胞苷、尿苷

4. 核苷酸 核苷酸是由核苷中戊糖的 $5'-OH$ 与磷酸缩合而成的磷酸酯，是构成核酸的基本单位。根据核苷酸中戊糖的不同将核苷酸分成两大类，即核糖核苷酸和脱氧核糖核苷酸，前者是构成 RNA 的基本单位，后者是构成 DNA 的基本单位。天然核酸中，DNA 主要是由脱氧腺苷酸、脱氧鸟苷酸、脱氧胞苷酸、脱氧胸苷酸 4 种脱氧核糖核苷酸组成；RNA 主要由腺苷酸、鸟苷酸、尿苷酸、胞苷酸 4 种核糖核苷酸组成。

脱氧核糖核苷酸见图 2-5，核糖核苷酸见图 2-6。

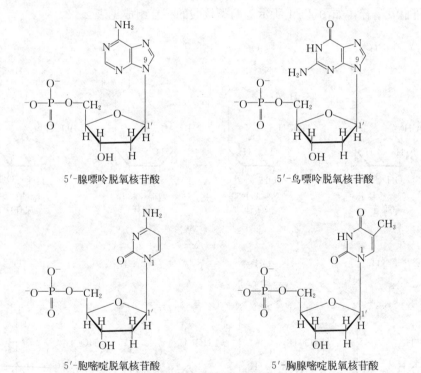

5′-腺嘌呤脱氧核苷酸   5′-鸟嘌呤脱氧核苷酸

5′-胞嘧啶脱氧核苷酸   5′-胸腺嘧啶脱氧核苷酸

图 2-5 脱氧核糖核苷酸

DNA 和 RNA 核苷酸组成及其缩写符号见表 2-3。

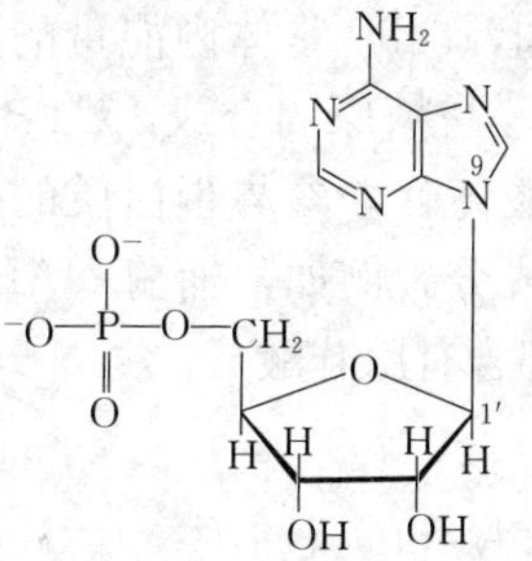

5′-腺嘌呤核苷酸

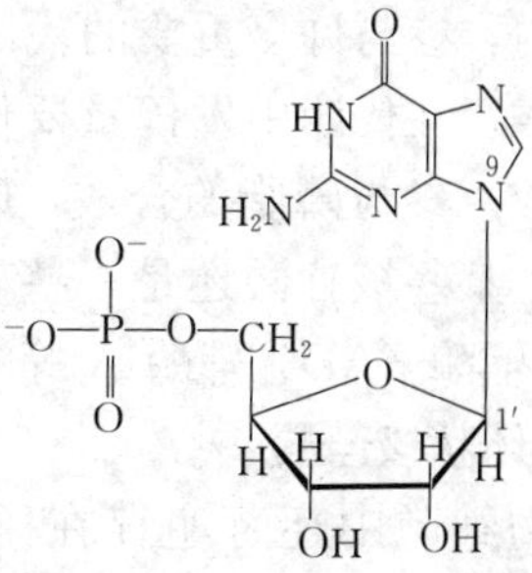

5′-鸟嘌呤核苷酸

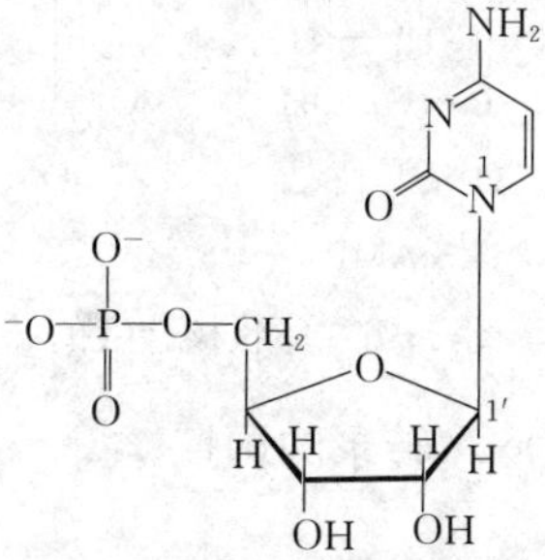

5′-胞嘧啶核苷酸

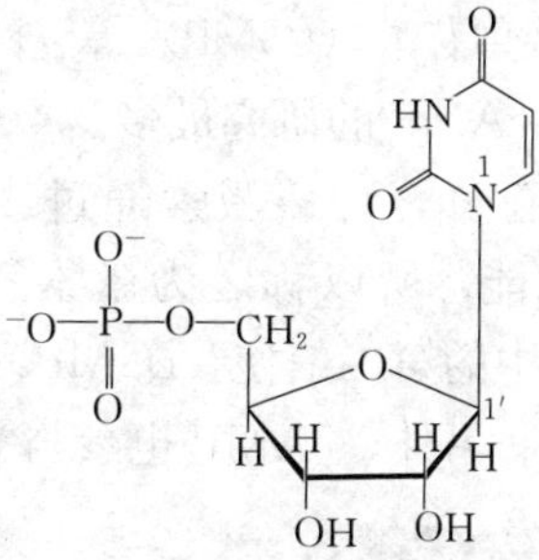

5′-尿嘧啶核苷酸

图 2-6　核糖核苷酸

表 2-3　DNA 和 RNA 核苷酸组成及其缩写符号

核酸	RNA	DNA	碱基	RNA	DNA
腺嘌呤（A）	腺苷酸（AMP）	脱氧腺苷酸（dAMP）	尿嘧啶（U）	尿苷酸（UMP）	
鸟嘌呤（G）	鸟苷酸（GMP）	脱氧鸟苷酸（dGMP）	胸腺嘧啶（T）		脱氧胸苷酸（dTMP）
胞嘧啶（C）	胞苷酸（CMP）	脱氧胞苷酸（dCMP）			

（四）多磷酸核苷酸

核苷酸分子都含有一个磷酸基，故统称为核苷一磷酸。5′-核苷酸的磷酸基都可进一步磷酸化形成相应的核苷二磷酸和核苷三磷酸，例如 5′-腺苷酸，又称腺苷一磷酸（AMP），进一步磷酸化生成腺苷二磷酸（ADP）和腺苷三磷酸（ATP），其结构式如图 2-7 所示。ADP 和 ATP 都是高能磷酸化合物。

二磷酸核苷和三磷酸核苷广泛存

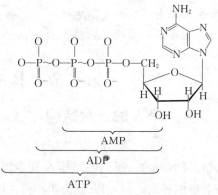

图 2-7　AMP、ADP 与 ATP 的结构式

在于细胞内，参与许多重要的代谢过程。例如，ATP 是体内能量的直接来源和利用形式，在代谢中发挥重要作用。UTP 参与糖原的合成，CTP（胞嘧啶核苷三磷酸）参与磷脂的合成，GTP（三磷酸鸟苷）参与蛋白质的生物合成等。此外，某些核苷酸还是一些辅酶的组成成分。例如，辅酶 NAD^+、辅酶 $NADP^+$、辅酶 FAD、辅酶 A 等的结构中，都含有腺苷酸。

（五）环状核苷酸

在生物细胞中还普遍存在一类环状核苷酸，如 $3',5'$-环状腺苷酸（cAMP）、$3',5'$-环状鸟苷酸（cGMP）等（图 2-8），其中以对 cAMP 的研究最多。

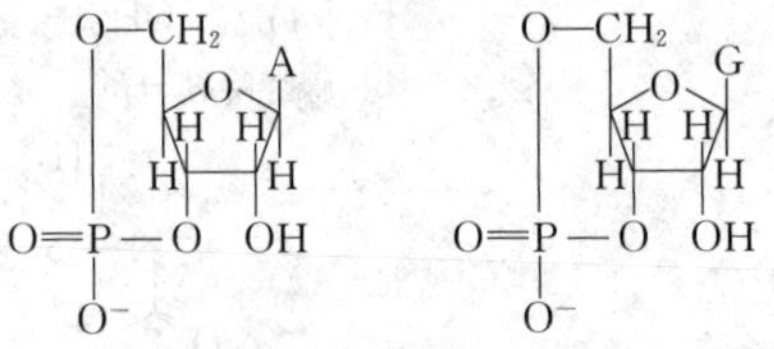

目前已知，许多激素通过 cAMP 而发挥其功能，所以称之为激素（第一信使）作用中的第二信使，cGMP 可能也是

图 2-8　环状核苷酸的结构式

第二信使。另外，cAMP 也参与大肠杆菌中 DNA 转录的调控。

知识链接

核苷酸的功能

核苷酸具有调节动物体内能量代谢、参与遗传信息编码、传递细胞信号等重要的功能。由于动物体缺乏核苷酸时并未表现出明显的症状，所以核苷酸曾一度被认为是一类非必需营养物质。近几年，对核苷酸饲料添加剂的研究发现，饲粮添加核苷酸，对动物的生长发育和免疫机能都有很好的促进作用。目前，核苷酸作为一种半必需营养物质，已被应用到食品、医药和饲料等多个领域。例如给动物补饲核苷酸，有抗应激的作用，能显著地降低猪应激引起的肌酸激酶、乳酸脱氢酶、天门冬氨酸转氨酶的活性，减少劣质肉的发生。在蛋鸡饲粮中添加核苷酸，能快速消除应激造成的不良影响等。此外，核苷酸对动物性腺的生长发育也有积极作用。

第二节　核酸的分子结构

一、DNA 的一级结构

DNA 是由 dAMP、dGMP、dCMP、dTMP 四种脱氧核苷酸组成的多核苷酸链。DNA 的一级结构是指其多核苷酸链中各个核苷酸之间的连接方式、核苷酸的种类、数量以及排列顺序。生物的遗传信息就存储于 DNA 的核苷酸序列中。

核酸分子中，核苷酸的连接方式为一个核苷酸戊糖 3′碳上的羟基与下一个核苷酸戊糖 5′碳上的磷酸脱水缩合成酯键，此键称为 3′,5′-磷酸二酯键。许多核苷酸借助 3′,5′-磷酸二酯键连接成长的多核苷酸链，称为多核苷酸，即核酸。在链的一端为核苷酸戊糖 5′碳上连接的磷酸，称为 5′-磷酸末端或 5′末端；链的另一端为核苷酸戊糖 3′碳上的自由羟基，称为 3′-羟基末端或 3′末端。链内的核苷酸由于其戊糖 5′碳上的磷酸和戊糖 3′碳上的羟基均已参与 3′,5′-磷酸二酯键的形成，故称为核苷酸残基。DNA 的一级结构如图 2-9 所示。

从图 2-9 可以看出，DNA 的主链骨架是由脱氧核糖、磷酸不断重复构成，所不同的只是碱基不同，为方便起见，常常以碱基的排列顺序替代核苷酸的排列顺序，而且有时候直接用 A、T、C、G 分别替代脱氧腺苷酸、脱氧胸苷酸、脱氧胞苷酸、脱氧鸟苷酸。

DNA 一级结构的简化式如图 2-10 所示。

式中 G、C、T、A 分别代表不同的碱基，竖线代表脱氧核糖的碳链，P 代表磷酸，斜线代表磷酸二酯键，斜线与竖线的交点分别代表脱氧核糖中的戊糖 3′碳原子和 5′碳原子位置。

也可写成 $5'_pG_pC_pT_pA_{OH}3'$ 或 $5'GCTA3'$。按规定，书写 DNA 的顺序总是从 5′末端到 3′末端，5′末端在左侧，3′末端在右侧。

DNA 的碱基组成有如下特点：

① 具有种的特异性。

② 没有器官和组织的特异性。

③ 在同种 DNA 中腺嘌呤与胸腺嘧啶的物质的量相等，即 $n(A)=n(T)$；鸟嘌呤与胞嘧啶的物质的量相等，即 $n(G)=n(C)$。因此，嘌呤碱基的总物质的量等于嘧啶碱基的总物质的量，即 $n(A+G)=n(T+C)$。

④ 年龄、营养状况、环境的改变不影响 DNA 的碱基组成。

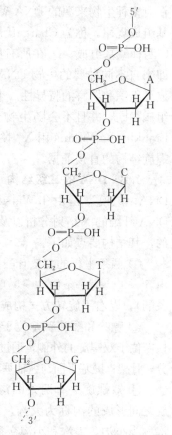

图 2-9　DNA 的一级结构

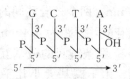

图 2-10　DNA 一级结构
的简化式

二、DNA 的空间结构

20 世纪 40 年代后期至 20 世纪 50 年代初，美国生物化学家 Chargaff 等人在对多种生物来源的 DNA 碱基组成进行定量测定后，发现了 DNA 分子的碱基组成规律，称为 Chargaff 规则。包括以下一些要点：①DNA 由 A、G、T、C 四种碱基组成。②在所有的 DNA 中，DNA 的碱基组成具有种属特异性，即来自不同种属的生物 DNA 碱基的数量和相对比例不同。③DNA 的碱基组成无组织和器官的特异性。来自同一生物个体的不同组织或器官的 DNA 碱基组成相同，并且不会随生物生长年龄、营养状态和环境变化而改变。此后，Franklin 和 Wilkins 用 X 射线衍射技术分析 DNA 结晶，取得了 DNA 分子为螺旋结构的直接证据。

1. B－DNA 的二级结构 目前公认的 DNA 双螺旋二级结构模型称为 B－DNA，该模型是由 J. Watson 和 F. Crick 根据 R. Franklin 和 M. Wilkins 对 DNA 纤维的 X 衍射分析以及 Chargaff 的碱基当量定律的提示于 1953 年提出的，其结构要点如下：

① 两条平行的多核苷酸链，以相反的方向（即一条由 $5' \rightarrow 3'$，另一条由 $3' \rightarrow 5'$），围绕着同一个中心轴（想象的），以右手旋转方式构成一个双螺旋。

② 嘌呤和嘧啶碱基位于双螺旋的内侧，磷酸、脱氧核糖位于双螺旋的外侧，通过磷酸二酯键相连，形成 DNA 分子骨架；碱基平面与纵轴垂直，糖环平面与纵轴平行。

③ 双螺旋上有两条凹沟：大沟、小沟。DNA 双螺旋之间形成的沟称为大沟，而两条 DNA 链之间形成的沟称为小沟，大沟和小沟交替出现。

④ 双螺旋平均直径 2 nm，相邻碱基对间的高度为 0.34 nm，两个核苷酸间的夹角为 36°，则每一螺圈有 10 个核苷酸，螺距为 3.4 nm。

⑤ 两条链间的碱基互补，即 A 与 T 配对，G 与 C 配对；由于碱基大小几乎相同，DNA 分子直径大致相同。由碱基互补原则，确定一条多核苷酸链顺序后，可推知另一条链的顺序。

⑥ 两条核苷酸链靠碱基间的氢键连接在一起。A 与 T 间形成两个氢键；G 与 C 间形成三个氢键。互补碱基间的氢键示意如图 2-11 所示。

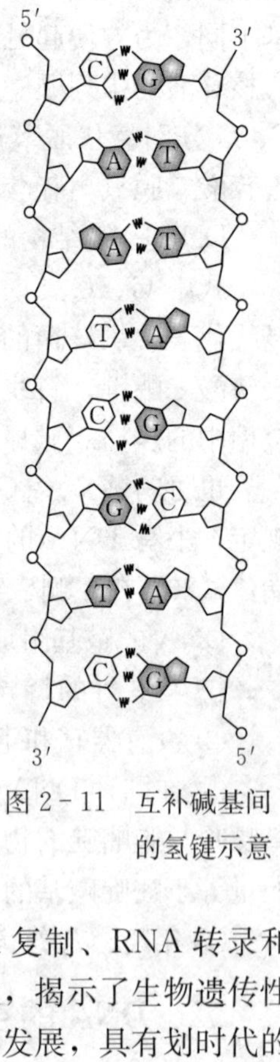

图 2-11　互补碱基间的氢键示意

碱基配对的规律具有重要的生物学意义，它是 DNA 复制、RNA 转录和反向转录的分子基础，关系到生物遗传信息的传递与表达，揭示了生物遗传性状代代相传的分子奥秘，推动了生命科学与分子生物学的发展，具有划时代的意义。

2. B－DNA、A－DNA 及 Z－DNA 双螺旋的比较

（1）B－DNA 是在相对湿度为 92% 时得到的 DNA 钠盐纤维，是生物体内 DNA 的主要存在形式。

（2）A－DNA 是在相对湿度低于 75% 时得到的 DNA 钠盐纤维。这种 DNA 结构是螺旋，每圈含约 11 个碱基，呈右手螺旋，只是碱基对平面与螺旋轴的垂直线有 20°偏离。B－DNA 脱水即成 A－DNA，A－DNA 结构模型如图 2-12 所示。

（3）Z－DNA 左手螺旋，磷酸基在骨架上的分布呈 Z 形，只有大沟，无小沟。每一螺旋有 12 个核苷酸，螺距 44.6 nm，直径 18 nm，碱基偏离轴心靠近分子外表，比较暴露，其结构模型如图 2-13 所示。至今尚未明确发现 Z-DNA 的生物学意义，有待对其进行进一步的研究。

 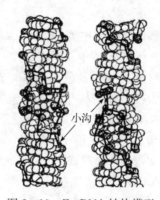

小沟

图 2-12　A-DNA 结构模型　　　图 2-13　Z-DNA 结构模型

■ 知识链接

DNA 双螺旋结构的发现

对 DNA 双螺旋结构的发现做出重大贡献的科学家有 F. Crick、J. Watson、M. Wilkins 和 R. Franklin 四位。此外，L. Pauling 参与了竞争，J. Donohue 提供了重要的参考意见。由于 R. Franklin 过早去世，1962 年诺贝尔生理学或医学奖只授给了 F. Crick、J. Watson 和 M. Wilkins。这四位科学家中，J. Watson 研究专业为生物专业，F. Crick、M. Wilkins 研究专业为物理专业，而 J. Watson 研究专业为化学专业。他们具有不同的知识背景，在同一时间都致力于研究遗传物质的分子结构，在既合作又竞争、充满学术交流和争论的环境中，发挥了各自专业的特长，为双螺旋结构的发现做出了各自的贡献，这是科学史上由学科交叉产生的重大科研成果。

3. DNA 的三级结构　DNA 在双螺旋结构（二级结构）的基础上，还可以

形成三级结构。DNA 三级结构共有三类：直线双螺旋结构、开环结构和超螺旋结构，主要是在原核生物和病毒中发现的。

开环双链 DNA 可看作是由直线双螺旋 DNA 分子的两端连接而成的，其中一条链留有一缺口。超螺旋结构可以认为是 DNA 分子对应于某种张力而产生的一种扭曲，它不仅出现在 DNA 分子特别是蛋白质分子相结合时，也可能形成超螺旋构象，因此超螺旋具有普遍意义。超螺旋 DNA 具有更为紧密的结构、更高的浮力密度、更高的熔点和更大的沉降系数值。当超螺旋 DNA 的一条链上出现一个缺口时，超螺旋结构就被松开，形成开环结构。超螺旋有两种形式：右超螺旋（负超螺旋）和左超螺旋（正超螺旋）。

DNA 的三级结构模式如图 2-14 所示。

真核细胞的 DNA 主要以染色质的形式存在于细胞核中。染色质的结构极为复杂。已知染色质的基本构成单位为核小体，核小体的主要成分为 DNA 和组蛋白，以组蛋白为核心颗粒，而双螺旋 DNA 则盘绕在此核心颗粒上形成核小体（核小体中的 DNA 为超螺旋）。许多核小体之间由高度折叠的 DNA

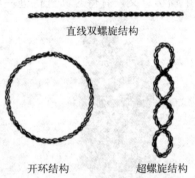

直线双螺旋结构

开环结构　　　超螺旋结构

图 2-14　DNA 三级结构模式

链相连在一起，构成念珠结构，念珠结构进一步盘绕成更复杂、有更高层次的结构，真核细胞 DNA 的结构如图 2-15 所示。

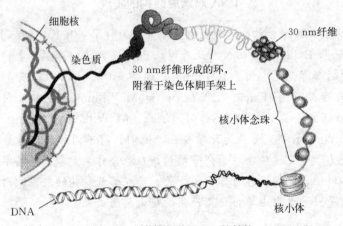

图 2-15　真核细胞 DNA 的结构

三、RNA 的结构与功能

(一) RNA 的分类

动植物、微生物细胞中都含有三种主要 RNA，分别是核糖体 RNA（ribosomal RNA，rRNA）、转运 RNA（transfer RNA，tRNA）、信使 RNA（messenger RNA，mRNA），它们在蛋白质生物合成中起着特别重要的作用。

1. rRNA　rRNA 是细胞中含量最多的一类 RNA，占细胞中 RNA 总量的 80%左右，是细胞中核糖体的组成部分。rRNA 与蛋白质组成核糖体提供蛋白质生物合成的场所。

2. tRNA　tRNA 约占 RNA 总量的 15%，通常以游离的状态存在于细胞质中。它的主要功能是携带已活化的氨基酸，并将其转运到与核糖体结合的 mRNA 上用以合成蛋白质。细胞内 tRNA 种类很多，每一种氨基酸都有特异转运它的一种或几种 tRNA。

3. mRNA　mRNA 占细胞中 RNA 总量的 3%～5%，分子质量极不均一，是合成蛋白质的模板，传递 DNA 的遗传信息，决定着每一种蛋白质肽链中氨基酸的排列顺序，所以细胞内 mRNA 的种类很多。mRNA 是三类 RNA 中最不稳定的，它代谢活跃、更新迅速。

(二) RNA 的分子结构

RNA 的基本组成单位是 AMP、GMP、CMP 和 UMP 四种核苷酸。和 DNA 一样，核苷酸之间通过 $3',5'$-磷酸二酯键相连，形成多核苷酸链。RNA 的缩写式与 DNA 的缩写式相同，通常从 $5'$ 端向 $3'$ 端延伸。

生物体内绝大多数天然 RNA 分子不像 DNA 那样都是双螺旋，而是呈线状的多核苷酸单链。单链结构的 RNA 分子能自身回折，使一些碱基彼此靠近，于是在折叠区域中按碱基配对原则，A 与 U、G 与 C 之间通过氢键连接形成互补碱基对，从而使回折部位构成所谓"发卡"结构，进而再扭曲形成局部性的双螺旋区，不配对的部分形成突环，被排斥在双螺旋区之外，这样的结构称为 RNA 的二级结构，不同 RNA 分子的双螺旋区所占比例不同。RNA 在二级结构的基础上还可进一步折叠扭曲形成三级结构。

1. mRNA 的结构特点　mRNA 的 $3'$ 末端有一段多聚腺苷酸的"尾"结构，长短可由数十个腺苷酸到 200 个不等。它不是从 DNA 转录来的，而是在 mRNA 合成后经加工修饰上去的。原核生物一般无此结构。该结构可能与 mRNA 在胞核内合成后移至胞质的过程有关。mRNA 的 $5'$ 末端有一个 7-甲基鸟嘌呤核苷的"帽"结构，如图 2-16 所示。

此结构可能与蛋白质合成的起始有关。mRNA 分子内有信息区（编码区）和非信息区（非编码区）。在信息区内，每三个核苷酸组成一个密码，称为遗

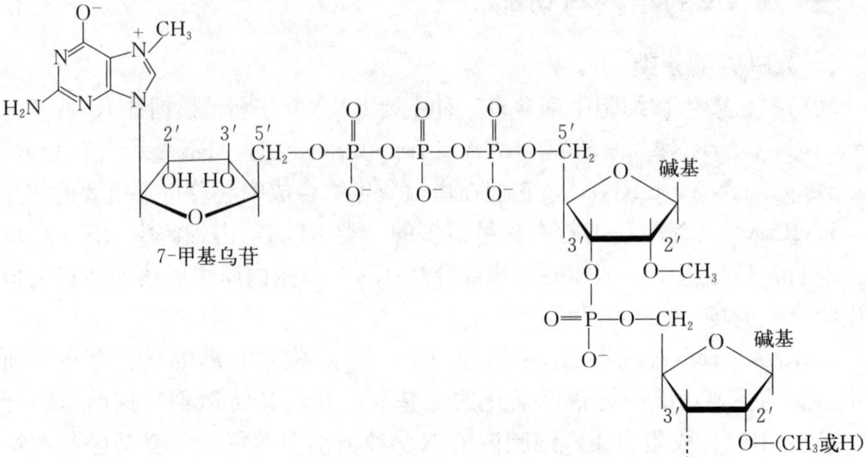

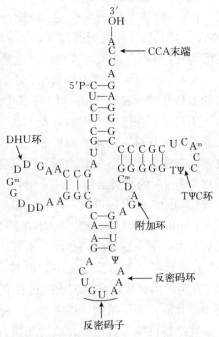

图 2-16　mRNA 5′末端的"帽"结构

传密码或三联密码，每个密码代表一个氨基酸。因此，信息区是 RNA 分子的主要结构部分，在蛋白质生物合成中决定蛋白质的一级结构。

2. tRNA 的结构特点　在 RNA 的二级结构研究中，对 tRNA 的二级结构研究得比较清楚。tRNA 三叶草形二级结构模型如图 2-17 所示。三叶草形结构由氨基酸臂、二氢尿嘧啶环、反密码环、附加环和 TΨC 环五个部分组成，其结构特点如下。

（1）氨基酸臂。氨基酸臂由 7 对核苷酸组成，其 3′末端都有—C—C—A—OH 结构。此结构是 tRNA 结合活化氨基酸的部位。

（2）二氢尿嘧啶环（DHU 环）。此环由 8～12 个核苷酸组成，环中含有 5,6-二氢尿嘧啶核苷酸。其功能尚不清楚。

（3）反密码环。反密码环由 7 个核苷酸组成。反密码环中间的 3 个核苷酸组成反密码。在蛋白质生物合成时，反密码与 mRNA 上的对应密码互补。

图 2-17　tRNA 三叶草形二级结构模型

（4）附加环。附加环又称额外环，由3～18个核苷酸组成。不同的 tRNA，附加环大小不同，这是 tRNA 分类的重要指标。

（5）TΨC 环。TΨC 环由7个核苷酸组成。除个别 tRNA 外，所有 RNA 中此环必定含有—T—Ψ—C 碱基序列。

tRNA 在二级结构的基础上进一步折叠形成倒 L 形的三级结构，如图 2-18 所示。在倒 L 形的一端为反密码环，另一端为氨基酸臂，TΨC 环和 DHU 环构成倒 L 形的转角。

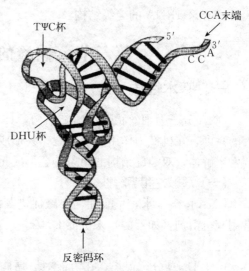

图 2-18　tRNA 的三级结构

3. rRNA 的结构特点　rRNA 是构成核糖体的主要组成成分，核糖体 RNA 约占细胞 RNA 总量的 80%，是高分子质量、代谢稳定的 RNA。

核糖体含有大约 40% 的蛋白质和 60% 的 RNA，它由两个大小不同的亚基组成，是蛋白质生物合成的场所。在原核生物的核糖体内，主要有三种形式的 rRNA：5S rRNA、16S rRNA 和 23S rRNA。真核生物的 rRNA 比较复杂，有 5S rRNA、5.8S rRNA、18S rRNA 和 28S rRNA 等（S 是大分子物质在超速离心沉降中的一个物理学单位，$1 S = 10^{-13}$ s，可间接反映分子质量的大小）。许多 rRNA 的一级结构和二级结构虽已阐明，但其功能仍不十分清楚，图 2-19 为

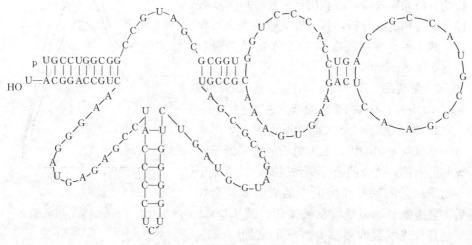

图 2-19　大肠杆菌 5S rRNA 的二级结构

大肠杆菌 5S rRNA 的二级结构。

第三节 核酸的理化性质

一、基本性质

DNA 分子为细丝状的双螺旋结构，具有一系列十分显著的理化特性：极大的黏度，在机械力作用下易断裂，易形成纤维状物质，在稀盐溶液中加热时会发生解体，双螺旋结构的两条链会形成无规则线团。

（一）酸碱性和溶解性

DNA 微溶于水，呈酸性，加碱促进其溶解，但其不溶于有机溶剂，因此常用有机溶剂（如乙醇）来沉淀 DNA。

（二）黏度

由于 DNA 分子很长，在溶液中呈黏稠状，DNA 分子越大，黏稠度越大。在溶液中加入乙醇后，可用玻璃棒将黏稠的 DNA 搅缠起来。核酸加热之后变性，黏度降低，因此，黏度可作为衡量 DNA 是否变性的标志，RNA 的黏度要小得多。

（三）沉降特性

核酸分子在引力场中能下沉的特性称为沉降特性。可用超速离心法纯化核酸、测分子质量、分级分离等。DNA 用氯化铯梯度分离，RNA 用蔗糖梯度分离。

（四）紫外吸收

嘌呤碱基和嘧啶碱基具有很强的紫外吸收作用，由它们组成的核酸在紫外光 260nm 波长处有最大吸收峰，故利用这一特性可对核酸进行定性和定量分析，其紫外吸收值大小可作为核酸变性、复性的指标。DNA 的紫外吸收光谱如图 2-20 所示。

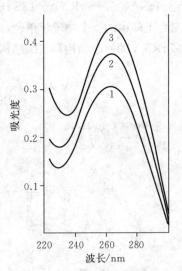

1. 测纯品 计算 A_{260}/A_{280}。纯 DNA 的 A_{260}/A_{280} 应为 1.8；纯 RNA 的 A_{260}/A_{280} 应为 2.0。

2. 增色效应 DNA 变性前，由于双螺旋分子里碱基互相堆积，加上氢键的吸引处于双螺旋的内部，使光的吸收受到压抑，其值低于等物质的量的碱基在溶液中的光吸收；变性后，氢键断开，碱基堆积被破坏、碱基暴露，于是紫外光的吸收明显升高（可增加 30%～40%或更高一些），这种现象称为增色效应。

图 2-20　DNA 的紫外吸收光谱
1. 天然 DNA　2. 变性 DNA
3. 核苷酸总吸光度

3. 减色效应 在一定条件下，变性核酸可复性，此时紫外吸收恢复至原来水平，这一现象称为减色效应。

二、核酸的变性、复性与分子杂交

1. 变性 变性指由于物理因素或化学因素而引起的核酸双螺旋区的氢键断裂，使有规律的双螺旋结构变成单链的、无规则的线团结构，不涉及共价键的断裂。

DNA 双螺旋的两条链可用物理方法或化学方法分开，如加热使 DNA 溶液温度升高，加酸或加碱改变溶液的 pH，加乙醇、丙酮或尿素等有机溶剂或试剂都可引起变性。当 DNA 加热变性时，先是局部双螺旋松开，然后整个双螺旋的两条链分开成为卷曲单链，在链内可形成局部的氢键结合区，其产物是无规则的线团，因此核酸变性可看作是一种规则的螺旋结构向无序的线团结构转变的过渡。若仅仅是 DNA 分子某些部分的两条链分开，则变性是部分的；而当两条链完全离开时，则是完全变性。

变性后 DNA 的生物学活性丧失（如细菌 DNA 的转化活性明显下降），除紫外光吸收值升高外，还发生一系列理化性质的改变（包括黏度下降、沉降系数增加、比旋光度下降等）。

由温度升高引起的 DNA 变性称为热变性，热变性过程是在一个狭窄的温度范围内迅速发展的。通常将 50% 的 DNA 分子发生变性时的温度称为解链温度或熔点温度（T_m）。DNA 的 T_m 值一般为 70~85 ℃。

不同种属的 DNA，由于其碱基组成不同，故而各有其特有的 T_m 值。T_m 值的高低与 DNA 分子中的 G—C 含量有关。G—C 含量高的 DNA，变性时的 T_m 值也高。这是因为 G—C 之间有 3 个氢键相连，故 G—C 含量高的 DNA 分子更为稳定，T_m 值也高。

2. 复性 变性 DNA 在适当条件下，可使两条彼此分开的链重新缔合成为双螺旋结构，这一过程称为复性。热变性的 DNA 经缓慢冷却后即可复性，这一过程称为退火，复性后 DNA 的理化性质和生物学活性得到相应恢复。如果将此热溶液迅速冷却，则两条链继续保持分开，此过程称为淬火。

复性速率受很多因素的影响：顺序简单的 DNA 分子比复杂的分子复性要快；DNA 浓度越高，越易复性；DNA 片段的大小、溶液的离子强度等对复性速率都有影响。复性后 DNA 的一系列物理化学性质和生物活性得到恢复。

DNA 的变性和复性如图 2-21 所示。

3. 分子杂交 DNA 的变性和复性是以碱基互补为基础的，由此可以进行核酸的分子杂交，即不同来源的多核苷酸链，经变性分离和退火处理，当它们之间有互补的碱基序列时就有可能发生杂交，形成 DNA/DNA 的杂合体，甚至可以在 DNA 和 RNA 之间形成 DNA/RNA 的杂合体。将一段有已知核苷酸序列的 DNA 或 RNA 用放射性同位素或其他方法进行标记，就获得了分子生物学技术中常用的核酸探针。依据分子杂交的原理使探针与变性分离的单股核苷酸一起退火，如果它们之间有互补的或部分互补的碱基序列，就会形成杂交分子，就可以找

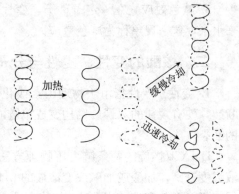

图 2-21　DNA 的变性和复性示意

到或鉴定出特定的基因以及人们感兴趣的核苷酸片段，在重组 DNA 中广泛应用的 Southern blot、Northern blot 以及基因芯片技术就是利用核酸分子杂交的性质建立起来的。分子杂交是核酸研究中的一个重要技术，也是遗传性疾病的诊断、肿瘤病因学研究及基因工程研究的重要手段。

第三章 蛋白质化学

蛋白质是生物体中最重要的生物大分子之一，分布于细胞的各个部位，具有广泛的生物学功能。蛋白质参与生命的几乎每一个过程，如物质的代谢、能量的加工和信息的传递等，所以说蛋白质在生命活动过程中发挥了极其重要的作用，是生命活动所依赖的物质基础，没有蛋白质就没有生命。

第一节 蛋白质功能概述

蛋白质一词是在 19 世纪 30 年代由荷兰化学家 Mulder 首先提出的。该词源于希腊语，意思是"第一的"。现在看来这一命名极有先见性，因为蛋白质的确是生物体最重要的组成成分。以下例子足以说明蛋白质具有广泛而又重要的功能。

（1）催化功能。生物体内几乎所有的化学反应都需要生物催化剂——酶，而绝大多数酶的化学本质是蛋白质。例如消化道中的蛋白酶可以帮助动物水解利用食物中的蛋白质。

（2）贮存与运输功能。有些蛋白质能够结合其他分子以实现对这些物质的贮存或运输。例如动物肌肉和心肌细胞中的肌红蛋白能结合氧分子；血浆中的转铁蛋白能结合铁；红细胞中的血红蛋白能结合氧并将其运输到组织中。

（3）调节功能。有些蛋白质可作为激素调节某些特定细胞或组织的生长、发育或代谢。例如生长激素可促进肌肉生长，胰岛素能调节人和动物细胞内的葡萄糖代谢。

（4）运动功能。某些蛋白质能使细胞和生物体产生运动，如肌肉的收缩、有丝分裂时染色体的分离。肌球蛋白和肌动蛋白是参与肌肉收缩的主要成分。

（5）防御功能。脊椎动物中的免疫球蛋白能与细菌和病毒结合，发挥免疫保护作用；鸡蛋清、人乳、眼泪中的溶菌酶能破坏某些细菌。

（6）营养功能。有些蛋白质可作为人和动物的营养物，为胚胎发育和婴幼儿生长提供营养，如卵白中的卵清蛋白、乳中的酪蛋白。

（7）结构成分。机体中不溶性的结构蛋白能提供机械保护并赋予机体一定的形态，例如皮肤、软骨和肌腱中的胶原蛋白，羊毛、头发、羽毛、蹄中的角蛋白，昆虫外壳中的硬蛋白，韧带中的弹性蛋白。

（8）膜的组成成分。蛋白质是生物膜的主要组成成分之一。细胞膜上的受体、载体、离子通道等蛋白质，直接参与细胞识别、物质跨膜转运、信息传递等重要生理过程。

（9）遗传信息的解码。生物体内蛋白质的合成、基因表达的调控都需要多种蛋白质参与。

第二节　蛋白质的分子组成

一、蛋白质的元素组成

自然界中，蛋白质种类繁多，但其元素组成都很接近。元素分析表明，构成蛋白质的基本元素有碳、氢、氧、氮四种；大多数蛋白质还含有少量硫；有些蛋白质还含有磷、铁、铜、锌、钼、碘等元素。

蛋白质是生物体中主要的含氮化合物。各种蛋白质的氮含量比较恒定，平均值约为 16%。可通过测定氮的含量，计算生物样品中蛋白质的含量（换算系数为 6.25），该法称为凯氏定氮法，是蛋白质定量的经典方法之一。

$$样品中蛋白质含量＝样品中的氮含量×6.25$$

知识链接

凯氏定氮法与三聚氰胺

凯氏定氮法常用于食品中蛋白质含量的测定，即先测定食品的含氮量，然后根据含氮量推算出蛋白质的含量。三聚氰胺的分子式是 $C_3H_6N_6$，含氮量为 66.7%，在牛奶中添加三聚氰胺能提高牛奶含氮量，进而获得虚假的蛋白质含量，这就是不法分子在牛奶中添加三聚氰胺的目的。在"三鹿事件"后，牛奶检测必检项目中增加了三聚氰胺检测，这虽然堵住了三聚氰胺添加到牛奶中的渠道，却并不能保证其他含氮量高的添加剂被加入。解决检测漏洞最根本的办法是检测牛奶中蛋白质的含量。

二、蛋白质的结构组成单位——氨基酸

（一）蛋白质的水解

蛋白质是生物大分子，通过酸、碱或者蛋白酶等方法的彻底水解，可以产生多种氨基酸。因此，氨基酸是蛋白质的基本结构单位。

1. 酸水解　常用 4 mol/L 硫酸或 6 mol/L 盐酸，回流煮沸 20 h 左右可使

蛋白质完全水解。

优点：不引起消旋作用，得到的是 L-氨基酸。

缺点：色氨酸完全被破坏，羟基氨基酸有一小部分被分解，同时天冬酰胺和谷氨酰胺被水解下来。

酸水解法是氨基酸工业生产的主要方法之一，也可用于蛋白质的分析。

2. 碱水解 一般蛋白质与 5 mol/L 氢氧化钠共煮沸 10～20 h，即可使蛋白质完全水解。

优点：色氨酸没被破坏，水解液清亮。

缺点：多数氨基酸遭到不同程度的破坏，并且产生消旋现象，所得产物是 D 型氨基酸和 L 型氨基酸的混合物。

碱水解法一般很少使用。

3. 酶水解 主要用于部分水解。常用的蛋白酶有胰蛋白酶、糜蛋白酶以及胃蛋白酶等，它们主要用于蛋白质一级结构分析以获得蛋白质的部分水解产物。

优点：不产生消旋作用，也不破坏氨基酸。

缺点：使用一种酶水解，往往水解不彻底，且酶水解所需时间长。

（二）氨基酸的结构特点

自然界中的氨基酸有 300 余种，而参与基体蛋白质组成的仅有 20 种，常见氨基酸的名称、化学结构及分类如表 3-1 所示，这些氨基酸被称为标准氨基酸，尽管蛋白质中的氨基酸只有 20 种，但是这些氨基酸的数量、排列顺序的变化会形成无数种蛋白质，这 20 种氨基酸结构不同，但有以下共同的特点：

表 3-1 常见氨基酸的名称、化学结构及分类

分类	氨基酸名称	三字母符号	单字母符号	中文简称	R 基化学结构	等电点
非极性氨基酸	丙氨酸	Ala	A	丙	CH_3-	6.02
	缬氨酸	Val	V	缬	CH_3-CH- 连 CH_3	5.97
	亮氨酸	Leu	L	亮	$CH_3-CH-CH_2-$ 连 CH_3	5.98
	异亮氨酸	Ile	I	异亮	CH_3-CH_2-CH- 连 CH_3	6.02
	苯丙氨酸	Phe	F	苯丙	$\bigcirc\!\!-CH_2-$	5.48

（续）

分类	氨基酸名称	三字母符号	单字母符号	中文简称	R 基化学结构	等电点
非极性氨基酸	色氨酸	Trp	W	色		5.89
	蛋氨酸（甲硫氨酸）	Met	M	蛋（甲硫）	$CH_3—S—CH_2—CH_2—$	5.75
	脯氨酸	Pro	P	脯		6.30
不带电荷极性氨基酸	甘氨酸	Gly	G	甘	$H—$	5.97
	丝氨酸	Ser	S	丝	$HO—CH_2—$	5.68
	苏氨酸	Thr	T	苏	$CH_3—CH$ $\quad\quad OH$	6.53
	半胱氨酸	Cys	C	半胱	$HS—CH_2—$	5.02
	酪氨酸	Tyr	Y	酪		5.66
	天冬酰胺	Asn	N	天冬酰	$H_2N—\overset{\|}{\underset{O}{C}}—CH_2—$	5.41
	谷氨酰胺	Gln	Q	谷氨酰	$H_2N—\overset{\|}{\underset{O}{C}}—CH_2CH_2—$	5.65
带正电荷极性氨基酸	组氨酸	His	H	组		7.59
	赖氨酸	Lys	K	赖	$\overset{+}{H_3}N—CH_2—CH_2—CH_2—CH_2—$	9.74
	精氨酸	Arg	R	精	$H_2N—C—NH—CH_2—CH_2—CH_2—$ $\quad\underset{+}{\overset{\|}{NH_2}}$	10.76
带负电荷极性氨基酸	天冬氨酸	Asp	D	天冬	$^-OOC—CH_2—$	2.97
	谷氨酸	Glu	E	谷	$^-OOC—CH_2—CH_2—$	3.22

（1）除脯氨酸外，都是 α-氨基酸。

α-氨基酸通式如下：

$$\begin{array}{c} R \\ | \alpha \\ H_2N-C-COOH \\ | \\ H \end{array}$$

由通式可以看出，所有氨基酸的氨基（—NH_2）都在 α-碳原子（用 C_α 表示）上，故为 α-氨基酸（脯氨酸为 α-亚氨基酸）。另外，α-碳原子上还有一个氢原子和一个侧链（称 R 侧链或 R 基团），不同氨基酸之间的区别在于 R 基团不同，由于不同氨基酸 R 基团的结构不同，造成不同氨基酸在性质上有差异。

（2）都是 L 型氨基酸。氨基酸存在 L 型和 D 型两种同分异构体：

$$\begin{array}{cc} COOH & COOH \\ | & | \\ H_2N-C-H & H-C-NH_2 \\ | & | \\ R & R \\ L\text{-}\alpha\text{-氨基酸} & D\text{-}\alpha\text{-氨基酸} \end{array}$$

组成天然蛋白质的氨基酸均为 L-α-氨基酸（甘氨酸除外）。蛋白质中的氨基酸均为 L 型的原因尚不清楚。生物界中也发现一些 D 型氨基酸，如细菌产生的某些抗生素和个别植物的生物碱就含有 D 型氨基酸。L 型氨基酸和 D 型氨基酸在结构上的差别并不大，但在生理功能上却有很大的不同。动物体内的酶系只能促进 L 型氨基酸的代谢变化，而对 D 型氨基酸则不起作用。

（三）氨基酸的分类

20 种标准氨基酸的 R 侧链在大小、形状、电荷、氢键形成能力和化学反应等方面存在差异。不同类型的氨基酸表现出不同的理化特性，如有些是酸性的，有些是碱性的；有些侧链小，有些侧链大；有些为非极性的，有些则为极性的。通常根据氨基酸 R 基团性质，将它们分为极性氨基酸和非极性氨基酸两类。

1. 极性氨基酸

（1）带负电荷极性氨基酸，如谷氨酸和天冬氨酸。

（2）带正电荷极性氨基酸，如赖氨酸、精氨酸和组氨酸。

（3）不带电荷极性氨基酸，如丝氨酸、苏氨酸、酪氨酸、半胱氨酸、天冬酰胺、谷氨酰胺和甘氨酸。

2. 非极性氨基酸　非极性氨基酸有丙氨酸、缬氨酸、亮氨酸、异亮氨酸、甲硫氨酸、苯丙氨酸、色氨酸、脯氨酸。

氨基酸通常用其英文名称前 3 个字母，或单个英文字母来表示，如 Ala

（或 A）代表丙氨酸。

有些氨基酸（包括赖氨酸、色氨酸、苯丙氨酸、苏氨酸、缬氨酸、甲硫氨酸、亮氨酸、异亮氨酸共 8 种氨基酸），动物体内一般不能合成而必须从食物中摄取，这些氨基酸称为必需氨基酸。精氨酸和组氨酸在体内虽能合成，但合成量很少，不能满足动物正常生长发育的需要，所以也常被归于必需氨基酸中。当食物中缺乏这些氨基酸时，就会影响动物的生长和发育。

除蛋白质中的 20 种氨基酸外，目前在细胞中还发现 300 多种氨基酸，它们不是蛋白质的组成成分，但有特殊的功能。如 L-鸟氨酸和 L-瓜氨酸参与尿素的合成。γ-氨基丁酸是一种传递神经冲动的化学介质，称为神经递质。

$$CH_2-CH_2-CH_2-CH-COOH \qquad H_2N-\underset{O}{\overset{||}{C}}-NH-CH_2CH_2CH_2-CH-COOH$$

$$\underset{NH_2}{|} \qquad\qquad \underset{NH_2}{|} \qquad\qquad\qquad\qquad\qquad\qquad \underset{NH_2}{|}$$

$$\text{L-鸟氨酸} \qquad\qquad\qquad\qquad \text{L-瓜氨酸}$$

（四）氨基酸的性质

1. 一般物理性质 α-氨基酸为无色晶体，熔点极高，一般在 200 ℃以上。其味随不同氨基酸有所不同。氨基酸溶解于稀酸或稀碱中，但不能溶解于有机溶剂（脯氨酸除外）。通常用乙醇把氨基酸从其溶液中沉淀析出。

2. 两性电离和等电点

（1）氨基酸是两性电解质。氨基酸分子既含有酸性的羧基（—COOH），又含有碱性的氨基（—NH₂）。前者能提供质子变成—COO⁻；后者能接受质子变成—NH₃⁺。因此，氨基酸是两性电解质。

实验证明，氨基酸在水溶液中或晶体状态时主要是以两性离子的形式存在，在同一氨基酸分子上既有能放出质子的—NH₃⁺ 正离子，又有能接受质子的—COO⁻ 负离子。两性离子在加酸或加碱时所发生的变化，可用下列反应式表示：

$$R-CH-COOH$$
$$\underset{NH_2}{|}$$

$$R-\underset{\underset{NH_3^+}{|}}{CH}-COOH \underset{OH^-}{\overset{H^+}{\rightleftharpoons}} R-\underset{\underset{NH_3^+}{|}}{CH}-COO^- \underset{H^+}{\overset{OH^-}{\rightleftharpoons}} R-\underset{\underset{NH_2}{|}}{CH}-COO^-$$

$$\text{阳离子} \qquad\qquad \text{两性离子} \qquad\qquad \text{阴离子}$$

$$pH < pI \qquad\qquad pH = pI \qquad\qquad pH > pI$$

氨基酸的解离与溶液的 pH 有直接关系，不同的 pH 使氨基酸带不同电荷，表现不同的电泳行为。从上面的反应式可以看出，在不同的 pH 溶液中，氨基酸能以阴离子、阳离子和两性离子三种不同的形式存在。在电场中，氨基酸若呈阳离子，将向负极移动，若呈阴离子，则向正极移动，而净电荷为零的偶极离子，既不向负极移动，也不向正极移动。

（2）兼性离子。两性电解质电离后，所带有的正负电荷相等，净电荷为零，在电场中不发生移动，这样的离子称为兼性离子。

（3）氨基酸的等电点（pI）。当溶液在某一特定的 pH 时，某种氨基酸以两性离子形式存在，正、负电荷数相等，净电荷为零，在电场中既不向正极移动，也不向负极移动，这时溶液的 pH 称为该氨基酸的等电点。不同氨基酸由于 R 基团的结构不同而有不同的等电点其范围为 2.77～10.26。

在等电点时，氨基酸主要是以两性离子的形式存在。在电场中，两性离子不向任一方向移动，而带净电荷的氨基酸则向电极移动，所以可以利用不同的移动方向和速度来分离和鉴别氨基酸。带电粒子在电场中发生移动的现象称为电泳，这种分离和鉴别氨基酸的方法称为电泳法。

由于静电作用，在等电点时，氨基酸的溶解度最小，容易沉淀，因而利用调节等电点的方法，可以制备某些氨基酸。

3. 光吸收性质　在可见光区各种氨基酸都没有光吸收；在紫外光区，色氨酸、酪氨酸和苯丙氨酸有光吸收，其最大吸收波长分别为 279 nm、278 nm 和 259 nm。许多蛋白质中色氨酸和酪氨酸的总量大体相近，因此，可以通过测定蛋白质溶液在 280 nm 的紫外吸收值，方便、快速地估测其中的蛋白质含量。

4. 氨基酸的化学反应　氨基酸能与某些化学试剂发生反应，如 α-氨基酸与水合茚三酮溶液一起加热，生成蓝紫色化合物，此反应非常灵敏，可定量和定性测定氨基酸。此外，采用纸色谱、离子交换色谱和电泳等技术分离氨基酸时，也常用茚三酮溶液作显色剂。α-氨基与 2,4-二硝基氟苯反应生成黄色化合物，可用于蛋白质末端氨基酸分析；半胱氨酸的巯基十分活泼，能与 Hg^{2+}、Ag^+ 等金属离子结合。

三、肽

（一）肽键

蛋白质分子中不同氨基酸是以相同的化学键连接的，即前一个氨基酸分子的 α-羧基与下一个氨基酸分子的 α-氨基缩合，失去一个水分子形成肽，该 C—N 化学键称为肽键。

（二）肽

氨基酸通过肽键连接起来的化合物称为肽。由两个氨基酸缩合形成的肽称为二肽，由三个氨基酸脱水缩合形成的肽称为三肽，依此类推。通常将十肽以下的称为寡肽，十肽以上的称为多肽。

$$H_2N-CH-C\overset{O}{\|}+\boxed{NH-CH-C\overset{O}{\|}} \xrightarrow{-H_2O} H_2N-CH-C-N-CH-C\overset{O}{\|}$$

(三) 多肽链

多个氨基酸通过肽键连接而成的化合物称为多肽。多肽为链状结构，所以多肽也称为多肽链。在书写多肽结构时，总是把含有 $\alpha-NH_2$ 的氨基酸残基写在多肽链的左边，称为 N 端 (氨基末端)，把含有 $\alpha-COOH$ 的氨基酸残基写在多肽的右边，称为 C 端 (羧基末端)。

$$^+H_3N-C-C-N-C-C-N-C-C-N-C-C-N-C-C\overset{O}{\underset{O^-}{\|}}$$

(四) 氨基酸残基

在多肽链中，氨基酸已经不完整，称为氨基酸残基。

蛋白质就是由几十个到几百个甚至几千个氨基酸通过肽键相互连接起的多肽链。肽与蛋白质之间无明显界限，50 个以上氨基酸构成的肽一般称为蛋白质。

(五) 生物活性肽

有许多低分子多肽具有重要的生理功能，它们被称为生物活性肽 (表 3-2)。生物活性肽作为小分子蛋白质，在体内有一些相当重要的功能，并有一定的应用价值。例如神经肽的类似物内啡肽，可作为天然的止痛药物；有些肽类可以作为食品添加剂，如甜味剂阿斯巴甜是 Asp-Phe 甲酯，广泛应用于饮料中。

表 3-2 生物活性肽

名称	氨基酸残基数目	生理功能
促甲状腺素释放因子	3	促进垂体分泌促甲状腺素
血管紧张素 II	8	升高血压，刺激肾上腺皮质分泌醛固酮
促肾上腺皮质激素	39	参与调节肾上腺皮质激素的合成

■ 知识链接

蛋白质在肠道内被消化的产物除游离氨基酸外，还有小肽，这类小肽被称为寡肽。寡肽一般是指由 2~10 个氨基酸通过肽键形成的直链肽或由 2~6 个氨基酸残基组成的小肽，但更多的是二肽和三肽。以小肽作为氮源营养效果优于氨基酸或完整蛋白质。另外，还有生物活性肽，如抗菌肽类 (如杆菌肽、伊枯草菌素、乳酸链球菌肽等）、神经活性肽（如内啡肽、脑啡肽等）和免疫活性肽（如甲硫脑啡肽、胸腺肽）等，它们具有多种生物学作用。小肽多种重要功能的发现，改变了人们过去对蛋白质功能单纯以氨基酸为标准的研究思路，也提示人们在评定蛋白质的营养价值时，须考虑蛋白质的结构及其在消化道中可能释放出的生物活性肽的组成和数量。

第三节 蛋白质的分子结构

蛋白质是由各种氨基酸通过肽键连接而成的多肽链，再由一条或一条以上的多肽链按各自特殊方式折叠盘绕，组合成具有完整生物活性的大分子。由于肽链数目、氨基酸组成及其排列顺序的不同，形成了自然界结构和功能各异的蛋白质。

为了研究方便，将蛋白质的分子结构分为一级结构和空间结构。

一、蛋白质的一级结构

蛋白质的一级结构是指蛋白质多肽链中各种氨基酸的排列顺序。一级结构是蛋白质的结构基础，也是各种蛋白质的区别所在，不同蛋白质具有不同的一级结构。

蛋白质中多肽链一个片段的结构通式如图 3-1 所示。

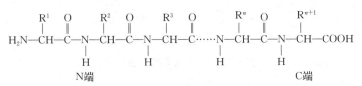

图 3-1 蛋白质多肽链一个片段的结构通式

1. 主链 在多肽链的分子结构中，肽键与 α-碳原子形成多肽链的骨架，称为主链。

2. 侧链 在多肽链的分子结构中，氨基酸的 R 基团称为 R 侧链。

3. 氨基末端 蛋白质多肽链末端有自由氨基的末端称为氨基末端或 N 端，书写时通常写在左边。

4. 羧基末端 蛋白质多肽链末端有自由羧基的末端称为羧基末端或 C 端，书写时通常写在右边。

维持蛋白质一级结构的化学键是肽键。有些蛋白质分子中还含有二硫键。

蛋白质的一级结构从 N 端开始，按照氨基酸排列顺序表示。其中的氨基酸残基可采用中文或英文缩写。例如，脑啡肽（五肽）的命名如下。

中文氨基酸残基命名法：酪氨酰甘氨酰甘氨酰苯丙氨酰甲硫氨酸。

中文单个字表示法：酪-甘-甘-苯丙-甲硫。

三字母符号表示法：Tyr - Gly - Gly - Phe - Met。

单字母符号表示：TGGPM。

为简化起见，常用三字母符号或单字母符号表示各种氨基酸残基，在蛋白质数据库中用单字母符号表示；用"-"或"·"表示肽键；可用阿拉伯数字表示各个氨基酸残基在一级结构中的位置。例如 Phe4 表示在脑啡肽的第 4 个位置是 Phe。

一级结构测定（常称为测序）是研究蛋白质高级结构的基础，同时也是研究蛋白质结构与功能的关系、酶活性中心结构、分子病机理以及生物分子进化与分子分类学等的重要手段。世界上首先被明确一级结构的蛋白质是牛胰岛素，其一级结构（图 3 - 2），由 51 个氨基酸残基组成，分为 A、B 两条链。A 链是由 21 个氨基酸残基组成的 21 肽，B 链是由 30 个氨基酸残基组成的 30 肽。A、B 两条链之间通过两个二硫键联结在一起，A 链中另有一个链内二硫键。一般二硫键的数目越多，蛋白质结构的稳定性也越强，生物体内起着保护作用的皮、角、毛、发的蛋白质中二硫键最多。

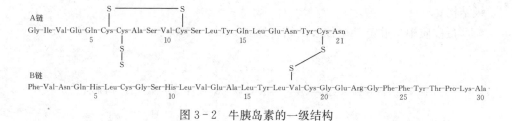

图 3 - 2　牛胰岛素的一级结构

蛋白质测序是一项比较复杂的工作，目前用蛋白质序列仪来完成。蛋白质测序一般采用 1950 年 Edman 提出的一种 N 端测序法，每次从蛋白质 N 端去掉一个氨基酸，从 N 端开始逐个测定氨基酸的序列，此法又称为 Edman 降解法，这是蛋白质测序的里程碑。这种测序方法一次可完成 50 个左右氨基酸的序列分析，因此，大的蛋白质分子需要裂解成短的肽段，再分别测序。一级结构测定要求蛋白质样品的纯度必须达到 97% 以上，同时还需要事先测出蛋白质的相对分子质量和氨基酸组成。氨基酸的平均相对分子质量约为 110，根据蛋白质相对分子质量的测定可大致知道其氨基酸数目。

目前已有大量蛋白质的一级结构被测出并保存在蛋白质数据库中。由于 DNA 序列分析简单、快速，因此，近些年来人们越来越多地利用编码蛋白质的 DNA 序列推测相应的蛋白质序列，但该法不能确定二硫键的位置以及氨基酸的修饰情况。

二、蛋白质的空间结构

蛋白质分子的多肽链并不是线形伸展的，而是按一定方式折叠、盘绕成特定的立体结构，即构象。蛋白质的构象是指分子中所有原子和基团在空间的排布，又称为空间结构。蛋白质分子的空间结构包括二级结构、三级结构和四级结构。

（一）蛋白质的二级结构

1. 肽平面　在蛋白质分子中，由于肽键的 C—N 键具有部分双键性质，不能自由旋转，肽键上 4 个原子和相邻的两个 α-碳原子处于同一平面上，该平面称为肽键平面（图 3-3），又称酰胺平面。

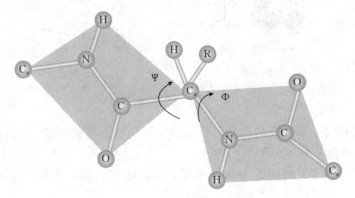

图 3-3　肽键平面

2. 二级结构　多肽链主链骨架中局部的规则构象称为二级结构，是主链肽键形成氢键造成的。二级结构不包括 R 侧链的构象。

3. 类型　X 射线衍射分析证明，天然蛋白质二级结构的类型包括 α 螺旋、β 折叠、β 转角和无规卷曲等。

（1）α 螺旋。α 螺旋是最常见的一种二级结构，其结构示意如图 3-4 所示。

① 多肽链的主链围绕一个中心轴螺旋上升，上升一圈包含 3.6 个氨基酸残基，螺距 0.54 nm，每个氨基酸残基上升 0.15 nm，每个氨基酸残基旋转 100°。

② R 侧链在 α 螺旋的外侧。

③ 氢键是维系 α 螺旋的主要作用力。

④ 天然蛋白质中的 α 螺旋大多数是右手螺旋。

α 螺旋在球蛋白质中也相当普遍，在有些蛋白中还有一些重要功能。

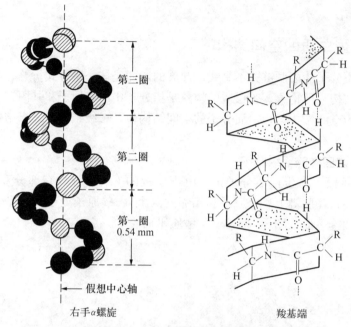

右手α螺旋　　　　　　　　　　　羧基端

图 3-4　α 螺旋结构示意

（2）β折叠。β折叠是指蛋白质主链中周期性折叠的构象，β折叠是肽键平面之间折叠成锯齿状的结构。

① 相邻肽键平面间的夹角为 110°，R 基团交错伸向肽键平面的上方和下方。

② 两条肽链接近时，彼此通过氢键维持结构的稳定。

③ β折叠有两种类型，两条链的走向相同，即都从 N 端到 C 端或都从 C 端到 N 端为顺平行；反之，若 N 端和 C 端交错排列，则为逆平行。逆平行较顺平行更为稳定。β折叠的构象如图 3-5 所示。

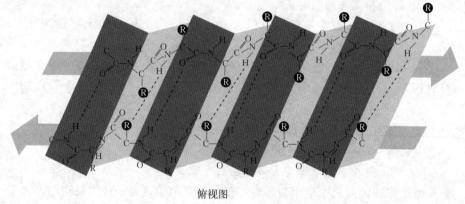

俯视图

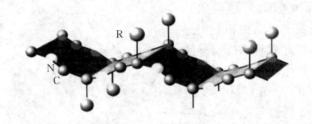

侧视图

图 3-5 β 折叠的构象

β折叠存在于β角蛋白中，如鸟类和两栖类的羽毛或鳞片，以及蚕丝和蜘蛛网中都具有十分优美的β折叠构象。

近年来的研究表明，某些情况下α螺旋与β折叠可发生结构间的转换，导致疾病发生。如疯牛病的病因可能与这种转换有直接关系，可见，蛋白质结构与功能有十分密切的关系，研究蛋白质的结构对认识蛋白质功能、防治疾病等具有重要意义。

（3）β转角。β转角也称为β回折，是肽链中出现的一种 180°的转折。以氢键维持转折结构的稳定，β转角示意如图 3-6 所示。β转角由 4 个氨基酸残基组成，第一个残基的羧基氧原子与第 4 个残基的酰胺基的氢原子形成氢键。Gly 和 Pro 中常存在β转角结构。

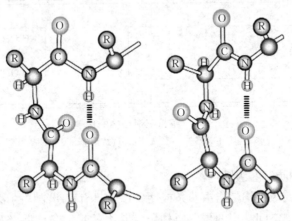

图 3-6 β转角示意

（4）无规则卷曲。除上述结构外，肽链其余部分表现为无确定规律的环或卷曲结构，习惯上称其为无规则卷曲。

（二）蛋白质的三级结构

三级结构是指多肽链中所有原子和基团在三维空间中的排布，是有生物活性的构象（或称为天然构象）。通过肽链折叠使一级结构相距很远的氨基酸残基彼此靠近，进而导致其侧链的相互作用。如肌红蛋白分子三级结构（图3-7）是在二级结构的基础上，通过氨基酸残基R侧链间的非共价键作用形成的紧密球状构象，是多肽链折叠形成的，也是蛋白质发挥生物学功能所必需的。

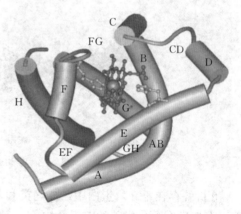

图3-7 肌红蛋白分子三级结构

维持三级结构的化学键包括离子键、氢键、二硫键、疏水键和范德华力，如图3-8所示。

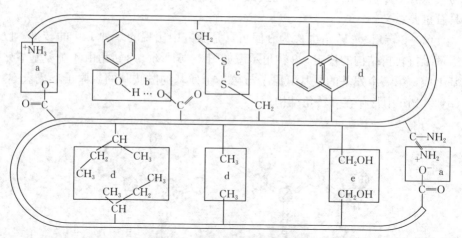

图3-8 维持三级结构的化学键
a. 离子键 b. 氢键 c. 二硫键 d. 疏水键 e. 范德华力

（三）蛋白质的四级结构

蛋白质的四级结构是指由两条或两条以上具有三级结构的多肽链聚合而成的具有特定三维空间结构的蛋白质构象。其中的每一条多肽链称为一个亚基，亚基单独存在时无生物活性，只有借助于氢键、二硫键等聚合成四级结构时才具有完整的生物学活性，亚基可以相同，也可以不同。

亚基间的相互作用力与稳定三级结构的化学键相比通常较弱，体外很容易将亚基分开，但亚基在体内紧密联系。由少数亚基聚合而成的蛋白质，称为寡聚蛋白。维持四级结构的作用力主要是疏水作用力，另外还有离子键、氢键、范德华力等。

血红蛋白是一个含有两种不同亚基的四聚体，由两条 α 链和两条 β 链组成，α 链由 141 个氨基酸残基组成，β 链由 146 个氨基酸残基组成，血红蛋白的四级结构如图 3-9 所示。α 链和 β 链的一级结构差别虽大，但它们空间结构的卷曲折叠则大体相同。蛋白质层次结构示意如图 3-10 所示。

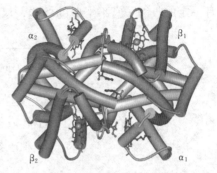

图 3-9　血红蛋白的四级结构

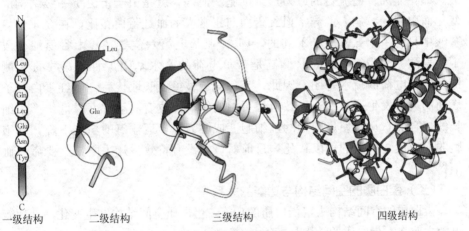

| 一级结构 | 二级结构 | 三级结构 | 四级结构 |

图 3-10　蛋白质层次结构示意

三、蛋白质的结构与功能的关系

在生命活动过程中，不同的多肽和蛋白质执行不同的生理功能。多肽和蛋白质的生理功能不仅与其一级结构有关，而且还与其空间结构有直接联系。研究多肽、蛋白质的结构与功能的关系，对于阐明生命的起源、生命现象的本质，以及分子病的机理等具有十分重要的意义，是蛋白质化学的重大研究课题。

（一）蛋白质一级结构与功能的关系

蛋白质的一级结构包含了其分子的所有信息，并决定其高级结构。

蛋白质的一级结构与其功能密切相关，一级结构相似的多肽或蛋白质，其功能也相似。例如催产素和加压素（它们的一级结构见图 3-11）都是九肽。一级结构上的差异决定了两者功能不同：催产素收缩子宫平滑肌，具有催产功能；加压素主要收缩血管平滑肌，具有升压和抗利尿作用。但是，因为两者氨基酸组成有很多相似之处，所以有部分相同或类似的功能。例如，加压素也具有一定的收缩子宫平滑肌的功能，尽管这种作用很弱。

$$\text{催产素} \quad \text{Cys·Tyr·Ile·Gln·Asn·Cys·Pro·Leu·Gly-NH}_2$$

$$\text{加压素} \quad \text{Cys·Tyr·Phe·Gln·Asn·Cys·Pro·Arg·Gly-NH}_2$$

图3-11 催产素和加压素的一级结构

一级结构中个别氨基酸残基发生变化，就可能导致其功能的改变或丧失。如在非洲普遍流行的镰刀形红细胞贫血病，就是由于蛋白质一级结构的变化而引起的。病人的异常血红蛋白与正常人的血红蛋白相比，在574个氨基酸中只有一个氨基酸是不同的，即β-亚基上第六位氨基酸由谷氨酸变成了缬氨酸。因为谷氨酸的R侧链是带负电荷的亲水基团，而缬氨酸的R侧链是不带电荷的疏水基团，因此，当谷氨酸被缬氨酸取代后，血红蛋白分子表面的电荷发生了改变，导致血红蛋白的等电点改变、溶解度降低，产生细长的聚合体，从而使扁圆形的红细胞变成镰刀形，运输氧的功能下降，细胞脆弱而溶血，严重的可以致死。目前对该病没有特效治疗手段，主要靠输血维持。

（二）蛋白质的空间结构与功能的关系

蛋白质的空间结构决定蛋白质的功能，蛋白质空间结构发生变化，其功能也随之改变，蛋白质的结构与功能是高度统一的。

知识链接

牛传染性海绵状脑病，俗称"疯牛病"，是一种由朊病毒引起的致死性中枢神经系统病变性疾病。临床症状为牛精神错乱、好斗、恐惧和肌肉紧张，最后牛会因身体消耗衰竭而死亡。研究发现，此病是一种独特的蛋白质疾病，是由牛脑的一种正常蛋白质——朊病毒蛋白转变而来的。朊病毒蛋白是正常存在于动物体神经元、神经胶质细胞等多种细胞膜上的一种糖蛋白，其空间结构中α螺旋结构占42%，β折叠结构占30%。在致病因素下有3个α螺旋转变成3个β折叠结构，使α螺旋占30%，β折叠结构占43%，其一级结构并没有发生变化。由于这种蛋白质空间结构的改变，从而导致蛋白质功能的改变，引起动物的脑损伤，说明蛋白质的空间结构与其功能密切相关。首例疯牛病病例在1986年被确诊，人或动物可因摄入疯牛病患畜相关制品而被感染。

正常朊病毒蛋白和朊病毒空间结构的差异见图3-12。

 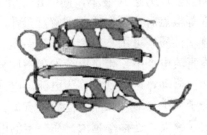

正常朊病毒蛋白　　　　　　　　　　　朊病毒
（显示α螺旋结构）　　　　　　　　（显示β折叠结构）

图 3-12　正常朊病毒蛋白和朊病毒空间结构的差异

第四节　蛋白质的理化性质和分类

蛋白质是由各种氨基酸组成的生物大分子，其理化性质有些与氨基酸相似（如两性解离、等电点、侧链基团反应等），有些则不相同（例如蛋白质分子质量较大，有胶体性质，还能发生变性、沉淀等）。

一、蛋白质的两性解离和等电点

蛋白质分子既含有氨基等碱性基团，又含有羧基等酸性基团，所以蛋白质是两性电解质。

调节蛋白质水溶液的 pH，使蛋白质以两性离子的形式存在，所带净电荷为零，这时溶液的 pH 称为该蛋白质的等电点（用 pI 表示）。蛋白质在不同 pH 溶液中所发生的反应，可用下面的图解式表示。图解式中的—COOH 代表蛋白质分子中所有的酸性基团，—NH₂ 代表蛋白质分子中所有的碱性基团。

$$\text{Pr}\begin{array}{c}\text{NH}_3^+\\ \\ \text{COOH}\end{array} \underset{\text{H}^+}{\overset{\text{OH}^-}{\rightleftharpoons}} \text{Pr}\begin{array}{c}\text{NH}_3^+\\ \\ \text{COO}^-\end{array} \underset{\text{H}^+}{\overset{\text{OH}^-}{\rightleftharpoons}} \text{Pr}\begin{array}{c}\text{NH}_2\\ \\ \text{COO}^-\end{array}$$

$$\text{pH}<\text{p}I \qquad\qquad \text{pH}=\text{p}I \qquad\qquad \text{pH}>\text{p}I$$

不同蛋白质具有不同的等电点，如胃蛋白酶为 1.0～2.5，胰蛋白酶为 8.0，血红蛋白为 6.7。体内大多数蛋白质的等电点接近 6，在生理条件下（pH 约为 7.4）带负电荷。蛋白质等电点和它所含氨基酸的种类和数量有关。若蛋白质分子中含酸性氨基酸较多，其等电点偏酸。若蛋白质分子中含碱性氨基酸较多，则其等电点偏碱。

蛋白质在等电点时，以两性离子的形式存在，净电荷为零，因而蛋白质分子间的静电斥力达到最小，同时由于蛋白质的电荷减弱，水化能力减弱，因此，在等电点时，蛋白质的溶解度最小，极易借静电引力而结合成沉淀析出。利用这一性质，可用来分离提纯蛋白质。

在直流电场中，带正电荷的蛋白质分子向阴极移动，带负电荷的蛋白质分子向阳极移动，这种现象称为电泳。电泳速度一般称为迁移率，迁移率与蛋白质的分子大小、形状和净电荷数量有关：蛋白质的分子越大，迁移率越小；净电荷数量越大，迁移率越大。在一定的电泳条件下，不同蛋白质分子由于净电荷数量、分子大小、形状存在差异，一般有不同的迁移率。因此，可以利用电泳将多种蛋白质混合物分离，并进一步检测、分析。电泳是有效的蛋白质分离、分析方法，常见的包括聚丙烯酰胺凝胶电泳法、等电聚焦电泳、沉降速度法等。

二、蛋白质的胶体性质

蛋白质是高分子化合物，分子直径为 $1\sim100$ nm，属于胶体的分散范围。绝大多数亲水基团分布在球蛋白分子的表面，在水溶液中能与极性水分子结合，从而使许多水分子在球蛋白分子的周围形成一层水化层。水化层的分隔作用使许多球蛋白分子不能互相结合，而是均匀地分散在水溶液中，形成亲水性胶体溶液。此亲水性胶体溶液是比较稳定的，原因有两个：一是球状大分子表面的水膜将各个大分子分隔开来；二是各个球状大分子带有相同的电荷，由于同性电荷的相互排斥，使大分子不能互相合成较大的颗粒。

三、蛋白质的沉淀和凝固

蛋白质由于带有同性电荷和水化层，因此在水溶液中能形成稳定的胶体。如果在蛋白质溶液中加入适当的试剂，破坏蛋白质的水膜或中和蛋白质的电荷，蛋白质就会凝聚下沉，这种现象称为蛋白质的沉淀。常用的沉淀方法有下列几种。

1. 盐析 在蛋白质溶液中加大量中性盐使蛋白质沉淀的方法称为盐析。其原理是在高浓度的盐溶液中，无机盐离子从蛋白质分子的水膜中夺取水分子，破坏水膜，使蛋白质分子相互结合而发生沉淀。常用的中性盐有硫酸铵、硫酸钠、氯化钠等。盐析沉淀的蛋白质不发生变性。不同蛋白质分子的水膜厚度和带电量不同，因此，使不同蛋白质盐析所需要的盐浓度存在不同程度的差别。逐步加大盐浓度，可以使不同的蛋白质从溶液中分阶段沉淀，这种方法称为分级盐析法，常用来分离纯化蛋白质。

2. 重金属盐沉淀蛋白质 当溶液 pH 大于等电点时，蛋白质电离成阴离子，可与重金属离子如 Ag^+、Hg^{2+}、Cu^{2+}、Pb^{2+} 等结合，形成不溶性蛋白质盐沉淀。重金属盐能使人畜中毒，就是由于重金属盐和组成机体的蛋白质结合，从而导致蛋白质生物学功能的改变。

3. 生物碱试剂和某些酸沉淀蛋白质　当溶液 pH 小于等电点时，蛋白质电离成阳离子，可与生物碱试剂（如苦味酸、鞣酸、钨酸等）、某些酸（如三氯醋酸、磺酸、水杨酸、硝酸等）结合，形成不溶性的蛋白盐沉淀。临床化验时，常用上述生物碱试剂除去血浆中的蛋白质，以减少干扰。

4. 有机溶剂沉淀蛋白质　可与水混溶的有机溶剂（如乙醇、甲醇、丙酮等）在高浓度时能使蛋白质沉淀析出。在常温下，有机溶剂沉淀蛋白质往往引起变性。不同蛋白质沉淀所需要的有机溶剂浓度一般是不同的，因此，可用有机溶剂进行蛋白质的分离。

加热使蛋白质变性时使其变成比较坚固的凝块，此凝块不易再溶于强酸和强碱中，这种现象称为蛋白质的凝固。凡凝固的蛋白质一定发生变性，其变化是不可逆的。

四、蛋白质的变性

蛋白质在某些理化因素的作用下，空间结构被破坏，导致理化性质发生改变、生物活性丧失的现象称为蛋白质的变性。变性后的蛋白质称为变性蛋白质；没有变性的蛋白质称为天然蛋白质。

能使蛋白质变性的因素很多：物理因素包括高温、高压、超声波、紫外线、X 射线等；化学因素包括强酸、强碱、重金属离子，以及尿素、乙醇等有机溶剂。不同的蛋白质对上述各种变性因素的敏感程度不同。对于含有二硫键的蛋白质，使其变性除了需要破坏疏水作用力、氢键外，还需要破坏二硫键。随着蛋白质变性而出现的表观现象也不尽相同：有的可出现凝固现象，有的可出现沉淀或结絮现象，也有的可仍保留在胶体中而不表现什么现象。

蛋白质变性的实质是空间结构被破坏，并不涉及一级结构的改变。变性蛋白质有下列几种表现。

1. 生物活性丧失　如酶丧失催化活性，激素蛋白丧失生理调节作用，血红蛋白失去运输氧的功能，抗体失去与抗原专一结合的能力。另外，生物活性丧失后蛋白质的抗原性也发生改变。

2. 物理性质发生改变　如溶解度明显降低，易结絮、凝固沉淀，失去结晶能力，电泳迁移率改变，黏度增加，紫外光谱和荧光光谱发生改变等。

3. 化学性质发生改变　如变性蛋白质分子结构松散，易被蛋白水解酶水解（这就是熟食易消化的道理）。

有些蛋白质，尤其是小分子蛋白质，若变性程度较轻，去除影响蛋白质变性的理化因素后，仍可以恢复折叠状态，并恢复全部的生物活性，这种现象称为复性。若完全变性，一般不可逆转。热变性后的蛋白质通常也很难复性。

蛋白质的变性与凝固已有许多实际应用，如豆腐就是大豆蛋白质的浓溶液加热加盐而成的变性蛋白质凝固体。临床分析检验血清中非蛋白质成分，常常用加三氯醋酸或钨酸使血液中蛋白质变性沉淀而去掉。常用加热法来检验尿中是否有蛋白质。在急救重金属盐（如氯化汞）中毒时，可给患者吃大量乳品或鸡蛋清，其目的就是使乳品或鸡蛋清中的蛋白质在消化道中与重金属离子结合成不溶解的变性蛋白质，从而阻止重金属离子被吸收进入体内，最后设法将沉淀物从肠胃中洗出。另外，可采用高温加热、紫外线辐射、加乙醇等措施使病原微生物的蛋白质变性，使其失去致病性和繁殖能力。

五、蛋白质的颜色反应

蛋白质分子中游离的 α-氨基、羧基、肽键，以及某些氨基酸的侧链基团，如 Tyr 的酚羟基、Phe 和 Tyr 的苯环、Trp 的吲哚基、Arg 的胍基等，能与某些化学试剂发生反应，产生有色物质，这种反应称为颜色反应，可用于蛋白质的定性或定量分析。例如肽键与双缩脲试剂反应生成紫红色物质；游离 α-氨基与茚三酮反应生成蓝紫色物质。

1. 茚三酮反应　蛋白质分子与水合茚三酮发生反应，生成蓝紫色化合物，该反应称为茚三酮反应。实践中常利用这一反应来检查是否存在蛋白质。

2. 福林-酚试剂反应　碱性条件下，蛋白质分子与福林-酚试剂反应，生成蓝色化合物，该反应称为福林-酚试剂反应。此反应可用于蛋白质定量测定。

3. 双缩脲反应　蛋白质分子中的肽键在稀碱溶液中与硫酸铜共热，生成紫色或红色化合物，该反应称为双缩脲反应。双缩脲反应是蛋白质肽键特有的反应，可用于蛋白质定量测定。

4. 米隆反应　米隆试剂为硝酸汞、硝酸和亚硝酸的混合物。蛋白质溶液加入米隆试剂后即产生白色沉淀，加热后沉淀变成砖红色，该反应称为米隆反应。酚类化合物有此反应，酪氨酸含有酚基，故酪氨酸及含有酪氨酸的蛋白质都有此反应。

此外，蛋白质还能与考马斯亮蓝 G-250 结合生成蓝色物质，在 595 nm 处有最大光吸收，这种方法是目前测定蛋白质溶液浓度常用的方法。

六、蛋白质的分类

自然界中蛋白质的种类估计可达 $10^{10} \sim 10^{12}$ 数量级。人类基因组研究显示，人体中的蛋白质有 3 万多种。可根据蛋白质的形状、组成和功能等对其进行分类。

根据物理特性和功能的不同，可以将大多数蛋白质分成球蛋白和纤维蛋白两大类。球蛋白分子接近球形或椭圆状，溶解度较好，包括酶和大多数蛋白质，具有广泛的功能，如血液中的血红蛋白、血清球蛋白、豆类的球蛋白等。纤维蛋白分子类似纤维或细棒状，包括皮肤和结缔组织中的主要蛋白质以及毛发、丝等动物纤维，有很好的物理稳定性，为细胞和机体提供机械支持和保护。纤维蛋白多不溶于水，如 α - 角蛋白（毛发、指甲的主要成分）、胶原蛋白（肌腱、皮肤、骨、牙齿的主要蛋白质成分）。血液中的纤维蛋白原则为可溶性的。

根据蛋白质在机体生命活动中所起作用的不同，可以将其分为功能蛋白质和结构蛋白质两大类。功能蛋白质是指在生命活动中发挥调节、控制作用，参与机体具体生理活动并随生命活动的变化而被激活或被抑制的一大类蛋白质。结构蛋白质是指参与生物细胞或组织器官的构成，起支持或保护作用的一类蛋白质，如胶原蛋白、角蛋白、弹性蛋白等。

根据化学组成的不同，可以将蛋白质分为简单蛋白质和结合蛋白质两大类。简单蛋白质又称为单纯蛋白质，其经过水解之后，只产生氨基酸。根据溶解度的不同，可以将简单蛋白质分为清蛋白、球蛋白、谷蛋白、醇溶蛋白、组蛋白、精蛋白和硬蛋白七小类（表 3 - 3）。结合蛋白质由蛋白质和非蛋白质两部分组成，水解时除了产生氨基酸外，还产生非蛋白组分。非蛋白部分通常称为辅基，根据辅基种类的不同，可以将结合蛋白质分为核蛋白、糖蛋白、脂蛋白、磷蛋白、黄素蛋白、色蛋白和金属蛋白七小类（表 3 - 4）。

表 3 - 3　简单蛋白质的分类

分类	溶解性		实例
	可溶	不溶或沉淀	
清蛋白	水、稀盐、稀酸、稀碱	饱和硫酸铵	血清白蛋白、卵清蛋白
球蛋白	稀盐、稀酸、稀碱	水、半饱和硫酸铵	免疫球蛋白
谷蛋白	稀酸、稀碱	水、稀盐	麦谷蛋白
醇溶蛋白	70%～90%乙醇	水	小麦醇溶谷蛋白
组蛋白	水、稀酸	氨水	染色体中的组蛋白
精蛋白	水、稀酸	氨水	鱼精蛋白
硬蛋白	—	水、稀盐、稀酸、稀碱	角蛋白、胶原蛋白

表 3 - 4　结合蛋白质的分类

分类	辅基	实例	分类	辅基	实例
核蛋白	DNA 或 RNA	脱氧核糖核蛋白	黄素蛋白	黄素腺嘌呤二核苷酸	琥珀酸脱氢酶
糖蛋白	糖类	免疫球蛋白、血型糖蛋白	色蛋白	铁卟啉	血红蛋白、细胞色素 c
脂蛋白	脂类	血浆脂蛋白	金属蛋白	Fe、Cu、Zn 等	铁氧还蛋白
磷蛋白	磷酸基团	酪蛋白			

第五节　离心分离技术和分光光度法检测技术

一、离心分离技术

离心是利用离心力以及物质的沉降系数或浮力、密度的差异进行分离、浓缩和提纯的一种方法。下面介绍几种常用的离心方法。

1. 沉淀离心法　选择一定离心速度和时间进行离心，使溶液中的大颗粒固形物与液体分离，从而获得沉淀或上清液。此法适用于蛋白质盐析沉淀、粗酶液制备、血浆制备等。

2. 差速离心法　根据颗粒的大小、密度和形状明显的不同，在沉降系数存在较大差异的基础上，设计一定的转速和离心时间，沉降速率最大的组分将首先沉淀在离心管底部，沉降速率中等及较小的组分继续留在上清液中。将上清液转移至另一离心管中，提高转速并掌握一定的离心时间，就可以获得沉降速率中等的组分。如此分次操作，就可以在不同转速及时间组合条件下，实现沉降速率不同的各个组分的分离。

3. 沉降速度法　把样品铺放在一个连续的液体密度梯度上，然后进行离心，并控制离心分离的时间，使得粒子在完全沉降之前，在液体梯度中移动而形成不连续的分离区带。该法适用于分离有一定沉降系数差的粒子，如 DNA 和 RNA 混合物、核蛋白体亚单位和其他细胞成分。

4. 沉降平衡法　离心管中预先放置好梯度介质，样品加在梯度液面上，或将样品预先与梯度介质溶液混合后装入离心管，离心时，样品的不同颗粒向上浮起，一直移动到与它们密度相等的等密度点的特定梯度位置上，形成几条不同的区带。此法可分离核酸、亚细胞器等，也可以分离复合蛋白质，但对于简单蛋白质不适用。

二、分光光度法检测技术

分光光度法是生化分析中常用的方法，是根据物质的吸收光谱而进行定性、定量分析的方法。这里介绍分光光度法。

（一）分光光度法的基本原理

物质的颜色是由于物质吸收某种波长的光后，通过或反射出某种颜色的结果。当一定波长的单色光通过该物质的溶液时，该物质对光有一定程度的吸收，单位体积内溶液中该种物质的质点数越多，对光的吸收就越多。因此，利用物质对一定波长光吸收的程度测定物质含量的方法称为分光光度法。

（二）测定方法

1. 标准曲线法　先配制一系列浓度由小到大的标准溶液，测出它们的吸光度，在标准溶液一定浓度范围内，溶液的浓度与溶液的吸光度呈直线关系。以各管的吸光度为纵坐标，相应各管的浓度为横坐标，在坐标纸上作图得出标准曲线。测定待测溶液时，操作条件应与制作标准曲线时的条件相同，测出吸光度后，在标准曲线上即可直接查出待测液浓度。这种方法对于大量样品分析或例行测定是比较方便的。

2. 标准比较法　将标准品与样品分别用相同条件的处理，测定其吸光度，按下式计算样品的浓度。

$$待测样品溶液的浓度 = \frac{标准溶液的浓度 \times 待测样品溶液的吸光度}{标准溶液的吸光度}$$

此法适用于 $A-c$ 线性良好，且通过原点的情况。为了减少误差，所用标准溶液的浓度应尽可能地与样品溶液的浓度相接近。

3. 标准系数法　多次测定标准溶液的吸光度，算出标准溶液平均吸光度后，按下式求出标准系数。

$$标准系数 = \frac{标准溶液浓度}{标准溶液平均吸光度}$$

用同样的方法测出待测溶液的吸光度，代入下式即可算出待测溶液浓度。

$$待测溶液的吸光度 \times 标准系数 = 待测溶液浓度$$

第四章　酶与维生素

生命活动最基本的特征是进行新陈代谢。新陈代谢过程是由无数复杂的化学反应完成的，生物体内进行的这些化学反应都是在常温、常压、酸碱适中的温和条件下有规律地迅速完成的。实验证明，同样的化学反应，在生物体外，有的进行得很缓慢，有的只能在高温、高压、强酸、强碱等剧烈条件下才能进行，有的甚至无法进行。新陈代谢之所以能在温和的环境下有规律地快速进行，原因就在于生物体内存在着加速化学反应进程的生物催化剂——酶，生命有机体对代谢的调节要通过酶来实现。动物的很多疾病与酶的异常有密切关系，许多药物也是通过对酶的影响来达到治疗疾病的目的。

几千年来，酶一直参与人类的生产、生活实践活动。我们的祖先早就知道粮食在适当的条件下可以酿酒、酿醋、制酱，人能消化各种食物，绿色植物能制造糖等。人类对酶的科学认识始于 19 世纪，而对酶的深入研究却始于 20 世纪。现已发现和鉴定的蛋白酶有 8 000 多种，其中近 1 000 种已得到结晶，很多酶的化学结构也已被彻底阐明。

研究发现，多数维生素参与酶的化学组成，并与酶的作用密切相关。

第一节　酶的一般概念

一、酶的概念

（一）酶的概念

酶是由生物活细胞产生的一类具有生物催化作用的有机物，也称为生物催化剂。1926 年美国生化学家 Sumner 首次从刀豆中提取出脲酶结晶，并证明它是蛋白质。此后，科学家确证了酶的化学本质主要是蛋白质。酶是由氨基酸组成的具有复杂结构的大分子化合物，具有两性电离及等电点、变性作用、沉淀现象、颜色反应、光谱吸收等蛋白质所具有的理化性质，酶还具有特定的免疫原性和高分子性质。

近年来，随着对酶的深入研究，除了蛋白质可作为生物催化剂外，人们还发现了具有催化活性的其他物质，如核糖核酸、脱氧核糖核酸、抗体等，前两者常称为核酶，后者称为抗体酶。现代科学认为，酶是由生物活细胞产生的，能在体内和体外起同样催化作用的一类具有活性中心和特殊构象的生物大分子，包括蛋白质和核酸。本节主要学习蛋白质类的酶。

（二）酶促反应

酶所催化的化学反应称为酶促反应。在酶促反应中，被酶催化的物质称为底物（substrate，S），也称为基质或作用物；催化反应所生成的物质称为产物（product，P）；酶所具有的催化能力称为酶的活性，酶如果丧失催化能力称为酶失活。

二、酶的分类和命名

（一）酶的分类

国际酶学委员会提出酶的系统分类法是：根据酶促反应的类型，将酶分为六大类，分别用 1、2、3、4、5、6 编号来表示。

1. 氧化还原酶类　是指催化底物进行氧化还原反应的酶类，如乳酸脱氢酶、琥珀酸脱氢酶、细胞色素氧化酶等。该类酶的辅酶是 NAD^+ 或 $NADP^+$，FMN 或 FAD。生物体内的氧化还原反应以脱氧加氢为主，还有得失电子及直接与氧化合的反应。

反应通式：$AH_2 + B \longrightarrow A + BH_2$

2. 转移酶类　是指催化底物之间进行某种基团的转移或交换的酶类。

反应通式：$A—R + C \longrightarrow A + C—R$

3. 水解酶类　是指催化底物发生水解反应的酶类，如淀粉酶、蛋白酶、脂肪酶、磷酸酶等。常见的被水解的键的类型有酯键、糖苷键、肽键。

反应通式：$A—B + H_2O \longrightarrow AH + B—OH$

4. 裂合酶类或裂解酶类　是指催化非水解地除去底物分子中的基团的反应及其逆反应的酶类。

反应通式：$A—B \longrightarrow A + B$

5. 异构酶类　是指催化同分异构体间相互转化的酶类。

反应通式：$A \rightleftharpoons B$

6. 合成酶类或连接酶类　是指催化两分子底物合成为一分子化合物，同时偶联 ATP 的磷酸键断裂释放能量的酶类，如羧化酶、谷氨酰胺合成酶、谷胱甘肽合成酶等。

反应通式：$A + B + ATP \longrightarrow A—B + ADP + Pi$

（二）酶的命名

酶的命名方法分为习惯命名法和系统命名法。

1. 习惯命名法

（1）依据酶催化的底物命名，如淀粉酶、脂肪酶、蛋白酶等。

（2）依据酶催化反应的类型命名，如脱氢酶、转氨酶等。

（3）综合上述两项原则命名，如乳酸脱氢酶、氨基酸氧化酶等。

（4）在这些命名的基础上有时还加上酶的来源或酶的其他特点，如唾液淀粉酶、胰蛋白酶等。

习惯命名法简单、易懂，应用历史较长，但缺乏系统的规则，因此国际酶学委员会（I. E. C）于 1961 年提出了系统命名法。

2. 系统命名法 国际酶学委员会以酶的分类为依据，制定了与分类法相适应的系统命名法。系统命名法规定每一个酶均有一个系统名称，它标明酶的所有底物与反应性质，并附有一个 4 位数字的分类编号。底物名称之间用"："隔开，若底物之一是水可以略去不写。如葡萄糖激酶催化的下列反应：

$$ATP + D\text{-}葡萄糖 \longrightarrow ADP + D\text{-}葡萄糖\text{-}6\text{-}磷酸$$

该酶的系统命名及分类编号分别是 ATP：葡萄糖磷酸基转移酶，E. C. 2. 7. 1. 1，明确表示该酶催化从 ATP 转移一个磷酸基到葡萄糖分子上的化学反应。系统命名法虽然合理，但比较烦琐，使用不方便。为了应用方便，国际酶学委员又从每种酶的数个习惯名称中选定一个简便实用的推荐名称。

三、酶催化作用的特点

酶作为生物催化剂具有一般催化剂的特点，例如：用量少而催化效率高，在化学反应前后没有质和量的改变；只能催化热力学上允许进行的化学反应；只能缩短化学反应达到平衡所需的时间，而不能改变化学反应的平衡点，即不能改变反应的平衡常数；对可逆反应的正反应和逆反应都具有催化作用；作用的机理在于降低了反应的活化能。同时，酶又具有与一般催化剂不同的个性特征，表现在以下几方面。

1. 极高的催化效率 一般而言，对于同一反应，酶催化反应的速率比非催化反应的速率高 $10^8 \sim 10^{20}$ 倍，比一般催化剂催化的反应速率高 $10^7 \sim 10^{13}$ 倍。例如，酵母蔗糖酶催化蔗糖水解的速率是 H^+ 催化此反应速率的 2.5×10^{12} 倍；脲酶催化尿素水解的反应速率是 H^+ 催化作用的 7×10^{12} 倍。酶如此高的催化效率有赖于酶蛋白分子与底物分子之间独特的作用机制。由于酶的催化效率极高，故在生物体内尽管含量很低，却可迅速地催化大量的底物发生反应，以满足代谢的需求。

2. 高度的专一性 与一般催化剂不同，酶对其所催化的底物具有较严格的选择性，即一种酶只能作用于一种或一类底物，或一定的化学键，催化一定的化学反应并生成一定的产物，常将酶的这种特性称为酶的特异性或专一性。

例如，盐酸可使糖、脂肪、蛋白质等多种物质水解，而淀粉酶只能催化淀粉水解，对脂肪和蛋白质则无催化作用。酶催化作用的特异性取决于酶蛋白分子上的特定结构。根据酶对底物选择的严格程度不同，酶的特异性可大致分为以下三种类型：

（1）绝对专一性。一种酶只能催化一种底物发生一定的化学反应，并生成一定的产物。例如脲酶只能催化尿素水解成 NH_3 和 CO_2，而对其他具有同样酰胺键结构的肽类或其他化合物没有作用。

（2）相对专一性。有些酶的特异性相对较差，这种酶可作用于一类底物或一种化学键。例如脂肪酶不仅能催化脂肪水解，而且还可以水解简单的酯类化合物；磷酸酶对一般的磷酸酯都有水解作用；蔗糖酶不仅能水解蔗糖，而且还可以水解棉籽糖中的同一糖苷键。

（3）立体异构专一性。当底物具有立体异构现象时，一种酶只对某一底物的一种立体异构体具有催化作用，而对其立体对映体不起催化作用。例如 L-乳酸脱氢酶只催化 L 型乳酸脱氢转变为丙酮酸，而对 D 型乳酸没有催化作用。α-淀粉酶只能水解淀粉中的 α-1,4 糖苷键，而不能水解纤维素中的 β-1,4 糖苷键。

3. 反应条件温和（酶活性的不稳定性） 酶是蛋白质，对环境条件的变化极为敏感。高温、高压、强酸、强碱、有机溶剂、重金属盐、紫外线、剧烈震动等任何使蛋白质变性的理化因素都可使酶蛋白变性，从而使其失去催化活性。甚至温度、pH 的轻微变化，或少量抑制剂的存在，也能使酶的催化活性发生明显的变化。因此，酶一般要在生物体身体温度、常压、近中性 pH 等较温和环境条件下起催化作用，否则酶的活性会降低甚至丧失。

4. 酶催化活性的可调控性 酶是细胞的组成成分，与体内其他物质一样在不断地进行新陈代谢，酶的催化活性与酶的含量也受多方面的调控。例如，酶的催化活性受代谢物对酶的反馈调节、激活剂和抑制剂对酶的调节作用、酶的变构调节和酶的化学修饰、酶与代谢物在细胞内的区域化分布、酶的生物合成的诱导与阻遏作用等的影响。通过各种调控方式，可改变酶的催化活性，以适应生理功能的需要，促进体内物质代谢的协调统一，保证生命活动的正常进行。

四、酶活性及其测定

（一）酶活性

酶活性又称酶活力，是指酶催化化学反应的能力。酶活性的大小可用在一定条件下酶催化某一化学反应的速率来表示。因此，酶活性的测定实际上就是测定某一化学反应的速率。反应速率可用单位时间内底物的减少量或者产物的生成量来表示。在一般的反应中，底物往往是过量的，在测定的初速率范围内，底物减少量仅为底物总量的很小一部分，测定不易准确，而产物从无到有，较易测定。因此，一般用单位时间内产物生成的量来表示反应速率。

（二）酶活性测定

酶活性的大小可用酶活性单位来表示。酶活性单位是指在特定的条件下，酶促反应在单位时间内生成一定量的产物或者消耗一定量的底物所需的酶量。酶活性单位往往与所用的测定方法、反应条件等因素相关。1961 年国际酶学委员会规定，1 个酶活力国际单位（IU）是指：在最适条件下，每分钟催化减少 1 $\mu mol/L$ 底物或生成 1 $\mu mol/L$ 产物所需的酶量。如果酶的底物中有一个以上的可被作用的化学键或基团，则一个国际单位是指：每分钟催化 1 $\mu mol/L$ 的有关基团或化学键变化所需的酶量。温度一般规定是 25 ℃。1972 年，国际酶学委员会为了使酶的活性单位与国际单位制中的反应速率表达方式一致，推荐使用一种新的单位来代表酶的活性，即"催量（Katal，简称 Kat）"。1 Kat 定义为：在最适条件下，每秒钟能使 1 mol/L 底物转化为产物所需的酶量。Kat 和 IU 之间的关系是：1 Kat＝6×10^7 IU。

（三）比活力

酶的比活力也称为酶比活性，是指每毫克酶蛋白所具有的活力单位数。有时也用每克酶制剂或者每毫升酶制剂所含有的活性单位数来表示。比活力是表示酶制剂纯度的一个重要指标。对同一种酶来说，酶的比活力越高，纯度越高。

第二节　酶的结构与功能的关系

本节介绍酶的化学组成、酶的结构以及酶的结构与功能的关系。通过本节的学习，学生可以了解"活性中心"在酶结构中的重要性并认识到酶的结构决定酶的功能，再结合酶原激活、同工酶和变构酶的例子，加深对"结构决定功能"的认识。

一、酶的化学组成

根据酶的化学组成，可将酶分为单纯蛋白酶（simple enzyme）和结合蛋白酶（conjugated enzyme）两类。

1. 单纯蛋白酶　单纯蛋白酶是仅由氨基酸残基构成的单纯蛋白质，通常只有一条多肽链。其催化活性主要由蛋白质结构所决定。一般催化水解反应的酶（如淀粉酶、脂肪酶、蛋白酶、脲酶、核糖核酸酶等）均属于单纯蛋白酶。

2. 结合蛋白酶　结合蛋白酶由蛋白质部分和非蛋白质部分组成。此类酶水解后除了得到氨基酸外，还可得到非氨基酸类物质。蛋白质部分称为酶蛋白（apoenzyme），非蛋白质部分称为辅助因子（cofactor），生物体内多数酶是结合蛋白酶。酶蛋白和辅助因子结合形成的复合物称为全酶（holoenzyme）。

辅助因子是对热稳定的金属离子［如 K^+、Na^+、Mg^{2+}、Zn^{2+}、Fe^{3+}（Fe^{2+}）、Cu^{2+}、Mn^{2+} 等］或非蛋白质的有机小分子。起辅助因子作用的有机小分子的分子结构中常含有维生素或维生素类物质，它们的主要作用是参与酶的催化过程，在酶促反应中起着传递电子、质子或转移基团（如酰基、氨基、甲基等）的作用。

按酶的辅助因子与酶蛋白结合的紧密程度与作用特点不同，可将其分为辅酶和辅基。与酶蛋白结合疏松、用透析或超滤的方法可将其与酶蛋白分开的称为辅酶（coenzyme）。与酶蛋白结合紧密、不能通过透析或超滤方法将其除去的称为辅基（prosthetic group）。辅酶和辅基的区别仅仅在于它们与酶蛋白结合的牢固程度不同，二者并无严格的界限和化学本质的区别。

酶催化作用有赖于全酶的完整性，酶蛋白和辅助因子分别单独存在时均无催化活性，只有二者结合在一起构成全酶后才有催化活性。一种辅助因子可与不同的酶蛋白结合构成多种不同的特异性酶。在酶促反应过程中，酶蛋白起识别和结合底物的作用，酶蛋白决定酶的专一性，而辅助因子决定反应的类型。

二、酶的活性中心和必需基团

（一）酶的活性中心的概念

酶蛋白分子的结构特点是具有活性中心。酶分子很大，结构也很复杂，存在许多氨基酸侧链基团，如—NH_2、—COOH、—SH、—OH 等，但在发挥催化作用时并不是整个分子都参加，而只是少数氨基酸侧链基团起作用。酶分子中，与酶的催化活性和专一性直接有关的基团称为酶的必需基团或活性基团（essential group），常见的必需基团有：组氨酸残基上的咪唑基，丝氨酸和苏氨酸残基上的羟基，半胱氨酸残基上的巯基，某些酸性氨基酸残基上的自由羧基，碱性氨基酸残基上的氨基等。这些必需基团虽然在一级结构上可能相距很远，但在酶结构中的空间位置上比较靠近，集中在一起形成一定空间部位，该部位与底物结合并催化底物转化为产物。酶分子中，由必需基团相互靠近所构成的能直接结合底物并催化底物转变为产物的空间部位，称为酶的活性中心（active center）或活性部位（active site）。

（二）酶的活性中心的组成

酶的活性中心一般是由酶分子中几个氨基酸残基的侧链基团所组成的。构成活性中心的这几个基团，可能在同一条多肽链的一级结构上相距很远，甚至不在同一条多肽链上，但是多肽链的盘绕折叠，使它们在空间结构上相互靠近，构成了酶的活性中心。例如，与胰凝乳蛋白酶催化活性有关的化学基团在第 57 位（组氨酸残基）、102 位（天冬氨酸残基）、195 位（丝氨酸残基）上，它们在酶蛋白的一级结构中相距较远，但在空间结构上相互靠近，参与和底物的结合，催化底物生成产物。单纯蛋白酶的活性中心只包括几个氨基酸侧链基团；结合蛋白酶的活性中心除了包括几个氨基酸侧链基团外，辅酶或者辅基上的某一部分结构往往也是其中的组成部分。

酶活性中心内的一些化学基团，是酶发挥作用及与底物直接接触的基团，称为酶活性中心的必需基团。按照功能不同，酶活性中心的必需基团分为两种：一种是直接与底物结合的结合基团，构成结合部位，决定酶催化的专一性；另一种是催化底物打开旧化学键，形成新化学键并迅速生成产物的催化基团，构成催化部位，决定酶促反应的类型，即酶的催化性质。酶的活性中心见图 4-1。结合基团和催化基团并不是各自独立的，而是相互联系的整体，活性中心内的有些必需基团可同时具备这两方面的功能。

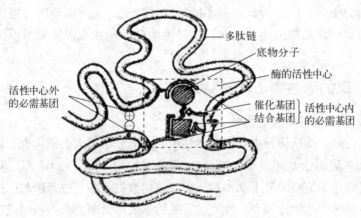

图 4-1　酶的活性中心

酶的活性中心是酶表现催化活性的关键部位，活性中心的结构一旦被破坏，酶立即丧失催化活性。但是应当指出，酶的活性中心并不是孤立存在的，它与酶蛋白的整体结构之间的关系是辩证统一的，酶活性中心的形成，要求酶蛋白具有一定的空间结构。在酶活性中心外，有些基团虽然不与底物直接作用，但对维持活性中心的空间结构是必需的，这种基团称为活性中心外的必需基团。因此，酶分子中除活性中心外的其他部分结构，对于酶的催化作用来说可能是次要的，但绝不是毫无意义的，它们至少为活性中心的形成提供了必要的结构基础。

酶之所以具有高度的专一性，是由于不同的酶具有不同的活性中心，导致酶分子空间结构（构象）不同，其催化作用也就各不相同。相反，具有相同或相近活性中心的酶，尽管其分子组成和理化性质不同，其催化作用则可能相同或极为相似。

（三）活性中心的特点

（1）酶活性中心只占酶分子总体积的一小部分（通常只占整个酶分子体积的 $1\%\sim2\%$）。

（2）酶活性中心往往位于酶分子表面的凹陷处，形成一个非极性环境，以利于酶与底物的结合，并发生催化作用。

（3）酶活性中心具有精致的三维空间结构，若空间结构（构象）被破坏，则酶丧失催化活性。

（4）酶活性中心的空间结构不是刚性的，当它与底物结合时可以发生某些变化，使之更适合于与底物结合。

（5）酶活性中心与底物结合的键力是相当弱的，这有利于产物的生成。

三、酶原与酶原激活

（一）概念

有些酶在细胞内最初合成或初分泌时，没有催化活性，这种无活性的酶的前体称为酶原（zymogen）。酶原是体内某些酶暂不表现催化活性的一种特殊存在形式。

（二）酶原激活的本质

在一定条件下，酶原受某种因素作用后，释放出一些氨基酸和小肽，暴露或形成活性中心，转变成具有活性的酶，这一过程称为酶原激活。胃蛋白酶、胰蛋白酶、糜蛋白酶（胰凝乳蛋白酶）、羧基肽酶、弹性蛋白酶等在它们初分泌时均以无活性的酶原形式存在，在一定的条件下酶原才能转化成具有活性的酶。例如，胰蛋白酶原在胰腺细胞内合成和初分泌时，以无活性的胰蛋白酶原形式存在，当它随胰液进入肠道后，可被肠液中的肠激酶激活（也可被胰蛋白酶本身所激活）。在肠激酶的作用下，从 N 端水解掉一个六肽片段，因而促使酶分子空间构象发生某些改变，使组氨酸、丝氨酸、缬氨酸、异亮氨酸等残基互相靠近，形成活性中心，胰蛋白酶原转变成具有催化活性的胰蛋白酶。胰蛋白酶原激活见图 4 - 2。

（三）酶原激活的生理意义

酶原激活的生理意义在于既可避免细胞产生的酶对细胞进行自身消化，又

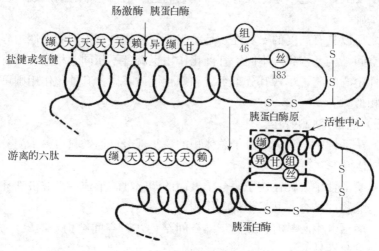

图 4-2　胰蛋白酶原激活

可使酶原达到特定部位发挥催化作用。例如胰腺分泌的胰蛋白酶原，必须在肠道内经激活后才能水解蛋白质，这样就保护了胰腺细胞免受酶的破坏。又如，血液中参与凝血过程的酶类，在正常情况下均以酶原形式存在，从而保证血流畅通。在出血时，凝血酶被激活，使血液凝固，以防止过多出血。

第三节　酶的催化作用机理

本节介绍酶的催化作用和活化能之间的关系、中间产物学说及诱导契合学说。通过本节的学习，了解酶具有高效性的原因及酶和底物结合成为中间产物的机制，从而掌握酶的催化机理。

一、酶的催化作用与分子活化能的关系

酶和一般催化剂加速反应的机制都是降低反应的活化能。根据化学反应的原理，一个化学反应能够进行，首先参加反应的分子要相互碰撞，但是仅有碰撞还不能导致反应的进行，只有那些处于活化状态的分子才能发生反应，即反应分子具备足够的能量，也就是所具有的能量超过该反应所需的能阈的分子才能进行反应。底物分子由常态变成可反映的活化态分子所需要的能量称为活化能。显然，活化分子越多，反应速率越快。在酶促反应中，由于酶能够短暂地与反应物结合形成过渡态，从而降低了化学反应的活化能，这样只需要较少的能量就能使反应物进入"活化态"。所以和非酶促反应相比，活化分子的数量大大增加，从而加快了反应速率。如 H_2O_2 的分解，当没有催化剂时活化能为

75.24 kJ/mol，用钯作为催化剂时，活化能仅为 48.9 kJ/mol，而当有过氧化氢酶催化时，活化能下降到 8.36 kJ/mol 或以下。

由此可见，酶比一般催化剂降低活化能的幅度更大，即酶可以使更多的底物分子转变为活化分子，因此酶促反应效率更高。

酶和一般化学催化剂降低反应活化能见图 4-3。

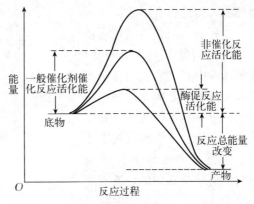

图 4-3　酶和一般化学催化剂降低反应活化能

二、中间产物学说

酶如何使反应的活化能降低？目前比较圆满的解释是"中间产物学说"。

设一反应　　　　　　　　$S \longrightarrow P$　　　　　　　　　　（1）

　　　　　　　　　　底物　产物

酶在催化此反应时，首先与底物结合成一个不稳定的中间产物（也称为中间络合物），然后中间产物再分解成产物和原来的酶。

$$E+S \Longleftrightarrow ES \longrightarrow E+P \qquad (2)$$

由于酶催化的反应（2）的能阈比没有酶催化的反应（1）要低，反应（2）所需的活化能亦比反应（1）低，所以反应速率加快。

中间产物是客观存在的，但是由于中间产物很不稳定，易迅速分解成产物，因此不易把它从反应体系中分离出来。随着分离技术的提高，有些中间产物已经成功得到分离，如 D-氨基酸氧化酶与 D-氨基酸结合而成的复合物已经被分离并结晶出来。

三、诱导契合学说

已经知道，酶在催化化学反应时要和底物形成中间产物。但是酶和底物如何结合成中间产物？又如何完成其催化作用？关于这些问题有很多假设。酶对它所作用的底物有着严格的选择性，它只能催化一定结构或一些结构近似的化合物发生反应。Email Fisher 认为酶和底物结合时，底物的结构必须和酶活性中心的结构非常吻合，就像锁和钥匙一样，这样才能紧密结合形成中间产物。这就是"锁钥学说"。但是后来发现，当底物与酶结合时，酶分子上的某些基团常发生明显的变化。另外，无法解释可逆反应及酶对底物的相对专一性。因此"锁钥学说"把酶的结构看成固定不变的，是不切实际的。近年来，大量研究表明，酶和底物游离存在时，其形状并不精确互补，即酶的活性中心并不是僵硬的，而是具有一定柔性的结构。当底物与酶相遇时，可诱导酶蛋白的构象发生相应的变化，使酶活性中心上有关的各个基团正确地排列和定向，这种适应性的变化更有利于使酶和底物契合成中间产物，并引起底物发生反应。这就是"诱导契合学说"。应当说诱导是双向的，既有底物对酶的诱导，又有酶对底物的诱导，因此在酶与底物结合时两者结构都发生了变化。该学说是由 D. E. Koshland 于 1958 年提出的，

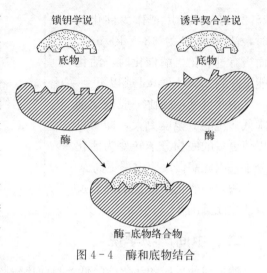

图 4 - 4　酶和底物结合

酶的"诱导契合学说"成功地解释了酶的各种特异性，现已被大多数人所接受。

酶和底物结合见图 4 - 4。

第四节　影响酶促反应速率的因素

本节介绍底物浓度、酶浓度、温度、pH、激活剂、抑制剂六个因素对酶促反应速率的影响。通过对本节的学习，学生能够学会利用某种因素对酶活性的影响来指导生产实践（如低温麻醉、高温灭菌等），还可以理解某些医用药物和农药的应用原理。

由于酶是蛋白质，凡能影响蛋白质理化性质发生改变的理化因素都可影响酶的结构和功能。活性中心是酶催化作用的关键部位，凡能影响活性中心发挥作用的因素都可影响酶的催化活性，进而影响酶促反应速度。酶促反应速度受许多因素理响，这些因素主要包括底物浓度、酶浓度、温度、pH、激活剂和抑制剂等，以下分别予以介绍。

一、底物浓度对酶促反应速率的影响

底物浓度对酶促反应速率的影响见图 4 - 5。在酶浓度及其他条件不变的情况下，底物浓度变化对酶促反应速率影响的作图，呈矩形双曲线。在底物浓度较低时，反应速率随底物浓度的增加而增加，两者呈正比例关系，反应为一级反应；当底物浓度较高时，反应速率虽然也随底物的增加而加速，但反应速率不再呈正比例加速，反应速率增加的幅度不断下降；当底物浓度增高到一定程度时，反应速率趋于恒定，继续增加底物浓度，反应速率不再增加，达到极

限，此时的反应速率称为最大反应
速率，表现为零级反应，说明酶的
活性中心已被底物所饱和。所有的
酶都有饱和现象，只是达到饱和时
所需的底物浓度各不相同而已。

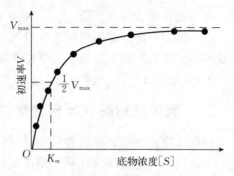

　　酶促反应速率与底物浓度之间的
变化关系，反映了酶-底物复合物的
形成与生成产物的过程。$E+S\rightleftharpoons$
$ES\rightarrow E+P$，即中间产物学说。在底

图 4-5　底物浓度对酶促反应速率的影响

物浓度很低时，酶的活性中心没有
全部与底物结合，增加底物浓度，复合物的形成与产物的生成呈正比例关系增
加；当底物增加至一定浓度时，酶全部形成了复合物，此时再增加底物浓度也
不会增加复合物，反应速率趋于恒定。

1. 米-曼氏方程式　为了解释底物浓度与反应速率的关系，1913 年，
L. Michaelis 与 M. L. Menten 将图 4-5 归纳为反应速率与底物浓度的数学表
达式——米-曼氏方程式：

$$V=\frac{V_{max}\ [S]}{K_m+[S]}$$

　　式中，V 为反应初速率；$[S]$ 为底物浓度；V_{max} 为反应的最大速率；K_m
为米氏常数。

2. K_m 的意义

　　（1）当酶促反应速率为最大反应速率的一半时（设 $V=1/2V_{max}$），米氏常
数与底物浓度相等（$K_m=[S]$）。

　　K_m 是酶的特征性常数之一，通常只与酶的性质、酶所催化的底物和反应
环境（如温度、离子强度、pH 等）有关，而与酶的浓度无关。每一种酶都有
其特定的 K_m 值，测定酶的 K_m 可作为鉴别酶的一种手段，但必须在指定的实
验条件下进行。

　　（2）K_m 可用来近似地表示酶与底物的亲和力。K_m 越小，表明达到最大速
率一半时所需要的底物浓度越小，即酶对底物的亲和力越大，反之亲和力则小。
因此，对于具有相对专一性的酶，当其作用于多个底物时，具有最小 K_m 的底物
就是该酶的最适底物或者天然底物。显然，最适底物与酶的亲和力最大。

　　（3）催化可逆反应的酶，当正反应和逆反应 K_m 不同时，可以大致推测该酶
正逆两向反应的效率，K_m 小的底物所代表的反应方向是该酶催化的优势方向。

　　（4）在有多个酶催化的系列反应中，确定各种酶的 K_m 及相应底物浓度，
有助于判断代谢过程中的限速步骤。在各底物浓度相同时，K_m 大的酶为限速

酶，相应的步骤为限速步骤。

（5）测定不同的抑制剂对某一酶 K_m 及 V_{max} 的影响，可帮助判断该抑制剂是此酶的竞争性抑制剂还是非竞争性抑制剂。

3. V_{max} 的含义 V_{max} 是酶完全被底物饱和时的反应速率，其与酶浓度成正比。

二、酶浓度对酶促反应速率的影响

酶促反应体系中，在底物浓度足以使酶饱和的情况下，酶促反应速率与酶浓度成正比。即酶浓度越高，反应速率越快（图 4-6）。但该正比关系是有条件的：一是底物浓度足够大；二是使用的必须是纯酶制剂或不含抑制剂、激活剂或失活剂的粗酶制剂。

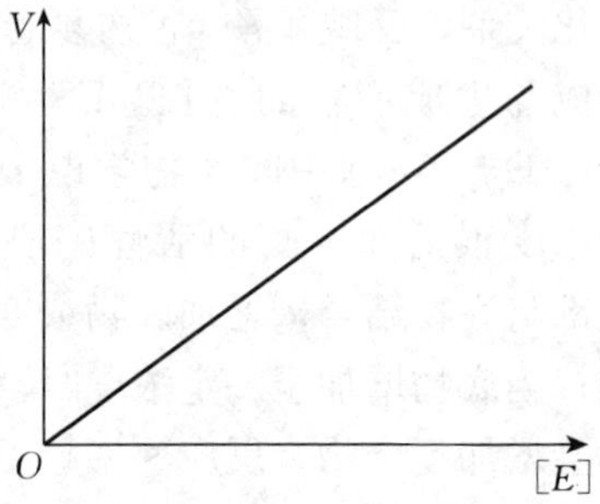

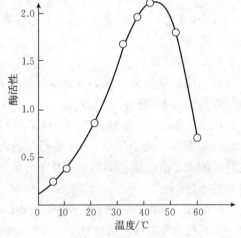

图 4-6　酶浓度对反应速率的影响

三、温度对酶促反应速率的影响

化学反应速率受温度变化的影响：温度过低抑制酶的活性；温度过高可引起酶蛋白变性，使酶失活。因此，温度对酶促反应速率具有双重影响。在较低温度范围内，随着温度的升高，酶的活性逐步增加，以致达到最大反应速率。升高温度一方面可加快酶促反应速率，同时也增加酶的变性。温度升高到60 ℃以上时，大多数酶开始变性；80 ℃时，多数酶的变性不可逆转，反应速率则因酶变性而降低，高压灭菌就是利用这一原理。综合这两种因素，将酶促反应速率达到最快时的环境温度称为酶促反应的最适温度。温血动物组织中酶的最适温度一般为 35～40 ℃。环境温度低于最适温度时，升温加快反应速率这一效应起主导作用，温度每升高 10 ℃，反应速率可增大 1～2 倍。温度对淀粉酶活性的影响见图 4-7。

图 4-7　温度对淀粉酶活性的影响

低温条件下，由于分子碰撞机会少的缘故，酶的催化作用难以发挥，酶活性处于抑制状态。但低温一般不破坏酶，一旦温度回升后，酶又恢复活性。因此，酶制剂和酶检测标本（如血清、血浆等）应放在低温保存。另外，低温麻醉主要是通过低温降低酶活性，以减慢组织细胞代谢速率，提高机体在手术过程中对氧和营养物质缺乏的耐受性。酶的最适温度不是酶的特征性常数，常受到其他条件如底物、作用时间、pH、抑制剂等的影响。比如，酶可以在短时间内耐受较高的温度，相反，延长反应时间，最适温度便降低。据此，在生化检验中，可以采取提高温度并缩短反应时间的方法，进行酶的快速检测诊断。

四、pH 对酶促反应速率的影响

酶促反应介质的 pH 可影响酶分子的结构，特别是影响酶活性中心上必需基团的解离状态，同时也可影响底物和辅酶（如 NAD^+、CoA—SH、氨基酸等）的解离程度，从而影响酶与底物的结合。只有在某一 pH 范围内，酶、底物和辅酶的解离状态最适宜于它们之间互相结合，酶具有最大催化作用，使酶促反应速率达到最大值。因此，pH 的改变对酶的催化作用影响很大。酶催化活性最大时的环境 pH 称为酶促反应的最适 pH。最适 pH 不是酶的特征性常数，它受底物浓度、缓冲液的种类与浓度以及酶的纯度等因素的影响。溶液的pH 高于或低于最适 pH，酶的活性降低，酶促反应速率减慢，远离最适 pH时甚至会导致酶的变性失活。每一种酶都有其各自的最适 pH。生物体内大多数酶的最适 pH 接近中性，但也有例外，如胃蛋白酶的最适 pH 大约为 1.8，肝精氨酸酶的最适 pH 在 9.8 左右。实践中用酸性溶液配制胃蛋白酶合剂，就是依据这一特点。此外，同一种酶催化不同的底物，其最适 pH 也稍有变动。pH 影响酶活力的原因可能有：①过酸或过碱会影响酶蛋白的构象，甚至使酶变性而失活；②pH 改变不剧烈时，酶虽不变性，但活力受影响，因为 pH 会影响底物分子的解离状态、酶分子的解离状态，也可能影响中间产物 ES 的解离状态；③pH 影响反应分子中另一些基团的解离，而这些基团的离子化状态与酶的专一性及酶分子中活性中心的构象有关。

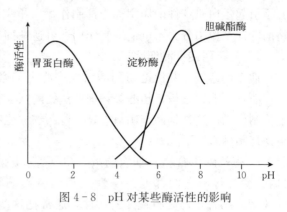

图 4-8 pH 对某些酶活性的影响

pH 对某些酶活性的影响见图 4-8。

五、激活剂对酶促反应速率的影响

使酶由无活性变为有活性或使酶活性增加的物质称为酶的激活剂（activator）。激活剂对酶促反应速率的影响，主要通过酶的激活或酶原的激活来实现。酶的激活是使已具有活性的酶的活性增加，酶原的激活是使本来无活性的酶原变成有活性的酶。激活剂包括无机离子、简单的有机化合物和蛋白质类物质。最常见的激活剂 Cl^- 是唾液淀粉酶最强的激活剂。

金属离子如 Na^+、K^+、Mg^{2+}、Ca^{2+}、Cu^{2+}、Zn^{2+}、Fe^{2+} 等，既是许多酶的辅助因子，也是酶的激活剂。还原剂（如抗坏血酸、半胱氨酸、还原型谷胱甘肽等）能激活某些酶，使酶分子中的二硫键还原成有活性的巯基，从而提高酶的活性。螯合剂〔如 EDTA（乙二胺四乙酸）等〕可螯合金属，解除重金属对酶的抑制作用。蛋白质类激活剂使无活性的酶原变成有活性的酶（酶原激活）。

激活剂对酶的作用是相对的，即一种激活剂对某种酶能起激活作用，而对另一种酶可能起抑制作用，如 Cu^{2+} 是唾液淀粉酶的抑制剂。另外，激活剂的浓度对其作用也有影响，即同一种激活剂若浓度变高，可以从起激活作用转为起抑制作用。

六、抑制剂对酶促反应速率的影响

在酶促反应中，凡能有选择性地使酶活性降低或丧失，但不能使酶蛋白变性的物质统称为酶的抑制剂（inhibitor）。无选择地引起酶蛋白变性，使酶活性丧失的理化因素，不属于抑制剂范畴。抑制剂的种类有很多，如有机磷及有机汞化合物、重金属离子、氰化物、磺胺类药物等。抑制剂降低酶的活性，但并不引起蛋白质变性的作用称为抑制作用。根据抑制剂与酶的作用是否可逆，将酶的抑制作用分为不可逆抑制作用和可逆性抑制作用两类。

（一）不可逆抑制作用

抑制剂通常以共价键与酶的活性中心上的必需基团结合，使酶的活性丧失，而且不能用透析、超滤等物理方法使酶恢复活性，这种抑制作用称为不可逆抑制作用。这种抑制作用只能靠某些药物才能解除，从而使酶恢复活性。不可逆抑制剂有以下几种：

1. 有机磷化合物 如农药敌百虫（美曲膦酯）、敌敌畏（DDVP）、1059（内吸磷）等，它们都能专一性地与胆碱酯酶活性中心丝氨酸残基的羟基（—OH）结合，抑制胆碱酯酶活性。通常把这些能够与酶活性中心的必需基团进行共价结合，从而抑制酶活性的抑制剂称为专一性抑制剂。

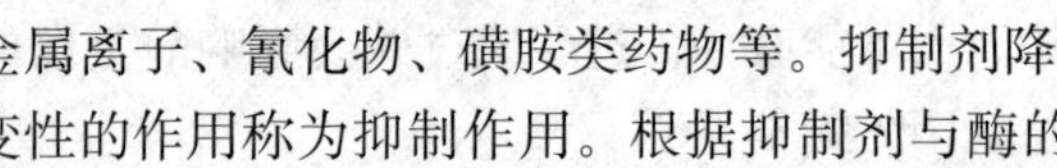

$$\begin{array}{c} R-O \\ R'-O \end{array} P \begin{array}{c} O \\ X \end{array} + HO-E \longrightarrow \begin{array}{c} R-O \\ R'-O \end{array} P \begin{array}{c} O \\ OE \end{array} + HX$$

有机磷化合物　　羟基酶　　　失活的酶　　　酸

胆碱酯酶是一种羟基酶，可催化乙酰胆碱水解，有机磷化合物中毒时，使酶的羟基磷酸化，从而使此酶活性受到抑制，造成神经末梢分泌的乙酰胆碱不能及时水解而堆积，使得动物迷走神经兴奋而出现中毒症状，甚至使动物死亡。临床上常采用解磷定（PAM）治疗有机磷化合物中毒。解磷定与磷酰化羟基酶的磷酰基结合，使羟基酶游离，从而解除有机磷化合物对酶的抑制作用，使酶恢复活性。

2. 有机汞、有机砷化合物 这类化合物与酶分子中半胱氨酸残基的巯基作用，抑制含巯基的酶，如对氯汞苯甲酸（PCMB）。由于这些抑制剂所结合的巯基不局限于必需基团，所以此类抑制剂又称为非专一性抑制剂。化学毒剂路易氏气是一种含砷的化合物，它能抑制体内巯基酶的活性而使人畜中毒。这类抑制可以通过加入过量巯基类化合物如半胱氨酸、还原型谷胱甘肽（GSH）或二巯丙醇而解除。

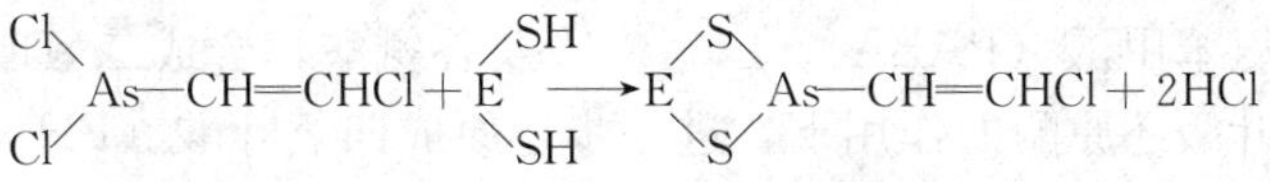

$$\begin{array}{c} Cl \\ \\ Cl \end{array} As-CH=CHCl+E \begin{array}{c} SH \\ \\ SH \end{array} \longrightarrow E \begin{array}{c} S \\ \\ S \end{array} As-CH=CHCl+2HCl$$

　　　　路易氏气　　　巯基酶　　　失活的酶　　　　　　酸

3. 重金属盐 含 Pb^{2+}、Hg^{2+}、Cu^{2+}、Fe^{2+}、Ag^+ 的重金属盐在高浓度时会使酶蛋白变性失活，而在低浓度时会对某些酶的活性产生抑制作用，通常选用金属螯合剂（如 EDTA）螯合除去有害的金属离子，恢复酶的活性。

4. 氰化物、硫化物和 CO 这类化合物能与酶分子中金属离子（辅助因子）形成较为稳定的络合物，使酶的活性受到抑制。如氰化物（CN^-）作为剧毒物质能迅速与氧化型细胞色素氧化酶中的三价铁结合，使酶没有携带氧分子的能力而失活，进而阻断电子传递，阻止细胞呼吸。

5. 烷化试剂 这类试剂（如碘乙酸、2,4-二硝基氟苯等）往往含有一个活泼的卤素原子，能与巯基、氨基、羧基、咪唑基等基团作用。常用碘乙酸等作鉴定酶中是否存在巯基的特殊试剂。

（二）可逆性抑制作用

这类抑制剂通常以非共价键与酶可逆性结合，使酶活性降低或丧失，用透析或超滤等方法可将抑制剂除去，恢复酶的活性。根据抑制剂与底物的关系，可逆性抑制作用可分为以下三种类型：

1. 竞争性抑制作用（competitive inhibition） 竞争性抑制剂（I）与酶（E）的正常底物（S）有相似的结构，因此它与底物分子竞争性地结合到酶的活性中心，从而阻碍酶与底物结合形成中间产物，这种抑制作用称为竞争性抑制作用。竞争性抑制作用具有以下特点：①抑制剂在化学结构上与底物分子相似，两者竞相争夺同一酶的活性中心；②抑制剂与酶的活性中心结合后，酶分子失去催化作用；③竞争性抑制作用的强弱，取决于抑制剂与底物之间的相对浓度，抑制剂浓度不变时，通过增加底物浓度可以减弱甚至解除竞争性抑制作用；④酶既可以结合底物分子，也可以结合抑制剂，但不能与两者同时结合。E、S、I及其催化反应的关系如下：

$$E+S \Longrightarrow ES \longrightarrow E+P$$

$$+$$

$$I$$

$$\parallel$$

$$EI$$

应用竞争性抑制的原理可阐明某些药物的作用机理。如磺胺类药物和磺胺增效剂，便是通过竞争性抑制作用抑制细菌的生长。对磺胺类药物敏感的细菌在生长繁殖时，不能利用环境中的叶酸，而是在菌体内二氢叶酸合成酶的作用下，利用对氨苯甲酸（PABA）、二氢蝶呤及谷氨酸，合成二氢叶酸（FH_2），后者在二氢叶酸还原酶的作用下，进一步还原成四氢叶酸（FH_4），四氢叶酸是细菌合成核酸过程中不可缺少的辅酶。磺胺类药物与对氨苯甲酸结构相似，是二氢叶酸合成酶的竞争性抑制剂，可以抑制二氢叶酸的合成；磺胺增效剂（TMP）与二氢叶酸结构相似，是二氢叶酸还原酶的竞争性抑制剂，可以抑制四氢叶酸的合成。

对氨苯甲酸
二氢蝶呤 $\overset{\text{二氢叶酸合成酶}}{\underset{\text{磺胺类药物}}{\longrightarrow}}$ 二氢叶酸 $\overset{\text{二氢叶酸还原酶}}{\underset{\text{TMP}}{\longrightarrow}}$ 四氢叶酸
谷氨酸

对氨基苯甲酸与磺胺类药物的化学结构式如下：

$$NH_2 \text{—}\!\!\bigcirc\!\!\text{—} COOH \qquad NH_2 \text{—}\!\!\bigcirc\!\!\text{—} SO_2NHR$$

对氨基苯甲酸 磺胺类药物

磺胺类药物与其增效剂分别在两个作用点竞争性抑制细菌体内二氢叶酸的合成及四氢叶酸的合成，影响一碳单位的代谢，从而有效地抑制了细菌体内核酸及蛋白质的生物合成，导致细菌死亡。人体能从食物中直接获取叶酸，所以人体四氢叶酸的合成不受磺胺类药物及其增效剂的影响。

许多抗代谢类抗癌药物，如氨甲蝶呤（MTX）、5-氟尿嘧啶（5-FU）、6-巯基嘌呤（6-MP）等，几乎都是酶的竞争性抑制剂，它们分别抑制四氢叶酸、脱氧嘧啶核苷酸及嘌呤核苷酸的合成，可抑制肿瘤细胞的生长。

2. 非竞争性抑制作用（non-competitive inhibition） 非竞争性抑制剂与酶活性中心外的其他位点可逆地结合，它使酶的三维结构改变，导致酶催化活性降低。此种结合不影响酶与底物分子的结合，同时，酶与底物分子的结合也不影响酶与抑制剂的结合。底物与抑制剂之间无竞争关系。但酶-底物-抑制剂复合物（ESI）不能进一步释放产物。这种抑制作用称为非竞争性抑制作用。典型的非竞争性抑制作用的反应过程是：

$$E+S \rightleftharpoons ES \longrightarrow E+P$$

$$+\qquad\qquad+$$

$$I\qquad\qquad I$$

$$\Updownarrow\qquad\qquad\Updownarrow$$

$$EI+S \rightleftharpoons ESI$$

抑制作用的强弱取决于抑制剂的浓度，此种抑制作用不能通过增加底物浓度来减弱或消除。图 4-9 为竞争性抑制与非竞争性抑制的作用机制。毒毛花苷 G 抑制细胞膜上 $Na^+ - K^+ - ATP$ 酶活性就是以非竞争性抑制方式进行的。

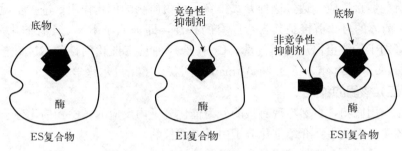

图 4-9　竞争性抑制与非竞争性抑制的作用机制

3. 反竞争性抑制作用　抑制剂不与酶结合，仅与酶和底物分子形成的中间复合物结合，使中间复合物 ES 的量下降，即 $ES+I \longrightarrow ESL$。当 ES 与 I 结合后，ESI 不能分解成产物，酶的催化活性被抑制。在反应体系中存在反竞争性抑制剂时，不仅不排斥 E 和 S 的结合，反而可增加二者的亲和力，这与竞争性抑制作用相反，故称为反竞争性抑制作用。例如，肼类化合物抑制胃蛋白酶就是反竞争性抑制。其抑制作用的反应过程如下：

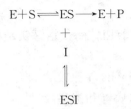

第五节　核酶与抗体酶

本节主要介绍核酶（ribozyme）和抗体酶的概念、发现、分类及应用。通过本节的学习，可以了解新型酶的发现和应用前景。

一、核酶

(一) 核酶的概念

20 世纪 80 年代初期，美国科学家 Cech 和 Altman 各自独立发现 RNA 具有生物催化功能，从而改变了生物体内所有生物催化剂都是蛋白质的传统观念。这个发现被认为是近几十年来生物化学领域内最令人鼓舞的发现。

1982 年，Cech 等以原生动物嗜热四膜虫（*tetrahymena thermophila*）为材料，研究 rRNA 的基因转录问题时发现：转录产物 rRNA 前体很不稳定，在 ATP、GTP 存在下，可以发生自我剪接，生成 26S rRNA。后经体外转录实验进一步证明大肠杆菌 RNA 聚合酶在细胞外转录出的该 rRNA 前体也能够进行自我剪接反应。通过这种方式排除了蛋白质酶的催化作用，进一步说明该 rRNA 前体的自我剪接是其自身固有的特性，即证明了 RNA 具有催化功能。为了区别于传统蛋白质性质的酶，Cech 给这种具有催化活性的 RNA 定名为 ribozymeo。1989 年，Cech 和 Altman 共同获得了诺贝尔化学奖。

(二) 核酶的种类

按作用底物，自然界现有核酶分为催化分子内反应的核酶和催化分子间反应的核酶。在此主要介绍催化分子内反应的核酶。

催化分子内反应的核酶分为自我剪接核酶和自我剪切核酶两类。

1. 自我剪接核酶　自我剪接有两种方式，这是由于存在两类不同内含子。自我剪接的第一种方式是：Ⅰ 型 IVS 催化自我剪接，这种自我剪接需要鸟苷（G）和 Mg^{2+} 参与，结果得到剪接产物 G - IVS。自我剪接的第二种方式是：Ⅱ 型 IVS 催化自我剪接，这种自我剪接不需要鸟苷参与，是由 Ⅱ 型 IVS 的特定结构决定的，并类似于细胞核 mRNA 前体的剪接方式。现已证实，Ⅰ 型和 Ⅱ 型 IVS 的自我剪接反应都是可逆的，表明它们都能催化 IVS 移位和实现 RNA 重组。自我剪接核酶作用机制是通过既剪又接的方式去除内含子，包含剪切与连接两个步骤。

2. 自我剪切核酶　自我剪切核酶包括锤头结构核酶、发夹结构核酶、丁型肝炎病毒核酶等。

（1）锤头结构核酶。Symons 在比较研究了一些植物类病毒、拟病毒和卫星病毒自我剪切规律后，于 1986 年提出锤头结构（hammer head structure）的二级结构模型。锤头结构核酶长约 30 个核苷酸，由 3 个碱基配对的螺旋区、两个单链区和突出的核苷酸构成（图 4 - 10）。该酶

图 4 - 10　锤头结构核酶

可分为 3 个部分，中间是以单链形式存在的 13 个保守核苷酸和螺旋Ⅱ组成的催化核心，两侧的螺旋Ⅰ/Ⅲ为可变序列，共同组成特异性序列，决定核酶的特异性。锤头结构核酶是较小的核酶。其自我剪切活性依赖于结构的完整性，只要满足锤头状的二级结构和 13 个核苷酸的保守序列，剪切反应就会在锤头结构右上方 GUN 序列的 3′端自动发生。

（2）发夹结构核酶。1989 年 Hampie 等提出发夹结构核酶模型，发夹结构核酶切割活性所需最小长度为 50 个核苷酸，其中 15 个是必需的。该酶由 4 个螺旋区（H）和数个环状区（J）组成。螺旋Ⅰ、Ⅱ的主要功能是与靶序列结合，决定核酶切割部位的特异性，螺旋Ⅲ配对碱基及其 3′端的未配对碱基均为切割活性所必需。发夹结构核酶在负链 sTRSV RNA 中被发现，它不同于正链 sTRSV RNA 和其他有关病毒 RNA 的自我剪切结构。

（3）丁型肝炎病毒。核酶和链孢霉线粒体（VS）RNA 自我剪切的结构特点，完全不同于锤头结构和发夹结构，表明自然界存在多种多样的自我剪切加工方式。

催化分子间反应的核酶如 RNase P 的微小核糖核酸（miRNA）具有催化 tRNA 前体 5′端成熟的功能，RNase P 是由 RNA 和蛋白质两部分组成的，前者占全酶总量的 77％，后者占 23％。

（三）核酶的研究意义及应用前景

1. 核酶的研究意义

（1）它突破了"生物体内所有的生物催化剂都是蛋白质"的传统观念。

（2）具有催化功能 RNA 的重大发现，使人们对普遍感兴趣的生命起源这一问题有了新的认识。长期以来，人们认为所有的生命形式在冗长的相互依赖的循环中，信息分子和功能分子是分离的，核酸是信息分子，蛋白质是功能分子。核酶的发现表明：RNA 是一种既能携带遗传信息又有生物催化功能的生物分子。因此，RNA 既是信息分子，又是功能分子，很可能早于蛋白质和 DNA，是生命起源中首先出现的生物大分子，而一些有酶活性的内含子，可能是生物进化过程中残存的分子"化石"。具有酶活性的 RNA 的发现，有助于人们提出生物大分子和生命起源的新概念，促进人们对生命起源的研究。

（3）从生物进化角度来看，生物催化剂从核酶到蛋白质的转变，伴随着生物代谢高效率和生命现象更趋于复杂。核酶与蛋白质酶的差异不仅在于化学本质的不同，两者的催化活性也相差很大。核酶的催化活性比大多数蛋白质酶要低得多。生物催化分子进化的可能过程是：RNA→RNA→蛋白质→蛋白质→RNA→蛋白质→辅酶（辅基）→蛋白质，表示生物催化功能从 RNA 到蛋白质的转移。

2. 核酶的应用前景　可以设计出自然界不存在的各种核酶。例如，按已知自我剪切原理，剪切是高度专一的，把自我剪切转换成分子间剪切，利用锤头结构就可以设计出相应的核酶，用以破坏一些有害病毒的 RNA 分子，以及有害病毒基因转录出的 mRNA 或者其前体。

核酶基因研究前景诱人，在基因治疗领域中备受青睐，其研究进展也相当迅速。根据锤头结构或发夹结构原理设计核酶基因，连接于特定的表达载体并在不同细胞内表达已经成功。结果表明，核酶基因导入细胞或体内可以阻断基因表达，用作抗病毒感染、抗肿瘤的有效药物，前景是诱人的，应用将是广泛的。核酶基因导入已获得美国食品与药品监督管理局（FDA）批准，并已在临床上使用。我国已在体外用核酶成功地剪切了乙肝病毒、甲肝病毒、蚕核型多角体病毒及烟草花叶病毒（MTV）等核酸片段。

二、脱氧核酶

1. 脱氧核酶（deoxyribozyme）**的概念**　脱氧核酶是利用体外分子进化技术合成的一种单链 DNA 片段，具有高效的催化活性和结构识别能力。

1994 年，Gerald F. Joyce 等报道了一个人工合成的 35 bp 的多聚脱氧核糖核苷酸能够催化特定的核糖核苷酸或脱氧核糖核苷酸形成磷酸二酯键，并将这一具有催化活性的 DNA 称为脱氧核酶或 DNA 酶（DNA enzyme，DE）。

1995 年，Cuenoud 等在 *Nature* 上报道了一个具有连接酶活性的 DNA，它能够催化与它互补的两个 DNA 片段之间形成磷酸二酯键。迄今已经发现了数十种脱氧核酶。

尽管到目前为止，还未发现自然界中存在天然的脱氧核酶，但脱氧核酶的发现仍然使人类对于酶的认识产生了一次重大飞跃，是继核酶发现后又一次对生物催化剂知识的补充。这将有助于了解有关生命的一个最基本问题，即生命如何由 RNA 世界演化为今天的以 DNA 和蛋白质为基础的细胞形式。这项发现也揭示出 RNA 转变为 DNA 过程的演化路径可能存在于其他与核酸相似的物质中，有助于了解生命基础结构及其进化过程。

2. 脱氧核酶的分类　根据催化功能的不同，可以将脱氧核酶分为五大类：切割 RNA 的脱氧核酶、切割 DNA 的脱氧核酶、具有激酶活性的脱氧核酶、具有连接酶功能的脱氧核酶、催化卟啉环金属螯合反应的脱氧核酶。其中以具有 RNA 切割活性的脱氧核酶更引人关注，该酶不仅能催化 RNA 特定部位的切割反应，而且能从 mRNA 水平对基因进行灭活，从而调控蛋白质的表达。

3. 脱氧核酶的研究前景　脱氧核酶有望成为基因功能研究、核酸突变分析、对抗病毒及肿瘤等疾病的新型核酸工具酶。

三、抗体酶

抗体酶是 20 世纪 80 年代后期才出现的一种具有催化能力的蛋白质，其本质上是免疫球蛋白，但是在易变区被赋予了酶的属性，所以又称为催化性抗体酶（catalytic antibody）。抗体酶是生物学与化学的研究成果在分子水平上交叉渗透的产物。

1946 年，Pauling 用过渡态理论，阐明了酶催化的实质，即酶之所以具有催化活性是因为它能特异性结合，并稳定化学反应的过渡态（底物激态），从而降低反应能级。1984 年，Lerner 推测：以过渡态类似物作为半抗原，则其诱发出的抗体即与该类似物有着互补的构象，这种抗体与底物结合后，可诱导底物进入过渡态构象，从而引起催化作用。根据这个猜想，Lerner 和 P. C. Schultz 分别带领各自的研究小组独立地证明了：针对羧酸酯水解的过渡态类似物产生的抗体，能催化相应的羧酸酯和碳酸酯的水解反应。1986 年，美国 Science 杂志同时发表了他们的发现，并将这类具有催化能力的免疫球蛋白称为抗体酶或催化抗体。这标志着抗体酶的研究进入了一个新阶段。

抗体酶的研究不仅有重要的理论价值，为酶的过渡态理论提供了有力的实验证据，而且有令人鼓舞的应用前景。抗体酶的研究，为人们提供了一条合理途径去设计适合于市场需要的蛋白质，即人为地设计制作酶。利用动物免疫系统产生抗体的高度专一性，可以得到一系列高度专一性的抗体酶，使抗体酶不断丰富，随之生产大量针对性强、药效高的药物。立体专一性抗体酶的研究，使生产高纯度立体专一性的药物成为现实。抗体酶可有选择地使病毒外壳蛋白的肽键裂解，从而防止病毒与靶细胞结合。抗体酶技术已受到高度重视，抗体酶的定向设计开辟了一个不依赖于蛋白质工程的真正酶工程的领域。

第六节　维生素与辅酶

本节介绍维生素的分类、命名，各种维生素的结构、功能，以及所构成的辅酶及相应辅酶的功能。通过对本节的学习，学生可以了解相关维生素是如何构成辅酶的，构成的辅酶功能如何，并初步认识各种维生素的性质和功能及相关的缺乏症。

人们对维生素的认识来源于医学实践和科学试验。从发现维生素到充分认识它并重视它，已经有几千年的历史了，中国唐代医学家孙思邈曾经指出，动物肝可防治夜盲症，谷糠熬粥可防治脚气病。后来人们发现动物肝和谷糠中分别含有相应的维生素。此外，人们在喂养动物时也发现喂养动物时，饲料中除了要有蛋白质、脂肪、糖类和矿物质之外，还必须有维生素。

一、维生素的概念

维生素是一类小分子有机化合物，动物体内不能合成或很少合成，它既不是生物体的能源物质，也不是结构物质，但却是维持细胞正常功能所必需的，尽管其需要量极少，但缺乏时会得相应的疾病，必须通过食物摄取获得。

维生素的生理功能主要是对新陈代谢过程起调节作用。多数维生素是辅酶或辅基的组分，参与相应的生化反应，所以机体一旦缺少某种维生素，会使新陈代谢过程发生障碍，继而生物不能正常生长发育，就会发生相应的维生素缺乏症。例如，动物缺乏维生素 B_1 会引起多发性神经炎。但是，过量或不适当地食用维生素，对机体也是有害的。

二、维生素的分类与命名

维生素的分类与命名，目前看来还没有一个统一标准，不像酶的分类那样由国际酶学委员会来规范，所以比较混乱，各地常对一种维生素起几种名称，它们都是从不同的角度来命名的，目前有以下几种分类与命名方法：

1. 根据发现的先后顺序用大写的英文字母命名　此种命名方法较常用。如第一个发现的用维生素 A，依此类推，现在已排到维生素 K 了。可是，同一时间发现的、原来认为是同种维生素的，随着科学研究的不断深入，发现它们是不同种化合物，于是又在相同字母右下角用 1、2、3、4 等数字加以区别，如维生素 B_1、维生素 B_2 等。

用这种分类方法分类并命名，目前所知道的种类有维生素 A_1、维生素 A_2、维生素 B_1、维生素 B_2、维生素 B_3、维生素 B_5、维生素 B_6、维生素 B_7、维生素 B_{11}、维生素 B_{12}、维生素 C、维生素 D_1、维生素 D_2、维生素 D_3、维生素 E、维生素 K。同时大家会发现不论是英文字母还是数字都有残缺，这是因为有的原来被认为是维生素后来又被否定了，原有的排号因为大家已经习惯就不再改变，于是成了现在的样子。

2. 根据生理功能进行命名　维生素 D 有预防和治疗佝偻病的作用，于是又称为抗佝偻病维生素；维生素 C 可预防坏血病。

3. 根据分子结构分类命名　如维生素 B_1 是含硫的胺类，故又称为硫胺素。

4. 根据化学溶解性分类命名　溶于水的维生素称为水溶性维生素，包括 B 族维生素和维生素 C；不溶于水而溶于脂类的维生素称为脂溶性维生素，包括维生素 A、维生素 D、维生素 E、维生素 K。

5. 根据来源情况分类命名　维生素 A 原在胡萝卜中含量较多，故又称为胡萝卜素；维生素 B_3 广泛存在于自然界中的各种生物体中，故又称为泛酸；

植物的绿叶中含有较多的维生素 B_{11}，故维生素 B_{11} 又称为叶酸。

三、维生素

（一）维生素 B_1

1. 化学本质 维生素 B_1 是由含硫的噻唑环和含氨基的嘧啶环所组成的，故又称为硫胺素。维生素 B_1 为无色结晶体，溶于水，在酸性溶液中很稳定，在碱性溶液中不稳定，易被氧化和受热被破坏。一般使用的维生素 B_1 都是化学合成的硫胺素盐酸盐。维生素 B_1 在体内经硫胺素激酶催化，可与 ATP 作用转变成焦磷酸硫胺素（TPP^+）。

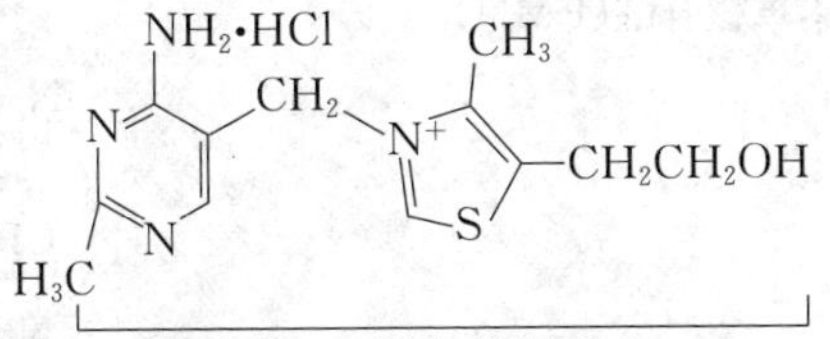

维生素B_1(硫胺素)盐酸盐

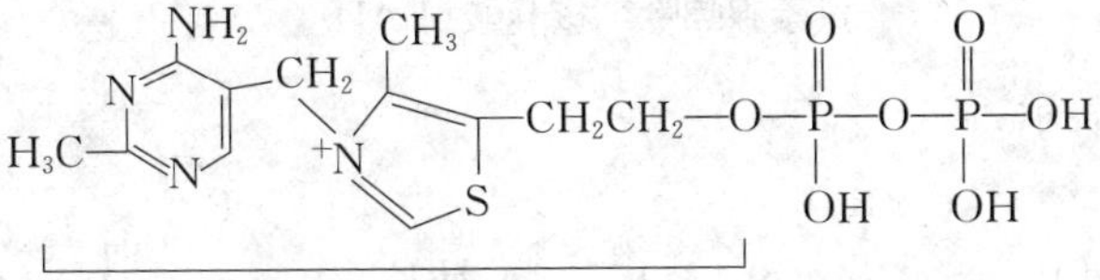

维生素B_1(硫胺素)

焦磷酸硫胺素(TPP^+)

2. 辅酶 TPP^+ 是催化丙酮酸或 α-酮戊二酸氧化脱羧反应的辅酶，所以又称为羧化辅酶。在上述反应中，丙酮酸在丙酮酸脱氢酶系催化下，经脱羧、脱氢而生成乙酰辅酶 A 进入三羧酸循环（tricarboxylic acid cycle，TAC）。整个反应中，除 TPP^+ 外，还需要硫辛酸、CoA、NAD 和 FAD 等多种辅酶参加。

（二）维生素 B_2

1. 化学本质 维生素 B_2 是一种含有核糖醇基的黄色物质，故又称为核黄素。其化学本质为核糖醇与 6,7-二甲基异咯嗪的缩合物。维生素 B_2 为黄色针状晶体，味苦，微溶于水，极易溶于碱性溶液。水溶液呈黄绿色荧光，对光不稳定。

维生素 B_2 的化学结构式如下：

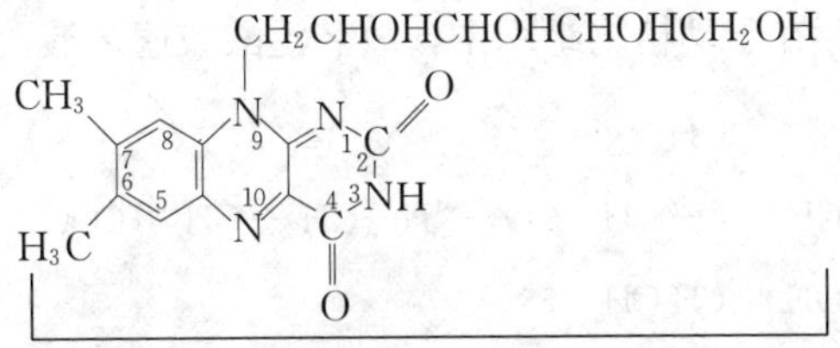

维生素B_2(核黄素)

2. 辅基（FMN/FAD）　在生物体内维生素 B_2 以黄素单核苷酸（FMN）和黄素腺嘌呤二核苷酸（FAD）的形式存在。它们是多种氧化还原酶（黄素酶）的辅基，一般与酶蛋白结合较紧，不易分开，可参与氧化过程中氢的传递作用。

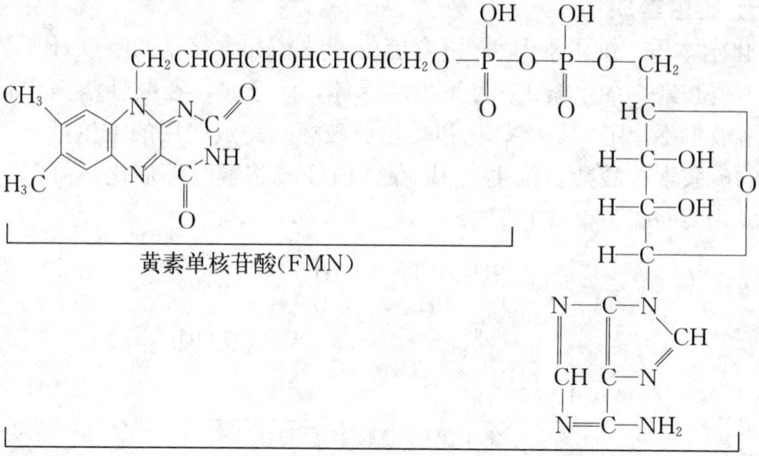

黄素单核苷酸(FMN)

黄素腺嘌呤二核苷酸（FAD）

R 的不同表示：

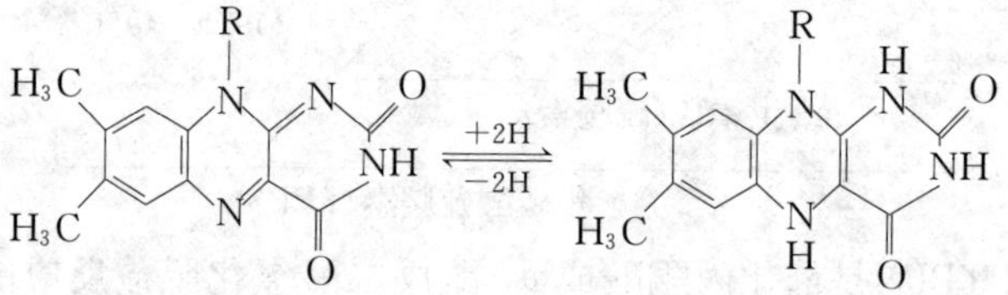

FMN 或 FAD　　　　　　FMNH₂ 或 FADH₂

上述反应的简化式如下：

$$FMN \underset{-2H}{\overset{+2H}{\rightleftharpoons}} FMNH_2$$

$$FAD \underset{-2H}{\overset{+2H}{\rightleftharpoons}} FADH_2$$

（三）泛酸

1. 化学本质　泛酸是由 β-丙氨酸与 α,γ-二羟-β-二甲基丁酸缩合而构成的有机酸，因其广泛存在于动植物组织中，故名泛酸或遍多酸。其结构式如下：

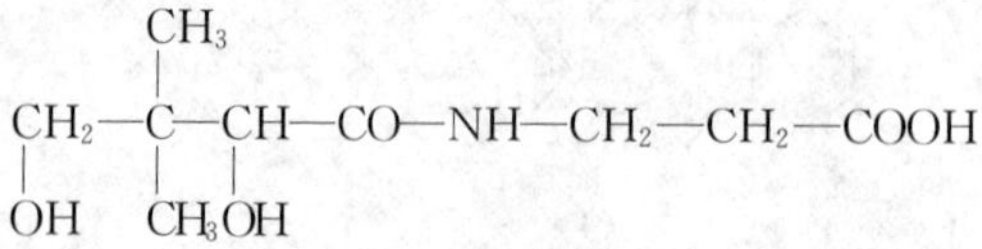

泛酸

2. 辅酶 泛酸在机体组织内是与 β-巯基乙胺、焦磷酸及 $3'$-磷酸腺苷结合成为辅酶 A 而起作用的。因其活性基团为巯基，故常用 CoA—SH 表示。

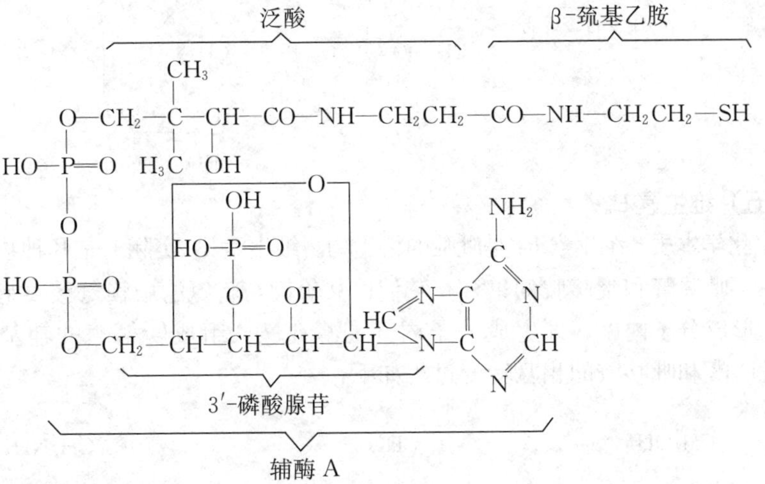

辅酶 A

（四）维生素 PP

1. 化学本质 维生素 PP 是烟酸和烟酰胺两种化合物的总称（"PP"是防癞皮病的缩写）。烟酸和烟酰胺都是吡啶的衍生物，在体内主要由色氨酸生成。它们为无色晶体，较稳定，不被光和热破坏，对碱很稳定，溶于水及乙醇。它们的化学结构式如下：

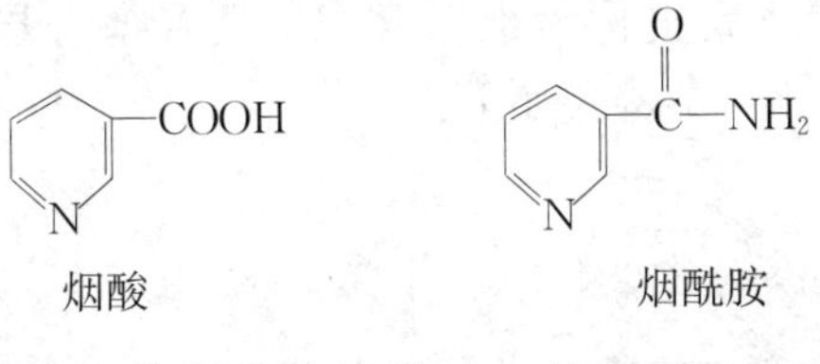

烟酸　　　　　　　　　　烟酰胺

2. 辅酶 烟酰胺是构成烟酰胺腺嘌呤二核苷酸 NAD^+（辅酶 I）和烟酰胺腺嘌呤二核苷酸磷酸 $NADP^+$（辅酶 II）的成分。NAD^+ 和 $NADP^+$ 在体内是多种不需氧的脱氢酶的辅酶，在氧化还原反应中起到传递氢的作用，并且反应可逆，反应过程如下：

$$NAD^+ \underset{-2H}{\overset{+2H}{\rightleftharpoons}} NADH + H^+$$

$$NADP^+ \underset{-2H}{\overset{+2H}{\rightleftharpoons}} NADPH + H^+$$

化学结构式如下：（R＝H 为 NAD^+，R＝PO_3H_2 为 $NADP^+$）

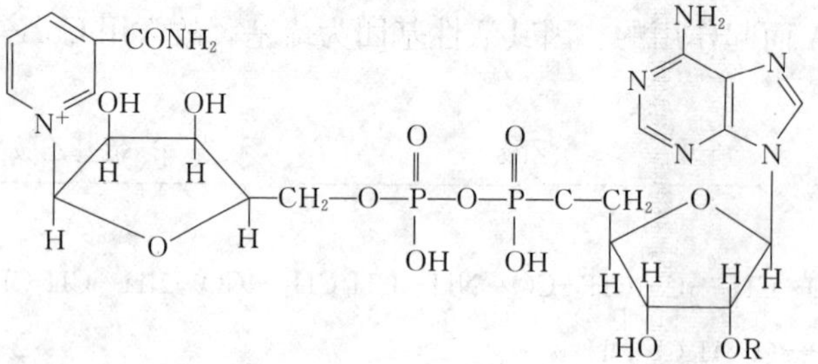

（五）维生素 B_6

1. 化学本质 维生素 B_6 是吡啶的衍生物。维生素 B_6 实际上是几种物质——吡哆醇、吡哆醛和吡哆胺的集合，它们以共价键与转氨酶中赖氨酸残基的氨基连接，形成分子内碱，即生成分子内部的醛亚胺，组成转氨酶的辅基。吡哆醇、吡哆醛和吡哆胺的相互转变过程如下：

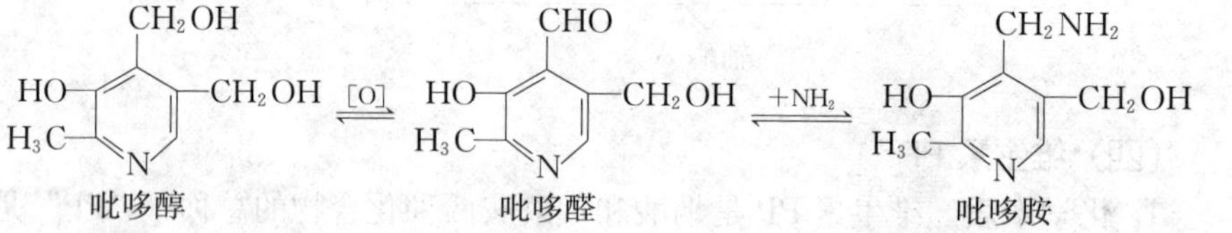

2. 辅酶 维生素 B_6 的活性形式磷酸吡哆醛和磷酸吡哆胺是氨基酸代谢中多种转氨酶的辅酶。

（六）生物素

1. 化学本质 生物素也称为维生素 H，具有噻吩与尿素相结合的骈环，并带有戊酸侧链。其化学结构式如下：

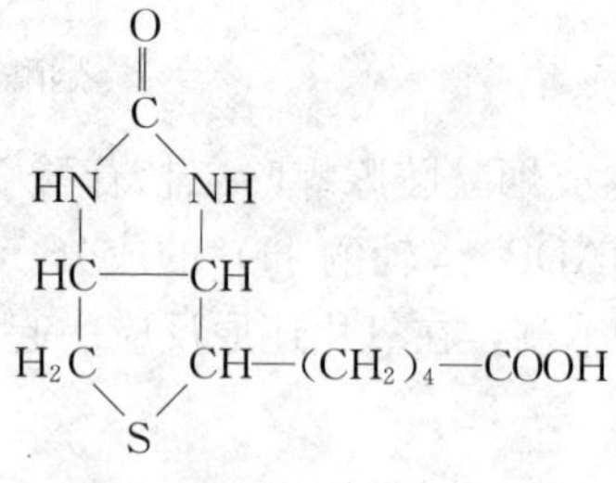

生物素是一种无色、针状的物质，微溶于水中，较易溶解于乙醇中，但不溶于其他有机溶剂中。生物素对热较稳定，并不被酸或碱所破坏。

2. 辅酶 生物素侧链上的羧基，与羧化酶蛋白分子中的赖氨酸残基中的 e-氨基以酰胺键相连接，并起羧基传递体的作用。传递的羧基结合在生物素的氮原子上，因此生物素是羧化酶的辅基。

（七）叶酸

1. 化学本质　叶酸由于最早从植物叶子中提取而得名，别名维生素 M、维生素 B_{11}、蝶酰谷氨酸等。叶酸是由蝶呤啶、对氨基苯甲酸和 L-谷氨酸三种成分组成的分子。叶酸的化学名称是蝶酰谷氨酸。其结构式如下：

$$\underset{\text{蝶呤啶}}{\boxed{\begin{array}{c}\text{OH}\\ \text{H}_2\text{N}\end{array}}}-\text{CH}_2-\underset{\text{对氨基苯甲酸}}{\text{NH}-\bigcirc-\text{CO}}-\underset{\text{L-谷氨酸}}{\text{NH}-\text{CHCH}_2\text{CH}_2\text{COOH}}$$

叶酸在食物中，大多以蝶酰多聚谷氨酸的形式存在，即分子中含有 2 分子、3 分子以至 7 分子的谷氨酸，相互连接在一起。这些具有蝶酰谷氨酸生物活性的一类物质，称为叶酸盐。叶酸在体内必须转变成四氢叶酸（FH_4 或 THFA）才有生理活性。小肠黏膜、肝及骨髓等组织含有叶酸还原酶，在 NADPH 和维生素 C 的参与下，可催化此种转变。

2. 辅酶　叶酸经肠道吸收，在肝中略有贮存。叶酸在肝中受叶酸还原酶、二氢叶酸还原酶及 NADPH 的作用，转变为四氢叶酸，四氢叶酸是一碳单位转移酶的辅酶。

（八）维生素 B_{12}

1. 化学本质　维生素 B_{12} 分子中含有金属钴和许多酰氨基，故又称为钴胺素或氰钴素，是一种由含钴的卟啉类化合物组成的 B 族维生素。维生素 B_{12} 为深红色晶体，溶于水、乙醇和丙酮。其水溶液相当稳定，但酸、碱和日光可使其破坏。

维生素 B_{12} 结构复杂，分子中的钴（可以是一价、二价或三价的）能与 —CN、—OH、—CH_3 和 5′-脱氧腺苷等基团相连，分别称为氰钴胺、羟钴胺、甲基钴胺（$CH_3\cdot B_{12}$）和 5′-脱氧腺苷钴胺。

2. 辅酶　维生素 B_{12} 的两种辅酶形式为甲基钴胺和 5′-脱氧腺苷钴胺，它们在代谢中的作用各不相同。甲基钴胺参与体内甲基转移反应和叶酸代谢，是 N_5-甲基四氢叶酸酶甲基转移酶的辅酶。此酶催化 N_5-甲基四氢叶酸和同型半胱氨酸之间不可逆的甲基移换反应，产生四氢叶酸和甲硫氨酸。

（九）维生素 C

1. 化学本质　维生素 C 又称抗坏血酸，是一种己糖内酯，分子中 2′ 和 3′ 位碳原子上两个相邻的烯醇式羟基极易解离出 H^+，故维生素 C 具有酸性。这两个位置上的羟基也很容易被氧化成羧基，所以维生素 C 又是很强的还原剂。

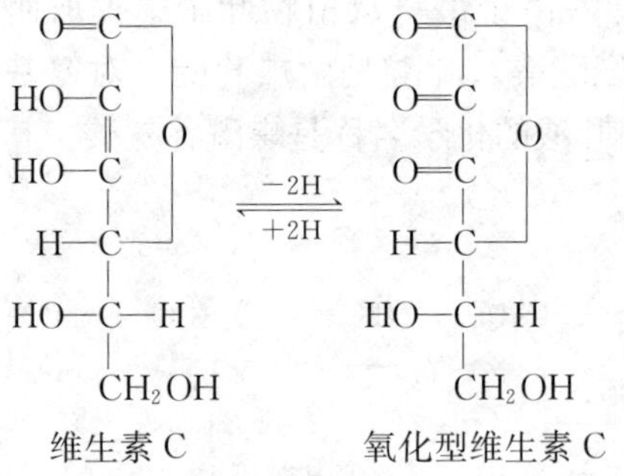

维生素 C   氧化型维生素 C

维生素 C 为无色晶体，味酸，溶于水及乙醇，不耐热，在碱性溶液中极不稳定，日光照射后易被氧化破坏，有微量铜、铁等重金属离子存在时更易氧化分解，干燥条件下较为稳定，故维生素 C 制剂应放在干燥、低温和避光处保存。

2. 辅酶 维生素 C 是脯氨酸羟化酶的辅酶。此外，细胞中许多含—SH的酶需要游离的—SH 状态才能发挥作用，维生素 C 可维持这些酶的—SH 处于还原状态。

3. 生理功能 维生素 C 在体内能维持毛细血管正常渗透和结缔组织的正常代谢；调节脂肪代谢，促使胆固醇转化；有抗氧化作用，能保护不饱和脂肪酸，使之不被氧化成为过氧化物，因此维生素 C 还有保护细胞和抗衰老作用。现在已知维生素 C 缺乏会造成羟化损害，使合成的胶原缺少稳定性，而羟化的脯氨酸残基能在三股胶原螺旋间生成氢键，使胶原分子得以稳定。胶原是结缔组织、骨、毛细血管的重要组成成分。维生素 C 有氧化还原作用，可促进免疫球蛋白的合成，增强机体的抵抗力。维生素 C 还能使氧化型谷胱甘肽转化为还原型谷胱甘肽（GSH），而 GSH 可与重金属结合而排出体外，因此维生素 C 常用于重金属的解毒。维生素 C 是重要的水溶性抗氧化剂，它的抗氧化功能是多方面的。维生素 E 在抗膜脂质不饱和脂肪酸过氧化作用中，生成生育酚自由基，它的再还原主要依赖维生素 C。维生素 C 与脂溶性抗氧化剂维生素 E、胡萝卜素等的偶联协同作用，在清除氧自由基方面和参与体内其他的氧化还原反应方面起着重要的作用。

（十）维生素 A

1. 化学本质 维生素 A 又称抗干眼病维生素，为脂溶性维生素，包括维生素 A_1（视黄醇）和维生素 A_2（3 - 脱氢视黄醇），两者均为含有 β - 白芷酮环的不饱和一元醇类。维生素 A_1 和维生素 A_2 的差别仅为后者在 $3'$ 与 $4'$ 碳原子之间多一个双键。它们的化学结构式如下：

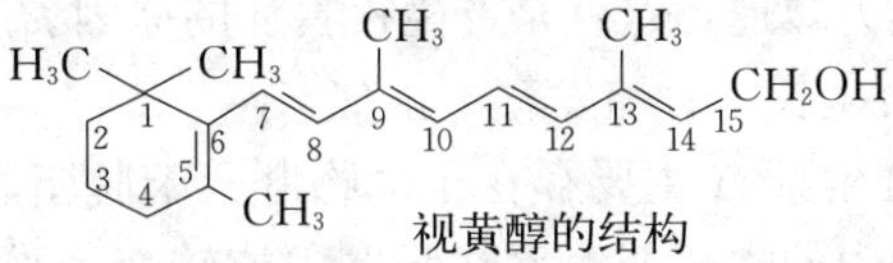

视黄醇的结构

维生素 A_1 （视黄醇）

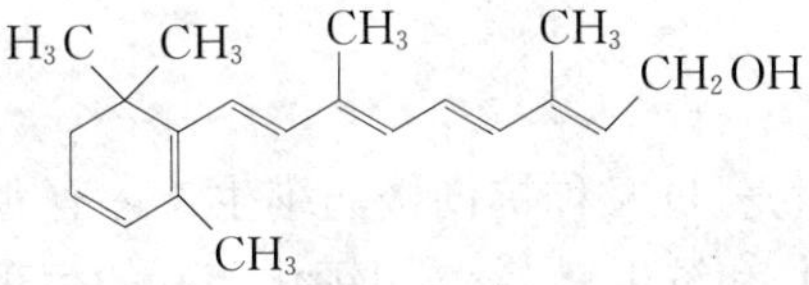

维生素 A_2 （3-脱氢视黄醇）

植物（如胡萝卜、菠菜、甘薯）中所含的胡萝卜素，在人体内经肠壁或肝中的胡萝卜素酶的作用下，可以转化为维生素 A。转化过程如下：

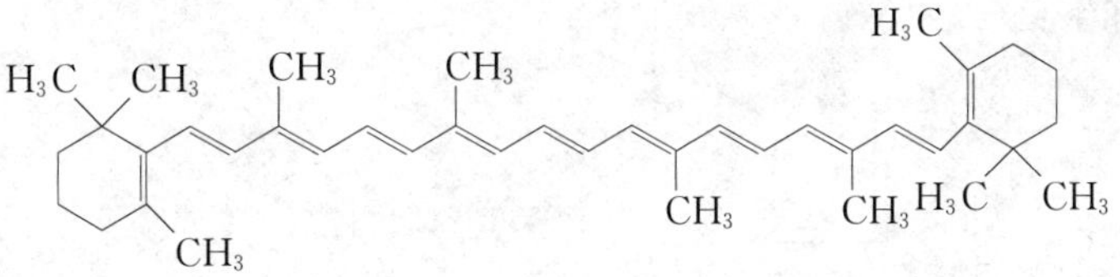

β-胡萝卜素

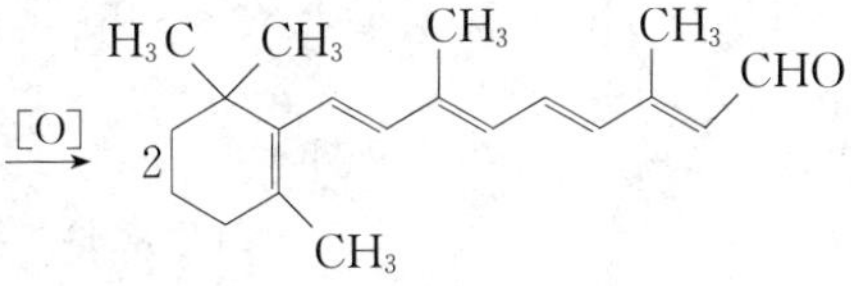

维生素 A 醛

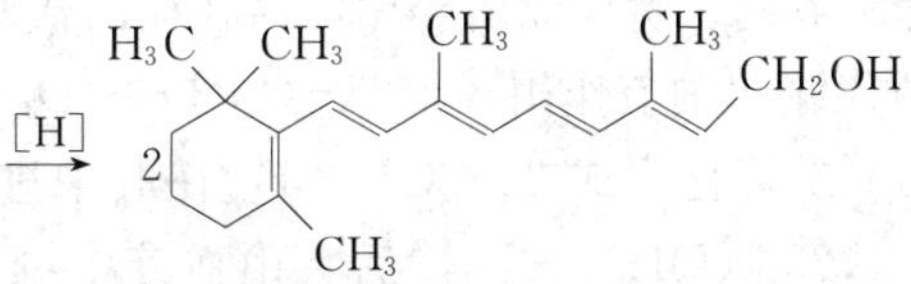

维生素 A

2. 生理功能 维生素 A 影响许多细胞内的新陈代谢过程，在视网膜的视觉反应中有特殊的作用，而维生素 A 醛（视黄醛）在视觉过程中起重要作用。视网膜中有感强光和感弱光的两种细胞，感弱光的细胞中含有一种称为视紫红质的色素，它是在黑暗的环境中由顺视黄醛和视蛋白结合而成的，在遇光时则会分解成反视黄醛和视蛋白，并引起神经冲动，传入中枢产生视觉。视黄醛在体内不断地被消耗，需要维生素 A 加以补充。

3. 缺乏症 动物体内缺少维生素 A 的典型症状是上皮细胞发生角化作用，

使动物在弱光中的视力减退，这就是产生夜盲症的原因。幼小动物生长期维生素 A 供应不足会延缓生长，骨骼发育不正常。

4. 存在范围　维生素 A 主要存在于动物肝、未脱脂乳及其制品、蛋类等食物中。植物性食物中的类胡萝卜素在肠壁内能转变为维生素 A，因此含 β-胡萝卜素的植物性食物如菠菜、青椒、韭菜、胡萝卜、南瓜等，也是动物体所需维生素 A 的来源。

（十一）维生素 D

1. 化学本质　维生素 D 又称抗佝偻病维生素，有 4 种有效成分，其中维生素 D_2（麦角钙化醇）和维生素 D_3（胆钙化醇）的生理活性较高。两者的结构十分类似，不同之处在于维生素 D_2 比维生素 D_3 在侧链上多一个双键，在 24 位碳上多一个甲基。维生素 D 为无色晶体，不溶于水而溶于油脂及脂溶性溶剂，相当稳定，不易被酸、碱或氧化所破坏。维生素 D_2 和维生素 D_3 的化学结构式如下：

维生素 D_2　　　　　　　　　　维生素 D_3

2. 生理功能　维生素 D 的生理功能主要是调解钙、磷代谢。现已清楚维生素 D 本身并不具有调节钙、磷代谢的作用，需在体内代谢成 $1,25\text{-}(OH)_2\text{-}D_3$ 后，才能对钙、磷代谢起调节作用，$1,25\text{-}(OH)_2\text{-}D_3$ 是维生素 D 的活性形式。维生素 D 的第一次羟化生成 $25\text{-}OH\text{-}D_3$ 在肝中进行，然后再在肾进行第二次羟化，生成 $1,25\text{-}(OH)_2\text{-}D_3$。后者由血液中维生素 D 结合蛋白运送到靶器官如小肠黏膜、骨、肾细胞，与细胞的核内特异受体结合，使钙结合蛋白基因激活表达，所以 $1,25\text{-}(OH)_2\text{-}D_3$ 已被认为是一种激素，对钙、磷代谢起调节作用。酵母的麦角固醇和人、脊椎动物皮肤的 7-脱氢胆固醇经紫外光照射，可分别生成维生素 D_2 和维生素 D_3。两者有相同的生物学功能，但维生素 D_3 的生理活性强于维生素 D_2。

3. 缺乏症　缺乏维生素 D 会导致钙、磷代谢失常，影响骨质形成，导致佝偻病。

4. 存在范围　鱼肝油、肝、蛋黄中富含维生素 D，日光照射皮肤可制造

维生素 D_3。

（十二）维生素 E

1. 化学本质 维生素 E 又称生育酚（为抗不育维生素），它是 6 -羟苯并二氢吡喃环的异戊二烯衍生物。天然存在的维生素 E 有 7 种，其中生物活性最强的是 α -生育酚，α -生育酚为淡黄色无嗅无味的油状物，不溶于水，溶于油脂，耐热、耐酸并耐碱，极易被氧化，可作抗氧化剂。维生素 E 的化学结构式如下：

$$\text{HO} - \overset{\displaystyle CH_3}{\underset{\displaystyle H_3C \quad CH_3}{\bigcirc}} - \overset{CH_3}{\underset{O}{\bigcirc}} - (CH_2)_3CH(CH_2)_3\overset{CH_3}{CH}(CH_2)_3\overset{CH_3}{CH}CH_3$$

维生素 E

2. 生理功能 主要有两个方面：第一，维生素 E 与动物生育有关；第二，维生素 E 具有抗氧化作用，它是一类动物体内重要的过氧化自由基的清除剂，可保护生物膜磷脂和血浆脂蛋白中的多不饱和脂肪酸免遭氧自由基破坏。维生素 E 是一种断链抗氧化剂，可阻断酯类过氧化链式反应的产生与扩展，从而保护细胞膜的完整性。

3. 缺乏症 机体缺乏维生素 E 时，过氧化自由基（ROO·）可与多不饱和脂肪酸（RH）反应，生成有机过氧化物（ROOH）与新的有机自由基（R·）。R·经氧化又生成新的过氧化自由基，于是形成一条过氧化自由基生成的锁链，使自由基的损伤作用进一步放大。维生素 E 缺乏时，雌性鼠胚胎胎盘萎缩，易流产，雄性鼠出现睾丸萎缩、精子活动能力减退，小鸡的脉管出现异常。

4. 存在范围 1938 年卡勒等人成功合成 α -生育酚。在自然界，维生素 E 广泛分布于动植物油脂、蛋黄、牛奶、水果、莴苣叶等食物中，在麦胚油、玉米油、花生油、棉籽油中含量更丰富。

动物体内不能合成维生素 E，所需的维生素 E 都要从食物中取得。维生素 E 主要用于防治不育症和习惯性流产。维生素 E 作为一种抗衰老药物，对延缓衰老有一定作用。由于维生素 E 是一种抗氧化剂，在浓缩鱼肝油中略加维生素 E，可保护鱼肝油中的维生素 A 不被氧化破坏，以延长维生素 A 的贮存期。

（十三）维生素 K

1. 化学本质 维生素 K 又称凝血维生素，是具有异戊烯类侧链的萘醌化合物，自然界中有维生素 K_1 和维生素 K_2。维生素 K_3 为人工合成的化合物，

可作为维生素 K_1 和维生素 K_2 的代用品。它们的结构式如下：

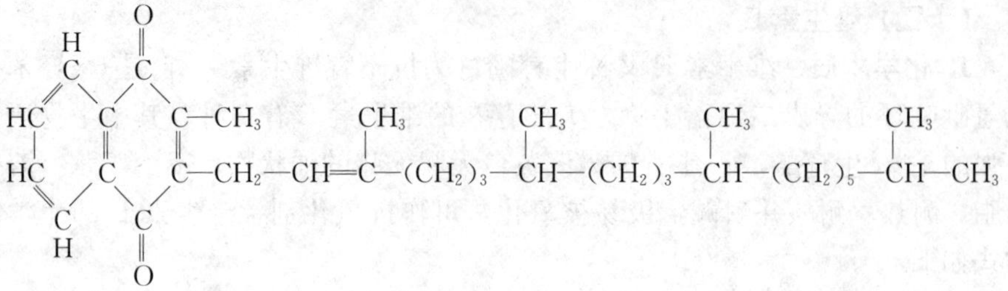

维生素 K_1

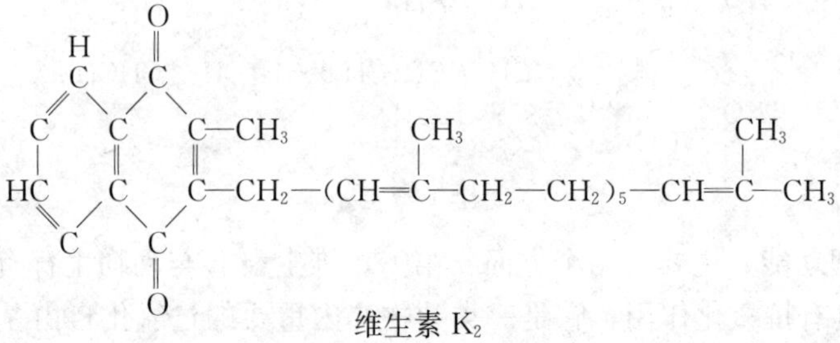

维生素 K_2

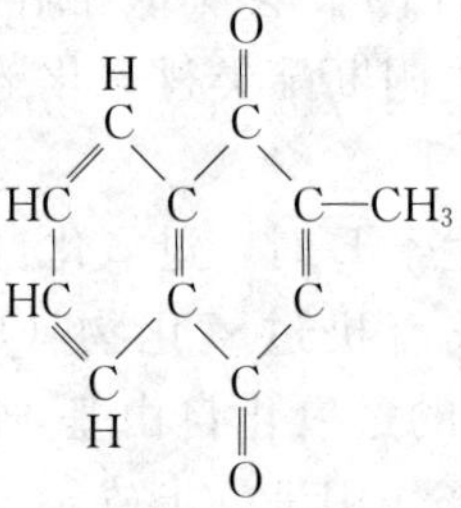

维生素 K_3

2. 生理功能　维生素 K 是谷氨酸 γ 羧化酶的辅酶，可参与骨钙素中谷氨酸的 γ 位羧基化，从而促进骨矿盐沉积，促进骨形成。

3. 缺乏症　在口服抗生素造成肠道菌谱紊乱或胆汁分泌障碍（如阻塞性黄疸）等脂肪吸收不良的情况下，可发生维生素 K 缺乏。维生素 K 缺乏表现为凝血过程出现障碍，凝血时间延长。

4. 存在范围　由于绿叶蔬菜含有丰富的维生素 K_1，所以植物性食物是维生素 K_1 的主要来源。

四、其他常见辅酶

1. 硫辛酸　硫辛酸是一种含硫脂肪酸，其结构是 6,8 -二硫辛酸，在糖代谢中有重要作用，是丙酮酸和 α -酮戊二酸脱氢酶复合体中的辅酶，在氧化脱羧过程中起着传递酰基和氢的作用。

2. 铁卟啉 铁卟啉是血红蛋白的组成成分，由 4 个吡咯环借助 4 个甲烯基桥连接而成。其分子中有 1 个铁原子，位于卟啉环的中心。铁卟啉也是细胞色素 c 氧化酶、过氧化氢酶和过氧化物酶的辅基，通过铁卟啉的三价铁和二价铁之间的相互转化起到传递电子的作用。

模块小结

酶是由生物活细胞产生的具有生物催化作用的有机物，具有高效性、高度专一性、不稳定性、催化活性的可调控性等特点。按反应类型，酶可分为六大类：氧化还原酶、转移酶、水解酶、裂解酶、异构酶、合成酶。酶的命名法有习惯命名法和系统命名法。酶活性是指酶催化化学反应的能力，可用酶活力单位或者催量来表示。

按照组成，酶可分为单纯蛋白酶和结合蛋白酶。结合蛋白酶又称全酶，由蛋白质（酶蛋白，决定专一性）和非蛋白质（辅助因子，决定催化反应类型）两部分组成。酶的结构与其功能密切相关。活性中心是由必需基团形成的，能直接结合底物并催化底物生成产物的空间区域。酶原是无活性的酶的前体物质。酶原在一定条件下转变为有活性的酶的过程称为酶原的激活，其实际上是酶的活性中心形成或暴露的过程。同工酶是同种生物体内能够催化相同的化学反应，而来源、分子结构和理化性质不同的一组酶。

中间产物学说是认识酶催化作用机理的基础，而诱导契合学说很好地解释了酶与底物之间的结合。

酶催化作用的影响因素有底物浓度、酶浓度、温度、pH、激活剂、抑制剂等。底物浓度和反应速率的关系可以用米氏方程来表示，米氏常数 K_m 是酶的特征性常数，一定程度上反映了酶与底物的亲和力。酶的抑制作用包括不可逆抑制作用与可逆性抑制作用，竞争性抑制作用是一种重要的抑制作用。

核酶是指核酸酶，脱氧核酶是具有催化功能的单链 DNA 片段，抗体酶是免疫球蛋白酶。

维生素是维持机体正常生命活动所必需的一类小分子有机化合物。机体不能合成维生素或合成量不足，必须由食物摄取获得。因为多数维生素是辅酶或辅基的组分，与酶的催化作用密切相关，所以其生理功能是对机体的物质代谢起重要的调节作用。不同维生素的化学结构、生理功能不同。水溶性维生素包括 B 族维生素和维生素 C，脂溶性维生素包括维生素 A、维生素 D、维生素 E 和维生素 K。

酶对于动物的健康至关重要，在科学研究和生产实践中有广泛的应用。

拓展提高

（一）酶制剂在动物生产中的应用

近年来，酶制剂作为饲料添加剂引起世界畜牧业的普遍重视并被广泛应用，其应用范围从最初的鸡、猪等单胃动物推广到反刍动物和水产养殖动物生产中。美国、芬兰、瑞典等国家目前90％以上的饲料中都添加了酶制剂，且利用的酶制剂种类已从单一的酶制剂向复合酶制剂发展，酶制剂已成为当今乃至将来畜牧业生产中不可缺少的一类饲料添加剂。

酶制剂的作用主要体现在以下几个方面：①补充内源性酶的不足，并刺激内源性酶的分泌；②破解植物细胞壁和分解可溶性非淀粉多糖，提高营养物质的利用率；③改善动物的健康水平，提高代谢水平。

酶制剂作为一类无毒、无残留的新型高效绿色饲料添加剂，通过调节动物消化道的微生态平衡和食糜的理化性能而改善动物的生产性能，引起了饲料工业和养殖业的普遍重视，显现出良好的经济效益、生态效益以及广阔的发展前景。

（二）青霉素的抗菌机理

1928年，英国细菌学家弗莱明（Fleming）在实验室中无意发现，培养皿中的葡萄球菌由于被污染而长了一个大霉团，在霉团周围的葡萄球菌均被杀死，而离霉团较远的葡萄球菌依然存活。他把这种霉团接种到无菌培养基上，发现霉菌生长很快，并形成一个白中透绿的霉团。通过鉴定，他发现这种霉菌是青霉菌的一种，葡萄球菌、链球菌和白喉杆菌都能被它抑制，经过过滤，含霉菌分泌物的液体就被称为青霉素。目前，青霉素类抗生素（抗生素原称抗菌素，是指由细菌、放线菌、真菌等微生物经培养而得到的一定浓度下对病原体有抑制和杀灭作用的一种产物）是β-内酯酰胺类中一大类抗生素的总称。

青霉素的作用机制是干扰细菌细胞壁的合成。青霉素通过抑制细菌细胞壁四肽侧链和五肽交联桥的结合而阻碍细胞壁合成，从而发挥杀菌作用。青霉素的结构与细胞壁的成分——黏肽结构中的D-丙氨酰-D-丙氨酸近似，可与D-丙氨酰-D-丙氨酸竞争转肽酶，阻碍黏肽的形成，造成细胞壁的缺损，使细菌失去细胞壁的渗透屏障，使水分不断内渗，以致菌体膨胀，促使细菌裂解死亡，从而对细菌起到杀灭作用。青霉素对革兰氏阳性菌有效，由于革兰氏阴性菌缺乏五肽交联桥，青霉素对其作用不大。因为哺乳类动物和真菌细胞无细胞壁，故青霉素对人毒性小，对真菌无效。

第五章 脂类代谢

第一节 概　述

一、脂类在体内的分布

根据脂类在生物体内存在形式的不同，可将其分为储存脂类和结构性脂类。在高等动物体内，三酰甘油同样是主要的储存脂类。这些脂类主要存在于皮下、大网膜、肠系膜、肾和心脏周围等部位，这些组织中的脂类含量可达80%（以干重计）或更多。结构性脂类主要是类脂，分布于动物细胞的质膜结构中，包括细胞膜、内质网、高尔基体、核膜、线粒体等含有质膜结构的部位。原生质中的脂类不是以脂肪滴的形式存在，而是与蛋白质结合以脂蛋白的形式存在。动物体内的储存脂类含量常随机体营养状况的改变而变化，特别是皮下、大网膜和肠系膜中的脂类。结构性脂类在细胞内的含量非常恒定，几乎不受营养条件的影响。

二、脂类的生理功能

（一）氧化供能

1 g脂肪在体内完全氧化释放出约37.6 kJ的热量。而每克糖或蛋白质彻底氧化只能提供约17 kJ的能量，其原因是脂肪分子中碳、氢、氧的组成比例不同，即三酰甘油中的脂肪酸是高度还原的，以硬脂酰三酰甘油（分子式：$C_{57}H_{110}O_6$）来计算，$C:H:O$接近$10:18:1$，而糖分子中$C:H:O$一般为只有$1:2:1$，所以脂肪氧化时提供的能量比糖氧化所提供的能量多。

动物正常情况下脂肪含量占体重的10%～14%。脂肪酸的长碳链不能形成氢键，因此脂肪和其他脂类均属于疏水性物质，易彼此结合，也易与类固醇或氨基酸上的其他疏水性基团结合，储存时不需结合水，而且体积小。糖原是亲水性的，约结合其自身2倍重量的水，储存1 g脂肪所占体积仅为1.2 cm³，是同质量糖原所占体积的1/4。因此，作为能源储备物质，储存脂肪的效率约为储存糖原效率的9倍。正因为如此，动物只储存少量的糖原而储存大量脂肪。动物在肝和肌肉中储存糖原所含的能量，不足一天的能量需求。相反，同一个体所含的三酰甘油提供的能量足够其饥饿时存活数周。因此空腹时,机体所需的能量 50%以上是由储存的脂肪供给,如果断食数天,机体所需的绝大部分能量来源于脂肪。如果机体总是处于饥饿状态,储存的脂肪会显著减少,机体逐渐消瘦。动物摄入的总能量物质(包括糖和脂肪等)超过其所消耗量时,脂肪的存储将大大增加。因此,动物储存脂肪的量是随营养条件的不同而经常改变的。

(二)细胞组成的必要成分

类脂是细胞中各种生物膜和原生质的主要组成成分,又称为原生质脂。类脂中的磷脂、糖脂、胆固醇及其酯是各种组织细胞的必要结构成分,在各种质膜中,类脂约占膜重量的一半或更多。脂类在细胞内与蛋白质结合在一起形成复合体,构成各种生物必需的结构。脂肪酸碳链的长短和饱和度直接影响生物膜的流动性,也可影响各种质膜结构的功能,含碳链短、双键多的脂肪酸多时,膜的流动性增加。膜的流动性对维持膜的正常生理功能具有重要意义。另外,磷脂、胆固醇和脑苷脂等也是神经髓鞘的主要成分,具有绝缘作用,对神经细胞的兴奋和定向传导具有重要影响。脂肪酸的衍生物二酰甘油,则是钙信号系统中的重要成员,在机体内起到传递信息的作用。

(三)供给必需脂肪酸

动物体可以合成脂肪酸,但以饱和脂肪酸和含一个双键的脂肪酸为主,能合成部分多不饱和脂肪酸,如 $\omega-7$ 以上系列的多不饱和脂肪酸(离羧基最远的甲基碳是 $\omega-1$,第二个甲烯基碳原子是 $\omega-2$,$\omega-3$ 系列是指第三个碳原子开始有双键的一系列脂肪酸),但有些多不饱和脂肪酸(如 $\omega-6$ 和 $\omega-3$ 系列的脂肪酸),动物体是不能合成的,因此,这些不饱和脂肪酸必须从饲料中获得,这些机体不能合成的脂肪酸被称为必需脂肪酸。正常情况下,动物体也可利用这些必需脂肪酸再合成相应系列的多不饱和脂肪酸。动物脂肪中必需脂肪酸很少,而植物油中所含的必需脂肪酸较多,这是植物油营养价值较高的一个原因。

(四)保护机体组织

脂肪组织的导热性差,存在于皮下的脂肪可减少体内热量散失,利于防寒和维持体温的恒定。存在于组织脏器之间的脂肪组织,因其较为柔软,可减少器官与器官间的摩擦,并缓冲外力对内脏器官(特别是肾)的冲击力,使其免受损伤。

(五)协助脂溶性维生素的吸收

维生素 A、维生素 D、维生素 E、维生素 K 等脂溶性维生素必须溶解于食物的油相中,才能随同油脂一起被吸收。当饲料中缺乏脂类,或脂类消化、吸收不良时,可导致某些脂溶性维生素的不足或缺乏。

第二节　脂类的吸收和转运

一、脂类的消化吸收

动物食物中的脂类主要是三酰甘油，其次是少量的磷脂和胆固醇等。在胃中，分泌的胃脂肪酶（gastric lipase）能够水解三酰甘油，产物主要为游离脂肪酸、单酰甘油和二酰甘油。接着这些产物进入小肠，在到十二指肠处有胰液和胆汁流入，而胰液中含有胰脂肪酶（pancreatic lipase）、磷脂酶 A2（phospholipase A2）、胆固醇酯酶（cholesterol esterase）和辅脂肪酶（colipase）等消化酶，因脂肪不溶于水，而消化酶是水溶性的，脂肪的水解发生在脂质-水界面上，消化的速度取决于脂质-水界面的表面积；胆汁中含有的胆汁酸盐，有较强的乳化作用，能使疏水的三酰甘油及胆固醇酯等乳化成小脂滴，增加酶与底物脂类物质的接触，有利于脂类的消化和吸收。胰脂肪酶对三酰甘油的第 1 位和第 3 位酰基起作用，水解产物为 1,2-二酰甘油、2-单酰甘油和脂肪酸，脂肪酸进而形成钠盐，也成为乳化剂。乳化作用虽然增加了脂滴的表面积，但乳化剂对蛋白质有变性作用，辅脂肪酶可与脂肪酶形成复合物，固定于脂质-水界面上，并能防止脂肪酶的变性。

脂类经上述各种消化酶作用形成脂肪酸、单酰甘油、溶血磷脂、游离胆固醇和甘油等物质，与胆盐、磷脂酰胆碱和胆固醇等组成混合微粒，并被小肠黏膜细胞吸收。被吸收进来的长链脂肪酸又被重新合成三酰甘油，并同磷脂、胆固醇、胆固醇酯、脂溶性维生素以及载脂蛋白共同组成乳糜微粒，胞吐到细胞间隙，进入小肠绒毛的中央乳糜管，汇入腹腔的淋巴管，经胸导管进入血液循环。小分子脂肪酸不经淋巴管吸收，而是直接进入血管经门静脉进入肝，再由肝流入血液运至全身各组织器官。脂类消化及吸收示意见图 5-1。

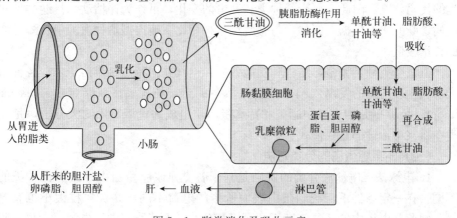

图 5-1　脂类消化及吸收示意

二、脂类在体内的储存和动员

脂肪组织是脂肪储存的主要场所,因此常将脂肪组织看作储存脂肪的仓库(脂库)。在皮下、肾周围、肠系膜和大网膜等部位储存的脂肪最多。脂肪的储存对人及动物的供能(特别在不能进食时)具有重要意义。

动物储存脂肪的性质随动物种类的不同而不同,并与各种动物的食物、环境条件、习惯、脂肪的饱和度以及对吸收脂肪的改造程度有关。例如给猪喂花生和大豆时,猪体脂肪中不饱和脂肪酸比例就高一些,这与花生油中所含的棕榈油酸甘油酯和豆油中所含的油酸甘油酯、亚麻油酸甘油酯较多有关。

动物机体根据生理需要,能够随时调整脂肪动员的强度。一般情况下,动物饱食后,脂肪储存超过动员及利用,储存脂量增加而使猪变得肥胖。这种脂肪储存的量可以很大,例如肥猪的储存脂量可高达体重的 50%。动物饥饿或患慢性病时,脂肪动员加强,储存脂量显著减少而使动物变得消瘦。类脂的含量与脂肪不同,其随营养状况而变化的波动很低。

三、脂类的运输和脂蛋白

动物体消化吸收的脂类需要运送到各组织中构成细胞成分或被氧化利用,也可把其中的脂肪储存到脂肪组织中。同时,要把动物体利用糖与蛋白质等原料合成的脂肪和其他脂类从各组织中转运出来。这些过程都需要通过血液循环来完成。血液中的脂类均以脂蛋白的形式进行运输。

(一)血脂与血浆脂蛋白

血浆中所含的脂类统称为血脂。血脂主要包括三酰甘油、磷脂(包括卵磷脂、溶血卵磷脂、脑磷脂、神经磷脂等)、游离脂肪酸、游离胆固醇和胆固醇酯等。血脂虽然只占机体脂类总量的一小部分,但在一定程度上反映出体内脂类的代谢状况。因此,血脂的种类和含量的变化,可作为评估动物代谢类型和疾病诊断的参考依据。例如,与肥胖型猪种相比,瘦肉型猪种血液中三酰甘油的含量较低。

血浆脂类种类繁多,结构和功能各异,但其共同特点是难溶于水。各种脂类物质生理功能的发挥依赖于其在血液中的运转情况。血浆脂蛋白(plasma lipoprotein)就是由血浆中脂类和特殊蛋白质组成的可溶性生物大分子,是脂类在血浆中运输的重要形式。

(二)血浆脂蛋白的分类方法

1. 电泳法 电泳法分类的基础是基于各类血浆脂蛋白中载脂蛋白种类的不同。在一定条件下,载脂蛋白表面所带的电荷不同,并且颗粒大小也有差异,因此在电场中的迁移速度不同而互相分开。血浆脂蛋白经电泳后,再经脂类染色剂染色，从阴极向阳极依次可分为四个区带：乳糜微粒、β-脂蛋白、前β-脂蛋白及α-脂蛋白，其中乳糜微粒在原点不动。

2. 超速离心法　超速离心法的分类基础是血浆脂蛋白分子密度的差异。各种血浆脂蛋白具有不同的化学组成，使得不同脂蛋白具有各自的密度，即蛋白质含量越多，密度越大。通过对血浆脂蛋白在特定密度溶液中进行超速离心，可将血浆脂蛋白分为四大类：密度小于 0.95 g/mL 的乳糜微粒（chylomicron，CM）；密度介于 0.95～1.006 g/mL 的极低密度脂蛋白（very low density lipoprotein，VLDL）；密度介于 1.006～1.063 g/mL 的低密度脂蛋白（low density lipoprotein，LDL）以及密度介于 1.063～1.210 g/mL 的高密度脂蛋白（high density lipoprotein，HDL）。

除上述四类主分法外，还有进一步细分的，即从低密度脂蛋白中分出密度介于 1.006～1.019 g/mL 的中密度脂蛋白（intermediate density lipoprotein，IDL）。把高密度脂蛋白再分为两个亚类：HDL_2（密度介于 1.063～1.125 g/mL）和 HDL_3（密度介于 1.125～1.210 g/mL）。

由于超速离心法和电泳法分离血浆脂蛋白所依据的物理参数不同，得到的脂蛋白排列顺序有所差异。

不同物种间脂蛋白的组成比例有所不同。与人相比，大多数动物，如马、犬、猫等血液中α-脂蛋白浓度较高，而β-脂蛋白浓度较低。

（三）血浆脂蛋白的构成

1. 血浆脂蛋白的组成　所有的血浆脂蛋白均由脂类和蛋白质组成。人血浆脂蛋白的分类、性质、组成及功能见表 5-1。各种脂蛋白所含的脂类种类相同，即都含有三酰甘油、磷脂、胆固醇和胆固醇酯，但其含量和比例差别较大，其原因是因为脂蛋白中的脂类的来源不同，这些脂类又经常被组织摄取，或被氧化分解，或构成组织成分，或储存于脂肪组织中。因此，随着食物中脂类的含量和种类、饲喂后的时间、动物的生理状况、年龄等因素的不同，其成分不仅不断变动，而且含量也时有增减，变动范围很大。例如，与草食动物相比，肉食动物的血脂含量高且更易变化。

表 5-1　人血浆脂蛋白的分类、性质、组成及功能

分类	密度法 电泳法	乳糜微粒	极低密度脂蛋白 前β-脂蛋白	低密度脂蛋白 β-脂蛋白	高密度脂蛋白 α-脂蛋白
性质	密度/(g/cm³)	<0.95	0.95～1.006	1.006～1.063	1.063～1.210
	颗粒直径/nm	80～500	25～80	20～25	7.5～10
	沉降系数/s	>400	20～400	0～20	沉降
	电泳位置	原点	$α_2$-球蛋白	β-球蛋白	$α_1$-球蛋白

（续）

分类	密度法 电泳法	乳糜微粒	极低密度脂蛋白 前β-脂蛋白	低密度脂蛋白 β-脂蛋白	高密度脂蛋白 α-脂蛋白
组成	蛋白质/%	0.5～2	5～10	20～25	50
	三酰甘油/%	80～95	50～70	10	5～8
	磷脂/%	5～7	15	20	25
	胆固醇/%	1～4	15	45～50	20
	游离型/%	1～2	5～7	8	5
	酯化型/%	3	10～12	40～42	15～17
载脂蛋 白组成	apo A I /%	7	＜1		65～70
	apo A II /%	5			20～25
	apo A IV /%	10			
	apo B 100/%	—	20～60	95	
	apo B 48/%	9			
	apo C I /%	11	3		6
	apo C II /%	15	6	微量	1
	apo C III /%	41	40		4
	apo D/%	—	—	—	3
	apo E/%	微量	7～15	＜5	2
合成部位		小肠黏膜细胞	肝细胞	血浆	肝、肠
功能		转运外源性三酰 甘油及胆固醇	转运内源性三酰 甘油及胆固醇	转运内源性胆固 醇向组织	转运各组织的 胆固醇到肝

　　血浆脂蛋白中的蛋白部分被称为载脂蛋白（apolipoprotein, apo），不同脂蛋白间的载脂蛋白不仅存在量的差异，而且存在质的差异。如 apo B 48 仅存在于 CM 中，而 apo A II 则主要存在于高密度脂蛋白中。目前发现的人载脂蛋白至少有 20 种。依据 Alaupovic 的建议，可将载脂蛋白分为 apo A、apo B、apo C、apo D 和 apo E 等几大类。有的大类又可分为若干亚类，如 apo C 可分为 C-I、C-II 和 C-III，而 C-III 又可根据所含唾液酸的数目不同，进一步分为 C-III 0、C-III 1 和 C-III 2。

　　2. 血浆脂蛋白的结构　　各类血浆脂蛋白的结构存在若干差异，但也有共同的基本特征。血浆脂蛋白一般呈球状，颗粒内部由不溶于水的非极性脂类物质三酰甘油和胆固醇酯组成中心核，例如 CM 和 VLDL 内部主要是三酰甘油，LDL 和 HDL 内部主要是胆固醇酯。颗粒外表由单层两性脂类（磷脂、游离胆固醇）和载脂蛋白组成。两性脂类和蛋白质分子的极性基团向外，与水分子相互作用，增加了溶解度；疏水基团则指向颗粒内部，与脂类中心核相互作用，起到稳定微粒的作用。

在颗粒外表面的载脂蛋白中既有镶嵌于外壳中结合紧密的内在载脂蛋白，也有与外壳结合较松散的外在载脂蛋白。内在载脂蛋白在血液运输和代谢过程中从不脱离脂蛋白分子，如 VLDL 和 LDL 中的 apo B 100；外在载脂蛋白在血液运输和代谢过程中可在不同脂蛋白之间转移，促进脂蛋白的成熟和代谢，如 apo E 和 apo C。血浆脂蛋白的结构模式见图 5-2。

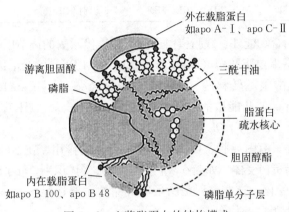

图 5-2 血浆脂蛋白的结构模式

3. 载脂蛋白的功能 研究显示，正是脂蛋白中的载脂蛋白组成上的差异，导致不同脂蛋白在代谢途径和生理功能上也有很大不同。人体血液中的蛋白质数以百计，但多数不具有结合和运转脂类的功能。从已经阐明的绝大多数载脂蛋白的一级结构来看，载脂蛋白具有两性 α 螺旋结构，即沿螺旋轴同时存在亲脂的非极性面和亲水的极性面，该结构有利于载脂蛋白结合脂类，稳定脂蛋白的结构，完成其结合和运转脂类的功能。人血浆中载脂蛋白的种类、性质和功能见表 5-2。

表 5-2 人血浆中载脂蛋白的种类、性质和功能

载脂蛋白	相对分子质量	分布	功能	主要合成部位
apo A I	28 000	CM，HDL	激活 LCAT，识别 HDL 受体	小肠黏膜细胞
apo A II	17 000	CM，HDL	稳定 HDL 结构，激活 HL	小肠黏膜细胞
apo A IV	46 000	CM	辅助激活 LPL	小肠黏膜细胞
apo B 100	512 000	VLDL，IDL，LDL	识别 LDL 受体	肝
apo B 48	264 000	CM	促进 CM 合成	肠黏膜细胞

（续）

载脂蛋白	相对分子质量	分布	功能	主要合成部位
apo C Ⅰ	7 000	CM，VLDL，HDL	激活 LCAT	肝
apo C Ⅱ	9 000	CM，VLDL，HDL	激活 LPL	肝
apo C Ⅲ	9 000	CM，VLDL，HDL	抑制 LPL，抑制肝 apo 受体	肝
apo D	33 000	HDL		肠、肝、肾、脑
apo E	38 000	CM，VLDL，IDL，HDL	识别 LDL 受体	肝

除了具有结合功能外，载脂蛋白还作为脂类代谢酶的调节因子而发挥作用，如 apo C Ⅱ是脂蛋白脂肪酶（lipoprotein lipase，LPL）的激活因子；apo A Ⅰ是卵磷脂-胆固醇酰基转移酶（lecithin - cholesterol acyltransferase，LCAT）的激活因子；apo A Ⅱ能激活肝脂肪酶（hepatic lipase，HL），促进 HDL 的成熟，加速 IDL 转变为 LDL 等。

载脂蛋白还具有引导脂蛋白去识别相应受体的作用。在不同组织中至少发现 7 种不同的脂蛋白受体。如 apo A Ⅰ参与 HDL 受体识别，apo B 100 和 apo E 参与识别 LDL 受体。这些过程是脂蛋白代谢的主要途径之一，说明载脂蛋白影响和决定着脂蛋白的代谢。

（四）血浆脂蛋白的生理功能

血浆脂蛋白在体内运输脂类时发生较为复杂的生化过程，不仅脂蛋白分子本身发生变化，还涉及许多脂蛋白分子以外的因子参与，如许多酶类和脂蛋白受体等。关于血浆脂蛋白的功能研究已经取得了巨大的进展。各类血浆脂蛋白的生理功能分述如下。

1. 乳糜微粒 乳糜微粒是在小肠上皮细胞中合成，是机体转运食物中三酰甘油的主要形式。其组成中含有大量脂肪（约占 90％）和少量的蛋白质。小肠黏膜上皮细胞将从食物中吸收的脂类（如甘油一酯、脂肪酸、胆固醇及溶血磷脂等）重新合成酯类，再裹上由内质网合成的蛋白质、磷脂、胆固醇等外壳组分，形成乳糜微粒。新生的乳糜微粒带有独有的 apo B 48，也含有少量的 apo A Ⅰ和 apo A Ⅱ，由黏膜细胞的浆膜分泌到中心乳糜管，并从胸导管进入血液循环。

乳糜微粒在血液中运输时，从 HDL 中获得 apo E 和 apo C，尤其是 apo C Ⅱ，转变为成熟的乳糜微粒，apo C Ⅱ是脂蛋白脂肪酶的激活因子，能促使乳糜微粒中的脂肪水解。而脂蛋白脂肪酶通过氨基多糖锚定在毛细血管内皮细胞的血管腔面上，特别是在与脂肪的储存、利用和代谢关系密切的组织（如脂肪组织、骨骼肌、心肌及乳腺等组织）中含量丰富。

成熟乳糜微粒在循环过程中，脂肪部分不断地被水解，产生的游离脂肪酸与清蛋白结合以增加溶解度，结果脂肪被组织摄取和利用，其相对含量减少，颗粒明显变小，胆固醇和胆固醇酯的含量相对丰富和增加，颗粒密度有所增加。apo A 和 apo C 也逐渐离开乳糜微粒回到 HDL，而 apo E 和 apo B 48 仍保留在乳糜微粒中，形成乳糜微粒残粒（chylomicron remnant）。肝细胞含有 apo E 受体，可摄取乳糜微粒残粒，利用其中的三酰甘油、磷脂和胆固醇。总之，乳糜微粒的主要功能是运载外源性脂类，特别是三酰甘油。

由于乳糜微粒颗粒很大、反光性强，动物进食后，乳糜微粒含量高而使血浆浑浊，但乳糜微粒中的脂肪在血浆中分解较快，数小时后，血浆便又澄清，这种现象称为脂肪廓清。给反刍动物饲喂低脂类饲料时，血浆中几乎不含乳糜微粒。

2. 极低密度脂蛋白　极低密度脂蛋白主要由肝细胞合成（少量来自肠黏膜细胞），由胆固醇、磷脂、三酰甘油构成。三酰甘油是它的主要成分。肝细胞利用自身合成的 apo B 100、apo E 与三酰甘油、磷脂、胆固醇组装成新生的 VLDL，其合成过程及分泌过程与合成乳糜微粒的过程类似，并直接分泌入血液循环。极低密度脂蛋白是转运内源性脂肪的主要运输形式。

新生的 VLDL 在血液中的经历与乳糜微粒相似，也接受来自 HDL 的 apo，转变为成熟的 VLDL，并被脂肪酶水解以供组织利用，随着水解过程的持续进行，颗粒体积变小，载脂蛋白、磷脂和胆固醇的含量相对增加，颗粒密度变大，转变为 IDL。降解形成的 IDL，一部分经 apo E 介导的受体途径为肝细胞摄取利用。剩余未被肝细胞摄取的 IDL，进一步受 LPL 作用，apo 被转出，变为密度更大且仅含 apo B 100 分子的 LDL。换言之，LDL 是在血液中由 VLDL 转变产生的。VLDL 在血液中的半衰期为 6～12 h。正常情况下，空腹时血液中含有 VLDL，其浓度与血液的三酰甘油的水平呈明显的正相关。

肝在脂肪代谢中起重要作用。肝细胞中三酰甘油代谢活跃，能够把进入肝的脂类迅速合成 VLDL 而运走，所以正常情况下，肝内脂肪含量并不高。但有些情况下，如高脂膳食、饥饿或糖尿病等所致的脂肪动员增强时，对肝的三酰甘油供应增加，以致其相对含量升高。另外，在肝炎等所致的肝功能损伤及胆碱缺乏等情况下，由于肝细胞中载脂蛋白和磷脂合成障碍，导致脂蛋白形成减少，结果出现脂肪在肝中含量升高。长时间的脂肪过度蓄积将损害肝细胞的功能，最终形成脂肪肝。

3. 低密度脂蛋白　低密度脂蛋白是血液中极低密度脂蛋白在循环过程中去掉部分脂肪及少量蛋白质后的残余部分。由于水解掉了一部分脂肪，故低密度脂蛋白中脂肪含量较少，而胆固醇与磷脂的含量相对增加，并且继续存在于循环系统中，为机体各组织提供胆固醇的主力成分。虽然全身各组织几乎均能自身合成胆固醇，但多数仍不同程度地依赖肝合成的胆固醇。因此，人们认为，低密度脂蛋白是向肝外组织运送胆固醇（主要是胆固醇酯）的工具。

在正常情况下，大约 2/3 的 LDL 通过其受体介导的途径被降解，其余的 LDL 主要通过巨噬细胞等非受体介导途径被清除。LDL 受体能特异地识别 apo B 100，几乎分布于全身各组织细胞，但以肝细胞中最为丰富（约占全身 LDL 受体总数的 3/4），因此肝是降解 LDL 的最主要器官。肾上腺、卵巢和睾丸等器官摄取和降解 LDL 的能力也较强，有利于利用胆固醇合成类固醇激素。

LDL 在血浆中的半衰期为 2～4 d，是血液中胆固醇最主要的存在形式。血液中总胆固醇水平与低密度脂蛋白的含量成正比。LDL 也被认为是致动脉粥样硬化的危险因子。

4. 高密度脂蛋白 高密度脂蛋白主要在肝中生成和分泌，小肠也能少量合成。新生成的 HDL 呈盘状，最初在细胞内由蛋白质、磷脂及胆固醇形成高密度脂蛋白，其表面的 apo A Ⅰ 是卵磷脂-胆固醇酰基转移酶（LCAT）的激活因子。

LCAT 是由肝合成后分泌入血的。在血液中 LCAT 被 apo A Ⅰ 激活，催化 HDL 表面的磷脂酰胆碱第 2 位上的脂酰基被转移到游离胆固醇的第 3 位羟基上，形成胆固醇酯，成酯后因失去极性而移入脂蛋白内核，HDL 表面游离胆固醇浓度降低，并促进外周组织游离胆固醇向 HDL 流动。HDL 内部的胆固醇酯逐渐增加，新生的盘状 HDL 就逐渐转变为成熟的球状 HDL。即颗粒较小、密度较大的 HDL_3，随着胆固醇酯含量的增加，颗粒变大，密度变小，逐步转变为 HDL_2。肝细胞的 apo A Ⅰ 受体结合成熟的 HDL，吞入肝内，完成胆固醇由肝外组织向肝的转运。LDL 是将胆固醇运向肝外组织，这种相互转运，既保证了全身各种组织对胆固醇的需要，又避免外周组织因胆固醇过量而致病，对胆固醇在体内的平衡具有重要的生理意义。

HDL 作为 apo E 和 apo C 的储存库，使 apo E 和 apo C 不断穿梭于 CM、VLDL 和 HDL 之间，完成各种脂蛋白的转变和合理利用。这也说明，各类脂蛋白的代谢并不是彼此孤立的，而是相互联系和相互促进的，彼此协调配合，共同完成血浆中脂类的转运和代谢。

◢ 知识链接 ◣

脂 肪 肝

肝是脂类代谢的重要场所。肝中合成的脂类是以脂蛋白的形式被运出肝外，而磷脂是合成脂蛋白不可缺少的原料。因此，当肝中磷脂合成减少或合成的脂肪过多时，肝中的脂肪就不能被顺利运出，引起脂肪在肝中堆积，这种肝称为脂肪肝。脂肪肝影响肝细胞的功能，进而使肝细胞坏死，结缔组织增生，形成肝纤维化，继续发展造成肝硬化。

　　动物形成脂肪肝的原因有两个：一是脂肪合成过多。动物从饲料中摄取过量的糖类和脂肪，这些物质进入肝，使肝脂肪合成增加；饥饿、创伤及糖尿病等原因使脂肪组织的脂肪动员增加，大量游离脂肪酸进入肝重新合成脂肪，引起肝中脂肪合成增加。如果肝中脂肪酸氧化利用受阻，也会引起肝中脂肪合成增加。二是肝输出脂肪障碍。肝内形成的脂肪需要形成脂蛋白（VLDL）才能被运出，但当肝内载脂蛋白缺少或 VLDL 的形成受阻时，肝中脂肪的运出发生障碍。肝内脂蛋白形成减少的主要原因包括：①饲料中蛋白质缺乏使肝内氨基酸供应减少，影响脂蛋白的形成；②肝功能损伤引起的三酰甘油与载脂蛋白结合障碍；③磷脂酰胆碱合成障碍，合成磷脂需要必需脂肪酸和胆碱，胆碱直接来自食物或由某些氨基酸（特别是甲硫氨酸或丝氨酸）在体内转变而来。因此，当胆碱和必需脂肪酸缺乏时，磷脂在肝内合成就会减少，以致影响脂蛋白的合成。此外，维生素 B_{12} 和叶酸是转甲基作用的必要因素（即合成胆碱的辅助因素），治疗脂肪肝时应该根据病因，添补这些物质以利于治疗。另外，肌醇也有防治脂肪肝的作用，可能是肌醇可合成肌醇磷脂，有利于脂蛋白合成和脂类的运输。多种不饱和脂肪酸也有抗脂肪肝的作用。

第三节　脂肪的分解

　　储存于脂库中的脂肪不断动员以供机体消耗，同时又不断地把食物中提供的脂肪进行储存而得到补充，使各组织中的脂肪不断进行自我更新。正常情况下，脂肪的分解与合成始终处于动态平衡。

　　脂肪分解是机体提供能量的重要手段。脂肪分解不像糖一样能够在无氧条件下进行，必须要在有充分的氧气条件下才能分解。大多数组织细胞都能以脂肪酸为能源，甚至有的组织（如心肌和骨骼肌）以脂肪酸为主要能源。成熟的红细胞因为没有线粒体，不能以脂肪酸氧化来供能，只能利用糖酵解。由于脂肪酸不易穿过血脑屏障，因此脑组织基本上不能利用脂肪酸氧化产能，但能利用酮体（ketone body）供能。

一、脂肪的动员

储存在脂肪细胞中的三酰甘油在体内氧化时，首先需要脂肪酶的催化作用，最终水解成甘油和脂肪酸，这个过程称为脂肪动员。

水解脂肪的酶有多种，除了活性受调节的脂肪酶外，还有活性较高的甘油二酯酶和甘油单酯酶，它们分别特异性地作用于不同酯化程度的甘油酯分子上，而对3个酰基链的水解顺序取决于相关脂肪酶的特异性。脂肪的水解过程见图5-3。

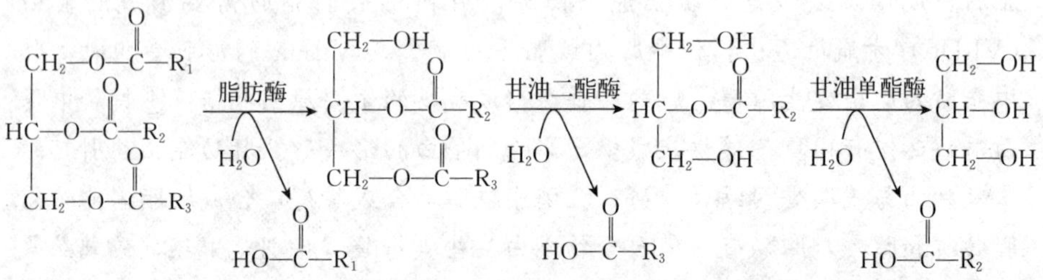

图5-3 脂肪的水解过程

生成的甘油和脂肪酸再分别进行氧化分解。甘油可溶于水，其分子小，极易扩散进入血液，运送至肝重新用以合成三酰甘油或异生成糖。脂肪酸水溶性较低，在血液中游离脂肪酸（free fatty acid，FFA）的最大溶解度约为 10^{-3} mmol/L，而脂肪酸与血液中的血清清蛋白结合后，其有效溶解度可达 2 mmol/L，即清蛋白有助于脂肪酸溶解度的提高。

二、甘油的代谢

脂肪水解产生的甘油，在肝、肾及泌乳期的乳腺等细胞中，由 ATP 供能，Mg^{2+} 为激活剂，在甘油激酶（glycerol kinase）的作用下生成 α-磷酸甘油，再由磷酸甘油脱氢酶催化，以 NAD^+ 为辅酶，脱氢生成磷酸二羟丙酮，磷酸二羟丙酮可循糖酵解途径进行代谢。当脂肪大量动员时，甘油主要经糖异生途径生成葡萄糖或糖原。当葡萄糖供应充分时，来自脂肪库的甘油被氧化分解，在供氧不足时，生成乳酸，提供少量能量；在供氧充足时，可经三羧酸循环彻底氧化生成二氧化碳和水，并提供大量能量。在脂肪分子中甘油只占很少的一部分，能量供应的主体还是脂肪酸部分。磷酸二羟丙酮也可再转变为磷酸甘油后重新用以合成三酰甘油。磷酸甘油经磷酸酶水解可生成甘油。甘油的分解与合成见图5-4。

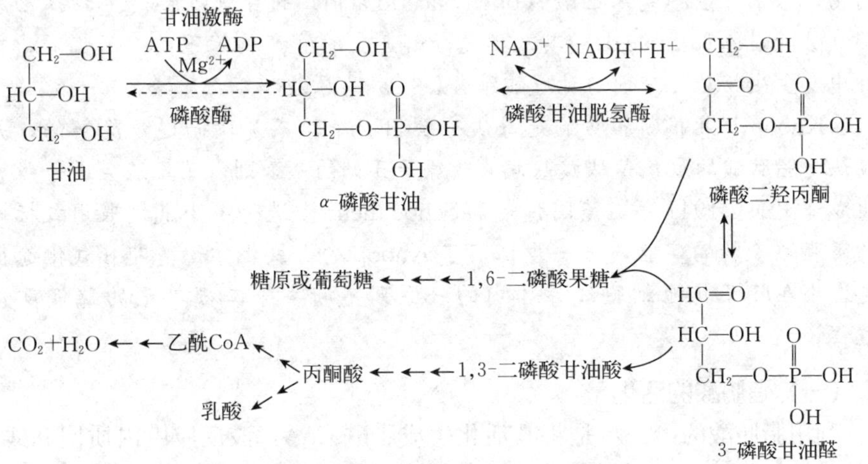

图5-4　甘油的分解与合成

三、脂肪酸的分解代谢

除脑组织外，脂肪酸在许多组织的细胞内能进行氧化分解，提供能量。脂肪酸是心肌、肝、骨骼肌和肾等组织的主要能量来源，脂肪酸氧化在肝及肌肉组织中最为活跃。尤其在饥饿时，大多数组织均以脂肪酸为能量获取主要来源，以减少葡萄糖的用量，保证大脑的葡萄糖供应。脂肪酸的氧化分解主要发生在细胞的线粒体中，氧化作用从脂肪酸的β碳原子开始，因此称为β氧化。

脂肪酸的氧化包括脂肪酸的活化（活化的脂肪酸经载体协助进入线粒体，脂肪酸经β氧化生成乙酰CoA），以及乙酰CoA经三羧酸循环彻底氧化分解成二氧化碳和水等过程。脂肪酸氧化过程中逐步释放能量，并产生大量ATP。

📘 知识卡片

脂肪酸氧化方式的提出

1904年，德国生物化学家Franz和Knoop为了阐明脂肪酸在动物体内的分解方式，进行了一系列动物实验。由于苯基在体内不能被分解，因此，他们将脂肪酸末端接上苯环［即用ω（最后一个）碳原子被苯环标记的脂肪酸］后的食物喂狗，再从狗的尿中分离含苯基的代谢物。这是Knoop首次用化学标记来示踪物质的代谢途径。结果发现，饲喂用苯基标记的含奇数碳原子的脂肪酸时，尿液中可检测到苯甲酸（benzoic acid）的甘氨酰胺衍生物马尿酸（hippuric acid），如果用苯基标记的含偶数碳原子的脂肪酸来饲喂动物，尿中可检测到苯乙酸（phenylacetic acid）的甘氨酰胺衍生物苯乙尿酸（phenylaceturic acid）。其原因是分解产生的终产物苯甲酸、苯乙酸，在肝中发生生物转化分别与甘氨酸结合，生成马尿酸和苯乙尿酸。

Knoop 据此推断脂肪酸是每次分解出一个二碳片段而逐步降解的，并且认为脂肪酸的氧化是从羧基端 β 碳原子开始的。否则，苯乙酸会进一步氧化成苯甲酸。1941 年，德国科学家 Schoeuheimer 进行给小鼠饲喂用氧标记的硬脂酸食物的实验，进一步证实了 Knoop 的 β 氧化学说，即 β 氧化途径是发生在肝及其他细胞线粒体内的一系列不断去除二碳单元的酶促反应过程。

（一）脂肪酸的活化

利用脂肪酸的第一步是将其活化生成脂酰 CoA，该反应由内质网和线粒体外膜上的脂酰 CoA 合成酶（亦称脂肪酸硫激酶）催化，由 ATP 水解供能，消耗两个高能键，释放的自由能一部分转存到高能硫酯键中，生成脂酰 CoA。

$$RCOOH + ATP + HSCoA \xrightarrow{\text{脂酰 CoA 合成酶}} RCO\sim SCoA + AMP + PPi$$

（二）脂酰 CoA 进入线粒体

大多数脂酰 CoA 在线粒体外生成，而氧化作用是在线粒体内进行的。由于 CoA 及其衍生物均不能直接穿过线粒体内膜，长碳链脂酰 CoA 必须通过一种特异的转运载体透过线粒体内膜，这个载体就是 L-3-羟基-4-三甲氨基丁酸，也称肉碱（carnitine）。肉碱通过其羟基与脂肪酸连接成酯。脂酰 CoA 的酰基转移到肉碱的羟基上生成脂酰肉碱见图 5-5。

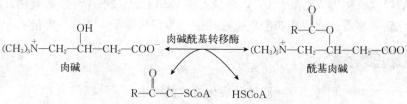

图 5-5　脂酰 CoA 的酰基转移到肉碱的羟基上生成酰基肉碱

此转运过程发生在线粒体的内膜外侧和外膜内侧，肉碱与脂酰 CoA 在肉碱脂酰转移酶Ⅰ催化下，释放 CoA，生成脂酰肉碱，随即在肉碱载体蛋白的协助下，通过线粒体内膜，在肉碱脂酰转移酶Ⅱ的催化下，脂酰肉碱脱去肉碱，又重新形成脂酰 CoA，这样线粒体外的长碳链脂酰 CoA 被转入线粒体内，开始通过 β 氧化途径进行作用。脂酰 CoA 由肉碱协助转入线粒体示意见图 5-6。短链或中链脂酰 CoA 分子（10 个碳链以下）就不依赖肉碱传递，可直接进入线粒体进行氧化。

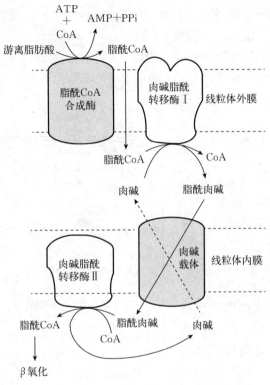

图 5-6　脂酰 CoA 由肉碱协助转入线粒体示意

（三）脂肪酸的 β 氧化过程

1. 偶数碳饱和脂肪酸的氧化　进入线粒体内的脂酰 CoA，在基质中经一系列酶促反应进行氧化分解，脂酰 CoA 每进行一次 β 氧化，即要经过脱氢、加水、再脱氢和硫解四步反应，同时生成一分子二碳单位的乙酰 CoA 和比原来少两个碳原子的脂酰 CoA，如此反复进行，直至脂酰 CoA 全部分解成乙酰 CoA。其详细过程如下。

（1）脱氢氧化。脂酰 CoA 在脂酰 CoA 脱氢酶（acyl CoA dehydrogenase）催化下，在 α、β 碳原子上各脱去一个氢原子，生成反式 α,β-烯脂酰 CoA，此反应中的脱氢酶以黄素腺嘌呤二核苷酸（FAD）为辅基，生成的 FADH 经过呼吸链传递生成水和 ATP。

在线粒体中，催化第一步脱氢反应的脂酰 CoA 脱氢酶有多种，分别对短碳链（4~6）、中碳链（4~12）和长碳链（8~20）的脂酰 CoA 具有不同的专一性，催化长碳链脂肪酸氧化的酶与膜结合而存在，而催化中碳链及短碳链酰基 CoA 氧化的酶位于线粒体基质中，属于可溶性蛋白。

（2）加水。α，β-烯脂酰 CoA 在烯脂酰 CoA 水化酶（enoyl CoA hydratase）催化下，在其双键上加一分子水，生成 L-3-羟脂酰 CoA。

（3）再脱氢。L-3-羟脂酰 CoA 在 L-3-羟脂酰 CoA 脱氢酶（L-3-hydroxyacyl CoA dehydrogenase）的催化下，脱去 β 碳原子与 β-羟基上的各一个氢原子，生成 β-酮脂酰 CoA，该脱氢酶的辅酶为 NAD^+，生成的 $NADH+H^+$ 经过呼吸链传递生成水和 ATP。

（4）硫解。β-酮脂酰 CoA 在 β-酮脂酰 CoA 硫解酶（β-ketoacyl-CoA thiolase）催化下，与 CoA 作用，断开 α、β 之间的碳碳键，分解生成 1 分子乙酰 CoA 和 1 分子较原来少两个碳原子的脂酰 CoA。硫解反应与水解反应的不同之处，是碳链断裂时释放的能量以高能硫酯键形式留在了脂酰 CoA 内，而没有以热能的形式释放出来。

综上所述，1 分子脂酰 CoA 经过上述四步反应，产生 1 分子乙酰 CoA 和 1 分子比原来少两个碳的脂酰 CoA，新生成的脂酰 CoA 可再重复上述一系列反应过程，共进行 $(n/2)-1$ 轮反应，将含偶数碳的脂肪酸完全分解为乙酰 CoA。乙酰 CoA 可进入三羧酸循环彻底氧化成 CO_2 和 H_2O 并释放能量，乙酰 CoA 也可参与其他合成代谢。在循环过程中脱下的氢，经呼吸链传递生成 H_2O 并释放能量。脂酰 CoA 的 β 氧化反应过程见图 5-7。

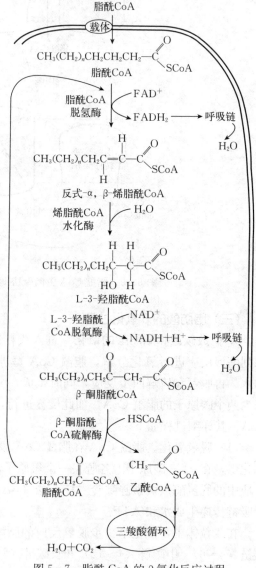

图 5-7 脂酰 CoA 的 β 氧化反应过程

（5）脂肪酸彻底分解。脂肪酸经 β 氧化分解成若干个乙酰 CoA 和还原型辅酶，线粒体基质中的还原型辅酶经过内膜上的呼吸链传递，生成 H_2O 和 ATP，乙酰 CoA 再经三羧酸循环氧化，最终生成 CO_2 和 H_2O。以棕榈酸（十六烷酸）为例来看，棕榈酸彻底氧化共需经过 7 次 β 氧化过程，每进行一次 β 氧化可生成 1 分子乙酰 CoA、1 分子 $FADH_2$、1 分子 $NADH+H^+$。总的反应式如下：

$$棕榈酰 CoA+7FAD+7NAD^++7CoA+7H_2O \longrightarrow$$
$$8 乙酰 CoA+7FADH_2+7NADH+7H^+$$

每分子 $NADH+H^+$ 经氧化后可产生 2.5 分子 ATP，而每分子 $FADH_2$ 则产生 1.5 分子 ATP。故 7 分子 $NADH+H^+$ 产生 17.5 分子 ATP，7 分子 $FADH_2$ 产生 10.5 分子 ATP。每分子乙酰 CoA 经三羧酸循环氧化时可产生 10 分子 ATP，故 8 分子乙酰 CoA 可产生 80 分子 ATP。以上总共产生 108 分子 ATP，但脂肪酸活化生成脂酰 CoA 时要消耗两个高能键，因此，彻底氧化 1 分子棕榈酸净生成 106 分子 ATP。

2. 不饱和脂肪酸的氧化　在线粒体内，不饱和脂肪酸与饱和脂肪酸一样经 β 氧化而被利用。首先，脂肪酸需要激活，在无双键处先经 β 氧化，可生成在近羧基端含双键的中间产物，之后需要一个异构酶和一个还原酶作用，变成正常 β 氧化的底物后继续进行 β 氧化。如油酰 CoA（oleoyl CoA，顺-9-十八烯酯酰 CoA）经过三次 β 氧化生成顺-3-十二烯酰 CoA，而 β 氧化过程中的烯脂酰 CoA 水化酶，需要的底物是反-2-烯酰 CoA，因此，顺-3-十二烯酰 CoA 需要由烯脂酰 CoA 异构酶（enoyl CoA isomerase）的催化，转变成反-2-十二烯酰 CoA，然后开始进行第四次 β 氧化的第二步过程，与正常的 β 氧化相比少进行第一步的脱氢过程，代替的是异构反应，之后分解过程和 β 氧化完全一样。

多不饱和脂肪酸的氧化过程更复杂一些，如亚油酰 CoA（linoleoyl CoA，顺-9,12-十八碳二烯酸）与上面的反应一样进行到第四次 β 氧化，到第五次 β 氧化的第一次脱氢后生成反-2-顺-4-十碳二烯酰 CoA，此时需要 2,4-二烯酸 CoA 还原酶的催化，由辅酶Ⅱ供氢，生成反-3-十烯酰 CoA，再由烯酰 CoA 异构酶使之变成反-2-十烯酰 CoA，变成正常的 β 氧化的底物，继续氧化，直至彻底分解成乙酰 CoA。亚油酰 CoA 的氧化分解过程见图 5-8。

3. 奇数碳链脂肪酸的氧化　天然存在的脂肪酸绝大多数是偶数碳链脂肪酸，奇数碳链脂肪酸在哺乳动物组织中十分罕见，但奇数碳链脂肪酸的代谢对反刍动物较为重要。例如在反刍动物瘤胃中，发酵产生的低级脂肪酸组成中，乙酸占 70%，丙酸占 20%，丁酸占 10%，奇数碳链脂肪酸氧化提供的能量相当于它们所需能量的 25%。此外，体内异亮氨酸、缬氨酸和甲硫氨酸分解过程中脱氨基后的碳架，经过一系列代谢过程也会产生丙酰 CoA。长链奇数原子碳脂肪酸在开始分解时与偶数碳原子脂肪酸一样，直到剩下末端的三个碳原

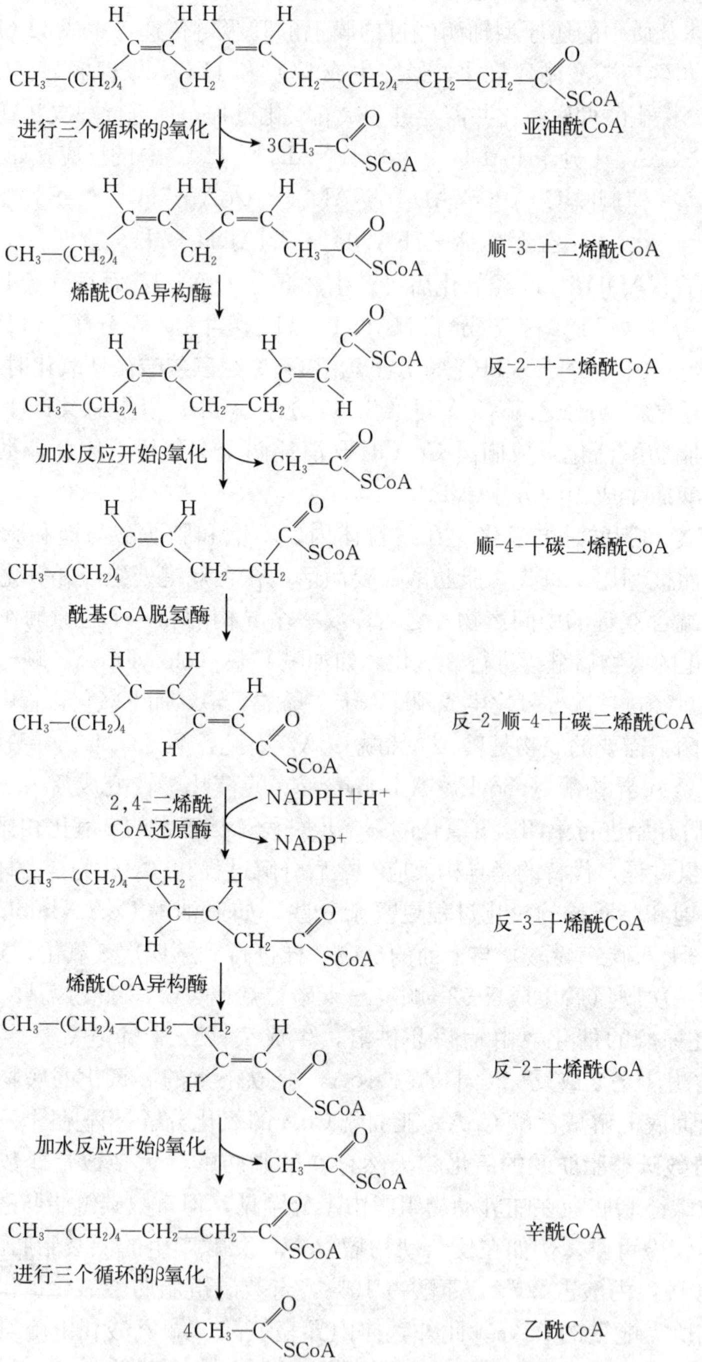

图 5-8 亚油酰 CoA 的氧化分解过程

子，即生成丙酰 CoA 时，就停止进行 β 氧化。而丙酰 CoA 需要被羧化生成甲基丙二酸单酰 CoA 后继续进行代谢。现将丙酸代谢介绍如下。

丙酸与前面叙述的脂肪酸活化一样，首先在丙酰 CoA 合成酶（硫激酶）催化下，由 ATP 水解供能，把 CoA 替换至短基的羟基上，生成丙酰 CoA。丙酰 CoA 在丙酰 CoA 羧化酶的催化下，与 CO_2 作用生成甲基丙二酸单酰 CoA，这与其他羧化反应一样，也需消耗 ATP，并需生物素参与。生成的甲基丙二酸单酰 CoA 在甲基丙二酸单酰 CoA 变位酶的作用下，通过分子内部的重新排列，C_2 上的—CO—SCoA 转移到 C_3 上来，于是甲基丙二酸单酰 CoA 转变为琥珀酰 CoA，这个变位酶的辅酶为维生素 B_{12} 琥珀酰 CoA，是三羧酸循环中的一个成员，可异生成葡萄糖或糖原，或者氧化分解为 CO_2 和 H_2O。

现在已知反刍动物体内的葡萄糖，约 50% 来自丙酸，其余大部分来自氨基酸，可见丙酸代谢对反刍动物非常重要。奇数碳链脂肪酸和丙酸的氧化过程见图 5-9。

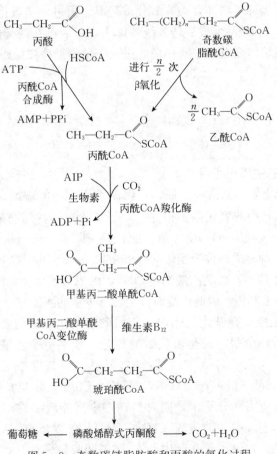

图 5-9　奇数碳链脂肪酸和丙酸的氧化过程

（四）脂肪酸的其他氧化方式

脂肪酸的氧化除 β 氧化作用外，在动物体内还有 α 氧化和 ω 氧化方式。

1. 脂肪酸的 α 氧化 在动物肝和脑组织中，存在脂肪酸的 α 氧化途径。该途径发生在线粒体和内质网中，以游离脂肪酸为底物，由加单氧酶和脱羧酶参与，分子氧间接参与氧化过程，即在脂肪酸的 α-碳原子上先进行羟化，再进行脱羧反应，每进行一次氧化过程，从脂肪酸的羧基端减掉一个碳原子，生成缩短一个碳原子的脂肪酸和二氧化碳。例如植烷酸等带支链的脂肪酸分子先通过 α 氧化的方式进行分解，然后剩下的脂肪酸部分如符合要求即可进行 β 氧化。可能的反应过程如下：

$$R-CH_2-COOH \xrightarrow{\text{羟化}} R-\overset{\overset{\displaystyle OH}{|}}{C}H_2-COOH \xrightarrow[-CO_2]{\text{脱羧}} R-\overset{\overset{\displaystyle OH}{|}}{C}=O$$

2. 脂肪酸的 ω 氧化 在动物肝的微粒体中，存在着一种酶系，能够将中链脂肪酸末端的碳原子（即 ω 位）氧化成羟基，再进一步氧化成 ω-羧基，变成 α,ω-二羧酸。二羧酸形成后转入线粒体内，以后可在两端任何一个羧基端进行 β 氧化，最后转变成琥珀酰 CoA，进入三羧酸循环被彻底氧化。ω 氧化的反应过程如下。

$$CH_3-(CH_2)_n-CH_2-CH_2-COOH \xrightarrow{\text{羟化}} \overset{\overset{\displaystyle OH}{|}}{C}H_2-(CH_2)_n-CH_2-CH_2-COOH \longrightarrow$$

$$HOOC-(CH_2)_n-CH_2-CH_2-COOH \xrightarrow{\beta\text{氧化}} HOOC-(CH_2)_n-COOH$$

（五）酮体的生成和利用

在正常情况下，脂肪酸在心肌、骨骼肌等组织中能被彻底氧化为 CO_2 和 H_2O，但在肝细胞中的氧化则不很完全，经常出现一些脂肪酸氧化的中间产物，即乙酰乙酸（acetoacetate）、β-羟丁酸（P-hydroxybutyrate）和丙酮（acetone），这三种物质统称为酮体（ketone bodies）。其中以 β-羟丁酸含量最多，约占总量的 70%，乙酰乙酸约占 30%，丙酮含量极微。肝生成的酮体要转运到肝外组织去利用，因此正常血液中含有少量的酮体。

1. 酮体的生成 在肝线粒体内，脂肪酸 β 氧化生成的乙酰 CoA 有一些不进入三羧酸循环分解，而是由硫解酶催化，使两分子乙酰 CoA 缩合成乙酰乙酰 CoA，再与乙酰 CoA 缩合成 β-羟基-β-甲基戊二酸单酰 CoA（3-hydroxy-3-methyl-glutaryl-CoA，HMG-CoA），该反应由 HMG-CoA 合成酶催化，反应需一分子水，同时消耗一个高能硫酯键，是不可逆反应，该反应也是酮体生成的关键步骤。HMG-CoA 在裂合酶作用下裂解成乙酰乙酸和乙酰 CoA。乙酰乙酸在肝中由 β-羟丁酸脱氢酶催化，还原成 β-羟丁酸。乙酰乙酸还可自动脱羧生成丙酮。正常情况下，丙酮的生成量很少，但在重症糖尿病时，乙酰乙酸和丙酮的浓度都会升高。酮体的生成和利用过程见图 5-10。

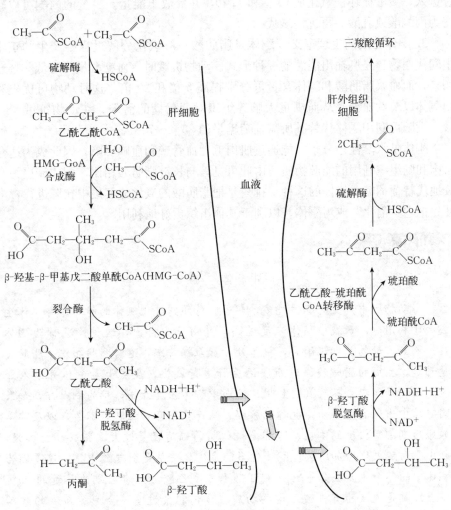

图 5-10　酮体的生成和利用过程

2. 酮体的利用　在肝中生成酮体的酶活力较高，但缺乏利用酮体的酶，肝产生的 β-羟丁酸和乙酰乙酸能为许多肝外组织（包括心、脑、肾、骨骼肌等）提供能量，尤其是当葡萄糖供应不足时，在肝线粒体内生成的酮体会迅速进入血液循环，运送到肝外组织进行氧化供能。

酮体在肝外组织的线粒体中进行代谢。β-羟丁酸由 β-羟丁酸脱氢酶催化，生成乙酰乙酸，其辅酶为 NAD^+。乙酰乙酸再由乙酰乙酸-琥珀酰 CoA 转移酶（又称辅酶 A 转硫酶）催化生成乙酰乙酰 CoA 和琥珀酸，其中琥珀酰 CoA 作为 CoA 的供体，该酶主要分布在利用酮体的组织中，肝中没有此酶。乙酰乙酰 CoA 继续在乙酰乙酰 CoA 硫解酶的作用下生成 2 分子乙酰 CoA，后者进入三羧酸循环被氧化成 CO_2 和 H_2O，并释放出能量。少量的丙酮可以转变为丙酮酸或乳酸后再进一步代谢。

3. 酮体生成的生理意义　酮体是脂肪酸在肝氧化分解过程中产生的正常中间代谢物，是肝输出能源的一种形式。动物饥饿时，血糖含量可降低20％～30％，而血浆脂肪酸和酮体含量可分别提高 5 倍和 20 倍，这时动物可优先利用酮体以节约血糖，从而满足大脑等组织对葡萄糖的需求。在动物饥饿 48 h 后，大脑可利用酮体代替其所需葡萄糖量的 25％～75％。

酮体是水溶性小分子，能通过肌肉毛细血管壁和血脑屏障，因此成为适合肌肉和脑组织利用的能源物质。由此可见，与长链脂肪酸相比，酮体能更为有效地代替葡萄糖。机体的这种安排只是把脂肪酸的氧化分解集中在肝进行，由肝先把它"消化"成为酮体，以利于其他组织更好地利用。

▉ 知识卡片 ◢

酮　体　症

当动物肝中产生的酮体过多，超过肝外组织氧化酮体的能力，即酮体生成大于利用时，血液中酮体浓度过高，并由尿中排出，这种情况称为酮体症。例如，动物长期饥饿时，机体处于低血糖状态，这时脂肪组织中脂肪大量动员，生成的脂肪酸通过血液运至肝进行氧化，生成大量酮体并进入血液，而肝外组织来不及氧化利用，使血中酮体浓度升高，称为酮血症，如果同时尿中出现大量酮体，也称酮尿症。高产乳牛开始泌乳后不久，以及绵羊妊娠后期都常出现酮体症，这都是机体葡萄糖消耗量过大，脂肪动员加强，肝中脂肪酸氧化增加所致。酮体过多的危害之一就是引起酸中毒，这是因为酮体中的两个主要成分——β-羟丁酸和乙酰乙酸（二者占酮体总量的99％以上）都是较强的有机酸。这些物质在体内积聚过多，会影响血液的酸碱度。病情严重时动物会出现深度呼吸，呼气中有烂苹果味，随后逐渐陷入嗜睡及昏迷状态。对这种动物酸中毒的处理，除了给予纠正酸碱平衡的药物外，还应针对病因采取减少脂肪酸分解过多的措施。

第四节　脂肪的合成

动物体在一定时间内摄入的物质供能超过其消耗时，体内就会合成脂肪，造成体重增加，脂肪主要贮存在脂肪组织中。脂肪的合成有两种途径：一种途径是直接利用饲料中吸收进来的脂肪组分转化为自身的脂肪；另一种途径是将糖或氨基酸的碳架转变为脂肪，这是体内脂肪的主要来源。虽然机体的许多组织，如肾、脑、肺、乳腺等组织均能合成脂肪，但脂肪组织和肝是体内合成脂肪的主要场所。不同动物合成脂肪的主要组织和合成原料见表 5-3。动物体合成脂肪的直接原料是 α-磷酸甘油和脂酰 CoA。这两种物质均可由糖代谢的中间产物转化而来。

表 5-3 不同动物合成脂肪的主要组织和合成原料

动物	主要合成组织	主要合成原料
绵羊	脂肪组织	乙酸
乳牛	脂肪组织	乙酸
猪	脂肪组织	葡萄糖
兔	肝和脂肪组织	葡萄糖
鼠	肝和脂肪组织	葡萄糖
鸡	肝	葡萄糖

一、α-磷酸甘油的生物合成

动物体内糖分解代谢的中间产物磷酸二羟丙酮，在磷酸甘油脱氢酶催化下可还原成 α-磷酸甘油，用于脂肪合成。此外，从食物中消化吸收的甘油和脂肪分解产生的甘油，在某些组织（如肝、肾等）中甘油激酶的催化下，可生成 α-磷酸甘油，但脂肪组织及肠黏膜中不含甘油激酶，这些组织不能利用甘油合成脂肪。

二、脂肪酸的生物合成

1945 年，David Rittenberg 等人通过同位素标记技术证明，脂肪酸生物合成的缩合单位是乙酸的衍生物。随后的研究表明，脂肪酸合成需要乙酰 CoA 和碳酸氢盐，说明脂肪酸的合成过程与脂肪酸的氧化过程有相似之处，但两种途径从在细胞内的定位和反应所需的酶系来看，并不是简单的逆过程。

脂肪酸合成是利用乙酰 CoA 在细胞质中进行的，首先合成饱和的直链十六碳脂肪酸，即棕榈酸，其他脂肪酸则是通过对棕榈酸的修饰而生成，例如在线粒体和微粒体中，每次添加一个二碳单位来延伸得到不同长短的脂肪酸，然后再通过脱氢作用，得到部分不饱和脂肪酸。

（一）合成脂肪酸的原料

生物合成脂肪酸的直接原料是乙酰 CoA，因此凡是在体内能分解成乙酰 CoA 的物质（如糖、氨基酸的碳骨架等）都能合成脂肪酸，其中葡萄糖是乙酰 CoA 的主要来源。糖转变成乙酰 CoA 是在线粒体内进行的，而饱和脂肪酸的生物合成主要是经过细胞内的非线粒体合成途径。

1. 乙酰 CoA 的来源 葡萄糖经酵解途径分解后，生成丙酮酸，进入线粒体氧化脱羧生成乙酰 CoA。脂肪酸也是经活化后，转运到线粒体内，经 β 氧化分解生成乙酰 CoA。脂肪酸的合成却是在细胞质中进行的，因此需要把乙酰 CoA 转移出去，可是乙酰 CoA 不能直接透过线粒体膜，这就需要相应的转运系统来完成。具体转运过程：在线粒体内乙酰 CoA 与草酰乙酸缩合生成柠檬酸，柠檬酸由载体协助透过线粒体膜到达胞液中，然后在柠檬酸裂解酶催化下，由 ATP 水解供能，分解生成乙酰 CoA 和草酰乙酸，该乙酰 CoA 即可作为合成脂肪酸的原料，用于合成脂肪酸。胞液中的草酰乙酸不能透过线粒体膜，需在苹果酸脱氢酶的催化下，转变成苹果酸，此过程需要辅酶 I 的参与，苹果酸也可直接进入线粒体，但这个过程生成的苹果酸主要由苹果酸酶催化，由辅酶 II 接受氢，氧化脱羧生成丙酮酸，然后丙酮酸进入线粒体，再经丙酮酸羧化酶的催化生成草酰乙酸，完成该循环，此过程称为柠檬酸-丙酮酸循环（citrate pyruvate cycle）（图 5 - 11）。通过这一循环过程，线粒体内的乙酰 CoA 源源不断地进入胞液中，用以合成脂肪酸。

成年反刍动物的乙酰 CoA 来源与非反刍动物有所不同，不是从葡萄糖转变而来，而是来自乙酸。这是因为在成年反刍动物如乳牛、绵羊和山羊等非泌乳期的乳腺中，柠檬酸裂解酶和苹果酸酶的活性都很低，即由柠檬酸裂解生成乙酰 CoA 的量很少，因此从葡萄糖分解生成的乙酰 CoA 来合成脂肪酸的可能性很小。相反，从瘤胃中产生的大量乙酸可用来合成乙酰 CoA。

2. NADPH 的来源 与糖相比，脂肪酸是高度还原的，因而合成过程中需要有多次加氢还原反应，该反应的直接供氢体是 NADPH。脂肪酸合成所需的 NADPH 主要有两个来源：一是在柠檬酸-丙酮酸循环过程中，苹果酸在苹果酸酶作用下生成丙酮酸时生成的 NADPH；二是磷酸戊糖途径中生成的大量 NADPH。

（二）脂肪酸合成的过程

体内脂肪酸的合成是一个相当复杂的过程，每次增加一个二碳单位使碳链不断地延长。虽然所需的碳源均来自乙酰 CoA，但合成过程中直接参与合成反应的仅有 1 分子乙酰 CoA，其余乙酰 CoA 需先在乙酰 CoA 羧化酶（acetyl CoA carboxylase）作用下，先羧化成丙二酸单酰 CoA（malonyl CoA）后才能进入脂肪酸的合成途径。

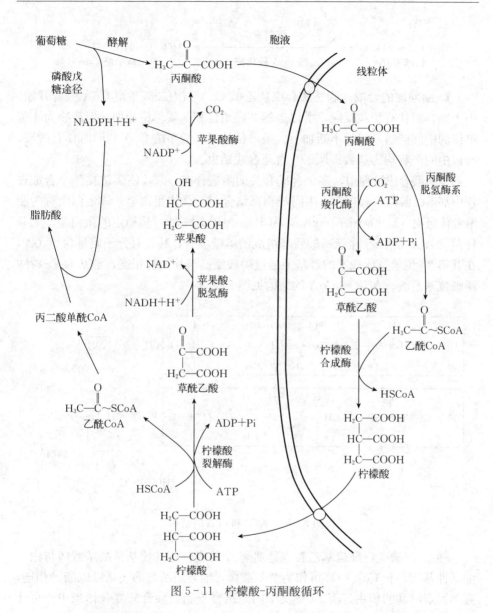

图 5 - 11　柠檬酸-丙酮酸循环

1. 丙二酸单酰 CoA 的合成　乙酰 CoA 在乙酰 CoA 羧化酶催化下，固定 CO_2 生成丙二酸单酰 CoA。此酶的辅酶是生物素，生物素以共价键将其羧基与羧化酶相连接。短化过程分两步进行，首先在 ATP 水解作用下，使 CO_2 连接在生物素分子上，然后再转移给乙酰 CoA 形成丙二酸单酰 CoA。该反应不可逆，且需 Mg^{2+}、Mn^{2+} 等参与，该羧化酶为别构酶，也是反应的限速酶，柠檬酸为其别构激活剂，棕榈酰 CoA 为其别构抑制剂。具体反应如下。

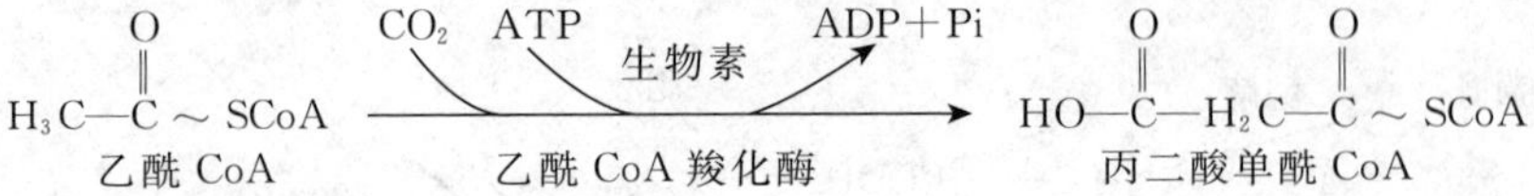

$$H_3C-\overset{O}{\overset{\|}{C}}\sim SCoA \xrightarrow[\text{生物素}]{\quad CO_2\quad ATP\qquad ADP+Pi\quad} HO-\overset{O}{\overset{\|}{C}}-H_2C-\overset{O}{\overset{\|}{C}}\sim SCoA$$

乙酰 CoA　　　　　　乙酰 CoA 羧化酶　　　　　　丙二酸单酰 CoA

2. 脂肪酸的合成　脂肪酸合成从乙酰 CoA 与丙二酸单酰 CoA 缩合开始。由于缩合时伴有脱羧反应，所以虽然 2 碳单位和 3 碳单位相加，但产物为 4 碳单位的中间产物。以后不断加上 3 碳单位的丙二酸单酰 CoA 的同时伴有脱羧，所以中间产物均为偶数碳原子，直至合成结束。

脂肪酸合成过程中，多个合成有关的酶集合在一起，使碳链在整个合成过程中都不以游离状态存在，中间产物都结合在一载体蛋白上，该蛋白质称为脂酰载体蛋白（acyl carrier protein，ACP）。ACP 是一种对热稳定的蛋白质，大肠杆菌的 ACP 是由 77 个氨基酸残基组成的单链多肽，其相对分子质量为 10 000，在其第 36 位丝氨酸残基的羟基上通过磷酸酯键与其辅基相连，辅基为 4-磷酸泛酰巯基乙胺，ACP 和 CoA 的结构见图 5-12。

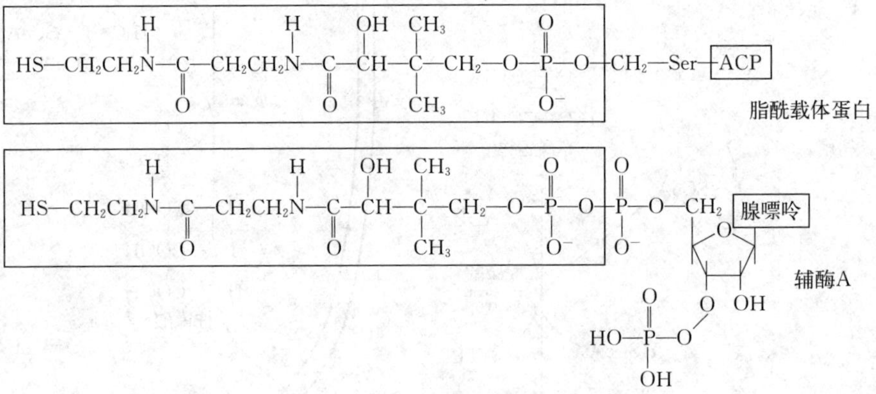

图 5-12　ACP 和 CoA 的结构

辅基 4-磷酸泛酰巯基乙胺也是辅酶 A 的成分，其巯基是酰基载体蛋白上的活性基团，和 CoA 一样可作为酰基载体，能与脂肪酸的羧基以硫酯键相连，起到固定酰基的作用，而 ACP 又牢固地结合于脂肪酸合酶复合体当中，可使酰基轮流传送到每个酶上进行反应。脂肪酸的合成途径见图 5-13。

下面以大肠杆菌为例，介绍脂肪酸的具体合成过程。

（1）起始反应。在乙酰转移酶的催化下，乙酰 CoA 分子中连在 CoA 巯基上的乙酰基转移给 ACP 的巯基，之后乙酰基很快又转移到 β-酮脂酰合成酶（缩合酶）活性中心的半胱氨酸的巯基上，形成乙酰-缩合酶复合体，而 ACP 上的巯基被空出来。如图 5-13 中的反应①和反应②所示。

（2）丙二酸单酰基的转移。丙二酸单酰 CoA 的丙二酸单酰基从 CoA 的巯

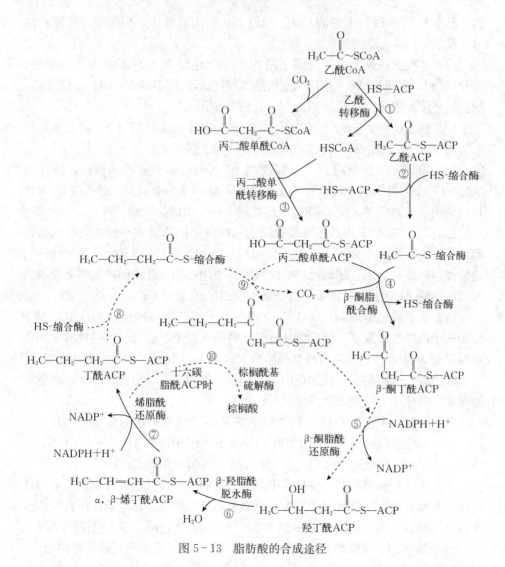

图 5-13 脂肪酸的合成途径

基上脱离，转移到空出来的 ACP 的巯基上，反应由丙二酸单酰转移酶催化，反应如图 5-13 中的③所示。生成的丙二酸单酰 ACP 是脂肪酸合成中的关键中间产物。

直接利用自由的乙酰 CoA 的唯一步骤仅出现在脂肪酸合成的起始反应中，其后丙二酸单酰- ACP 作为碳链延长的供体单位。

（3）缩合反应。由 β-酮脂酰合酶催化，乙酰基从缩合酶的巯基转移到连接在 ACP 巯基上的丙二酸单酰基的第二个碳原子上，生成 β-酮丁酰 ACP，同时脱掉丙二酸上的羧基并放出 CO_2，释放的 CO_2 是来自乙酰 CoA 羧化生成丙二酸单酰 CoA 时加进去的 CO_2，所以合成的脂肪酸中，碳架只来源于乙酰基。反应如图 5 - 13 中的④所示。

（4）第一次还原反应。β-酮丁酰 ACP 加氢还原为 β-羟丁酰 ACP 过程中，供氢体为 $NADPH+H^+$，而不是脂肪酸降解过程时生成的 NADH，反应由β-酮脂酰还原酶催化。反应如图 5 - 13 中的⑤所示。

（5）脱水反应。β-羟丁酰 ACP 在 β-羟酯酰脱水酶的作用下，经脱水作用而形成 α,β-烯丁酰 ACP。反应如图 5 - 13 中的⑥所示。

（6）第二次还原反应。α,β-烯丁酰 ACP 由烯脂酰还原酶催化，同样由 $NADPH+H^+$ 提供氢，还原为丁酰 ACP。至此，从两个碳原子的乙酰 CoA 延长到了四个碳原子的丁酰 ACP，反应如图 5 - 13 中的⑦所示。

此后，丁酰 ACP 中的丁酰基如同上述反应中的乙酰基一样，先转到缩合酶上，再转移到另一分子丙二酸单酰 ACP 上，如图 5 - 13 中的⑧和⑨所示，然后经过还原、脱水、还原反应形成六碳的中间产物，此中间产物再继续加到丙二酸单酰 ACP 上，在胞浆中直至最终合成棕榈酰- ACP。

（7）水解或硫解反应。从乙酰 CoA 缩合开始，在每次反应循环中，ACP 携带一个丙二酸单酰基，使脂酰基链延长两个碳原子，进行 7 次这样的循环合成棕榈酰 ACP。然后经棕榈酰基硫酯酶（palmitoylthioesterase）水解硫酯键，生成棕榈酸，即脂肪酸合成途径的正常产物，如图 5 - 13 中的⑩所示，而脂肪酸合酶复合体则重新进入新一轮循环。

综上所述，由乙酰 CoA 和丙二酸单酰 CoA 合成棕榈酸的总反应式为：

$$乙酰 CoA+7 丙二酸单酰 COA+14NADPH+14H^+ \longrightarrow$$
$$棕榈酸+7CO_2+8HSCoA+14NADP^++6H_2O$$

脂肪酸合酶在植物和大肠杆菌中是由不同的 7 种多肽链聚合而成的多酶复合体。在哺乳动物中这种复合体为红色颗粒，是二聚体，每个单体由含 7 种酶活性（乙酰转移酶、丙二酸单酰转移酶、β-酮脂酰合酶、β-酮脂酰还原酶、β-羟脂酰脱水酶、烯脂酰还原酶和硫酯酶）的单条肽链和酰基载体蛋白组成，每个亚单位相对分子质量为 26 万，该肽链包括三个结构域，其中结构域Ⅰ中含有 β-酮脂酰合酶、丙二酸单酰转移酶和乙酰转移酶，结构域Ⅱ内含有 β-羟脂酰脱水酶、烯脂酰还原酶和 β-酮脂酰还原酶，硫酯酶在结构域Ⅲ中，酰基载体蛋白在Ⅱ、Ⅲ结构域之间，两个亚单位之间呈头尾相连排列。哺乳动物脂肪酸合酶结构示意见图 5 - 14。

3. 脂肪酸碳链的延长 脂肪酸合酶复合体在催化长链脂肪酸合成过程中，常停止于 16 碳的棕榈酸阶段，其原因尚不清楚，但体内还有 18 碳、20 碳、以至 24 碳的脂肪酸。这些脂肪酸的合成都须在棕榈酸碳链的基础上进一步延长，碳链延长反应可在线粒体或微粒体（内质网系）中进行。

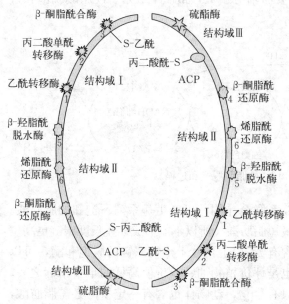

图 5-14　哺乳动物脂肪酸合酶结构示意图

由微粒体酶系催化合成硬脂酸的酰基载体不是 ACP 而是 CoA，二碳单位供体仍为丙二酸单酰 CoA，由 NADPH＋H$^+$ 供氢，同样经过缩合、还原、脱水、还原等反应过程。每次延长 2 个碳原子，主要延长至 18 碳的硬脂酸，最多可延长至 24 碳的脂肪酸。这是碳链延长的主要途径。

线粒体系统中棕榈酰 CoA 的延长是通过与乙酰 CoA 缩合生成 β-酮脂酰 CoA，之后经过类似于 β 氧化的逆过程，即经过还原、脱

$$CH_2-\overset{\overset{\displaystyle O}{\|}}{C}\sim SCoA \ + \ H_3C-\overset{\overset{\displaystyle O}{\|}}{C}\sim SCoA$$

脂酰CoA　　　　　乙酰CoA

↓　硫解酶

HSCoA

$$R-CH_2-\overset{\overset{\displaystyle O}{\|}}{C}-CH_2-\overset{\overset{\displaystyle O}{\|}}{C}\sim SCoA$$

β-酮脂酰CoA

NADH＋H$^+$　↓　L-β-羟脂酰CoA
NAD$^+$　　　　　　脱氧酶

$$R-CH_2-\overset{\overset{\displaystyle OH}{\|}}{C}H-CH_2-\overset{\overset{\displaystyle O}{\|}}{C}\sim SCoA$$

L-β-羟脂酰CoA

H$_2$O　↓　烯脂酰CoA
　　　　　水化酶

$$R-CH_2-CH=CH-\overset{\overset{\displaystyle O}{\|}}{C}\sim SCoA$$

反-α,-β-烯脂酰CoA

NADPH＋H$^+$　↓　烯脂酰CoA
NADP$^+$　　　　　还原酶

$$R-CH_2-CH_2-CH_2-\overset{\overset{\displaystyle O}{\|}}{C}\sim SCoA$$

酰基CoA

图 5-15　线粒体中脂肪酸的延长作用

水、再还原变成增加两个碳原子的硬脂酰 CoA，与 β 氧化不同的是，反应中以 FAD$^+$ 作辅酶的步骤换成了以 NADPH＋H$^+$ 作为供氢体。线粒体中脂肪酸的延长作用见图 5-15。通过上述过程可以衍生出 24 碳、26 碳的脂肪酸，但以硬脂酸较多。

4. 脂肪酸的脱饱和　哺乳动物细胞微粒体中含有一些脂肪酸脱饱和酶，有着不同链长的脱饱和专一性，分别命名为 Δ^9、Δ^6、Δ^5、Δ^4 脂酰 CoA 脱饱和酶，但没有 Δ^9 以上部位的脱饱和酶，也就是说双键只能在 Δ^9 与羧基碳之间形成，因此只能合成部分不饱和脂肪酸，如棕榈油酸和油酸等。

脱饱和酶是混合功能氧化酶的一种，以 NADH 供氢，黄素蛋白和细胞色

素 b_5 作为电子传递体，反应需要激活分子氧，最后生成水。硬脂酸脱饱和过程见图 5-16。

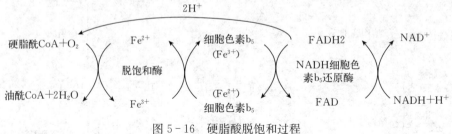

图 5-16 硬脂酸脱饱和过程

碳链的延长体系与脱饱和体系联合作用，可产生一系列不饱和的脂肪酸。但棕榈酸是动物体内可利用的最短脂肪酸，所以不能形成某些长度碳链更高位上带双键的脂肪酸。植物组织含有 Δ^9 以上位置上形成双键的脱饱和酶，可以合成动物体必需的脂肪酸，这也是评价植物油营养价值高低的重要指标之一。当然，必需脂肪酸的来源并不只有植物，动物体也含有一定量的必需脂肪酸，特别是以必需脂肪酸含量高的植物为食的动物，其体内必需脂肪酸含量也高一些。

三、三酰甘油的生物合成

哺乳动物体内的大部分组织都能合成三酰甘油，但合成的主要器官是肝、小肠和脂肪组织，其中脂肪组织是专门合成、储存和水解三酰甘油的主要部位。三酰甘油以脂滴形式储存在细胞质中，并包被有膜脂和蛋白质，脂肪组织中的三酰甘油不断地合成和分解，处于动态平衡。三酰甘油在骨骼肌和心肌中也有一定储存，但只供局部消耗。肝合成的三酰甘油主要用于生成血浆脂蛋白，而不用于能量储存。

在细胞内质网内，用来合成三酰甘油的脂肪酸可以来自食物、自身合成或脂肪的降解。合成三酰甘油的直接前体是脂酰 CoA 和 α-磷酸甘油，磷脂酸是其重要的中间产物。

（一）二酰甘油途径

二酰甘油途径是肝细胞和脂肪细胞的主要合成途径。α-磷酸甘油在大部分组织中由磷酸二羟丙酮还原而来，磷酸二羟丙酮由糖的分解及异生得到。在肝细胞中，甘油可被甘油激酶磷酸化而得到 α-磷酸甘油。α-磷酸甘油和脂酰 CoA 在磷酸甘油转酰基酶的催化下，将 2 分子脂酰基转移到磷酸甘油分子上生成磷脂酸（α-磷酸二酰甘油），后者经磷酸酶水解脱去磷酸生成二酰甘油，在二酰甘油转酰基酶的作用下，二酰甘油再与另 1 分子脂酰 CoA 作用生成三酰甘油（脂肪）。脂肪合成的二酰甘油途径见图 5-17。

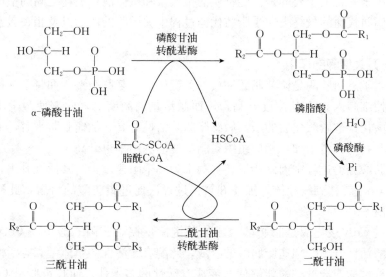

图 5-17 脂肪合成的二酰甘油途径

脂肪的生物合成主要在肝和脂肪组织中进行，其中的脂肪酸主要是软脂酸、硬脂酸、棕榈油酸和油酸。

（二）单酰甘油途径

在小肠黏膜上皮内，消化吸收的单酰甘油常作为合成三酰甘油的前体，即单酰甘油经转酰基酶催化，加上两分子脂酰 CoA 生成三酰甘油（图 5-18）。

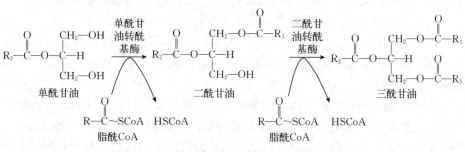

图 5-18 利用单酰甘油合成三酰甘油的过程

四、脂肪代谢的调节

动物根据机体的能量状况随时对代谢进行调整。脂肪代谢也根据个体饮食状态通过一系列复杂的激素信号通路及各成分的反馈机制进行调控。在脂肪组织中，脂肪在不停地合成与分解。当合成量大于分解量时，脂肪在体内沉积；

当分解量大于合成量时，机体脂肪减少。动物体脂的变化受多种因素的影响，除遗传因素外，最主要的是供能物质的摄入量和机体能量消耗之间的平衡。动物机体脂肪代谢的最终去向受脂肪代谢过程中关键酶的活性以及相关激素的直接调节。

（一）关键酶的作用

激素敏感脂肪酶是调节脂肪动员的关键位点。某些激素（如肾上腺素）的作用会使细胞内 cAMP 浓度升高，进而激活蛋白激酶 A，此酶使激素敏感脂肪酶磷酸化，被磷酸化后的激素敏感脂肪酶活性升高，加速脂肪水解，使游离脂肪酸和甘油含量增加，相应组织对脂肪酸的利用率也升高。

脂肪酸分解过程中肉碱脂酰转移酶Ⅰ为一个限速过程，其活性升高，能加快脂酰 CoA 转移到线粒体，加速 β 氧化过程，促进脂肪酸的分解，此酶受丙二酸单酰 CoA 的反馈抑制。

乙酰 CoA 羧化酶是脂肪酸合成的关键酶，控制着丙二酸单酰 CoA 的浓度，该酶活性升高会加速脂肪酸的合成，此酶有无活性的单体型和有活性的多聚型。柠檬酸或异柠檬酸能够使其变成有活性的多聚体，而长链脂酰 CoA 通过变构方式可反馈抑制乙酰 CoA 羧化酶。此酶会因被磷酸化而失去活性。

（二）激素的作用

1. 胰岛素　胰岛素是动物体内调节脂肪合成的主要激素，其促进脂肪合成的效应主要有以下几点：

（1）促进葡萄糖进入细胞，加速分解，提供脂肪酸合成的原料乙酰 CoA。

（2）细胞内 cAMP 浓度降低，激活特异的磷蛋白磷酸酶（phosphoprotein phosphatase），使乙酰 CoA 羧化酶去磷酸化而被激活，加速脂肪酸的合成。

（3）激活磷酸甘油转酰基酶，使磷脂酸和脂肪合成加速。

（4）诱导编码乙酰 CoA 羧化酶、脂肪酸合酶复合体、柠檬酸裂解酶、苹果酸酶和 6-磷酸葡萄糖脱氢酶等基因的转录，从而加速脂肪酸的合成。此过程属于长效调节。

另外，胰岛素也有抑制脂肪分解的作用。胰岛素通过降低细胞内 cAMP 的浓度，使激素敏感脂肪酶的活性因去磷酸化而被抑制，使三酰甘油水解减弱，减少脂肪动员。胰岛素也可抑制肉毒碱脂酰转移酶Ⅰ的活性，使脂肪酸进入线粒体的数量减少，提高游离脂肪酸在胞质中的浓度，反馈抑制脂肪的分解。

2. 胰高血糖素　胰高血糖素的作用与胰岛素的作用刚好相反。胰高血糖素可促进细胞内 cAMP 的生成，从而促进脂肪水解，同时通过增加蛋白激酶的活性，使乙酰 CoA 羧化酶磷酸化而降低其活性，从而抑制脂肪酸的合成。由于脂肪合成所需的丙二酸单酰 CoA 含量随之降低，对肉碱脂酰转移酶Ⅰ的抑制解除，使得大量脂肪酸进入线粒体而被氧化。

3. 其他激素　生长激素、肾上腺皮质激素、肾上腺素、甲状腺激素等都可促进脂肪动员，加速脂肪组织中脂肪的分解。性激素也能促进机体脂肪动员，因此雌性动物的卵巢和雄性动物的睾丸被摘除后，动物都会发生肥胖现象。

第五节　类脂的代谢

脂类可按极性分为两大类：①极性脂类，在同一分子中同时含有亲水基团和疏水基团的脂类，如磷脂、胆固醇等；②非极性脂类，如三酰甘油和胆固醇酯等。类脂是指除三酰甘油以外的脂类，动物体内的类脂种类很多，本节主要对其中的磷脂与胆固醇的代谢进行介绍。

一、磷脂的代谢

磷脂中富含不饱和脂肪酸，富于流动性。不同组织中磷脂的代谢速度不同，如肝细胞中的卵磷脂代谢更新很快，其半衰期少于 24 h，但脑组织中脑磷脂的半衰期长达几个月。动物体内能合成磷脂，不需要从饲料中直接摄取。但如果饲料中缺乏合成磷脂的原料（如甲硫氨酸等）时，也可形成脂肪肝及其他缺乏磷脂的代谢障碍。

几乎所有哺乳动物体内都有合成磷脂的酶系。除了小肠黏膜细胞和肝细胞外，其他组织合成的磷脂，基本上被该组织细胞所利用，既不需要从血液中摄取磷脂，也不向血液中释放磷脂，自身处于分解与合成的平衡状态。肝和小肠黏膜细胞除了合成自身所需的磷脂外，还把合成的磷脂与脂肪一同形成脂蛋白，进入血液循环，为各组织所利用。例如小肠黏膜细胞合成的磷脂与吸收进来的脂肪、胆固醇等形成的乳糜微粒，经淋巴管进入血液，被运到各组织并被摄取、利用。肝细胞合成的磷脂与脂肪等脂类物质形成极低密度脂蛋白，释放入血，被相应组织所利用。肝是磷脂合成最活跃的器官，胰、肾上腺和肺次之，肌肉合成磷脂的速度最慢。

主要的磷脂有甘油磷脂和神经鞘磷脂两类，以下只对甘油磷脂的代谢进行介绍。

（一）甘油磷脂的生物合成

甘油磷脂由甘油、脂肪酸、磷酸、胆碱和胆胺等构成，其中除必需脂肪酸须由饲料提供外，其他原料可在动物体内合成。蛋白质分解产生的丝氨酸及甲硫氨酸也是磷脂合成的必备原料。

1. 生成 1,2 -二酰甘油　此过程与脂肪合成的过程类似，可由 3 -磷酸甘油在转酰基酶的作用下，以脂酰 CoA 为酰基供体，转移两分子脂酰基生成磷脂酸，再由磷酸酶水解生成 1,2 -二酰甘油。

2. 胆胺与胆碱的合成　丝氨酸经脱羧作用变成乙醇胺，而乙醇胺在 S-腺苷甲硫氨酸的转甲基作用下，转 3 次甲基生成胆碱。

3. 卵磷脂和脑磷脂的合成（图 5-19）　胆碱或乙醇胺的羟基在激酶的作用下被 ATP 磷酸化，生成磷酸胆碱或磷酸乙醇胺。之后在胞苷酰转移酶的作用下，磷酸胆碱或磷酸乙醇胺的磷酰基团攻击 CTP，释放 PPi，生成 CDP-胆碱或 CDP-乙醇胺。此反应是限速反应。CDP-胆碱在转移酶的作用下，释放 CMP，把胆碱转移到 1,2-二酰甘油的 3-羟基上生成卵磷脂。CDP-乙醇胺的乙醇胺被转移到 1,2-二酰甘油的 3-羟基上生成脑磷脂。

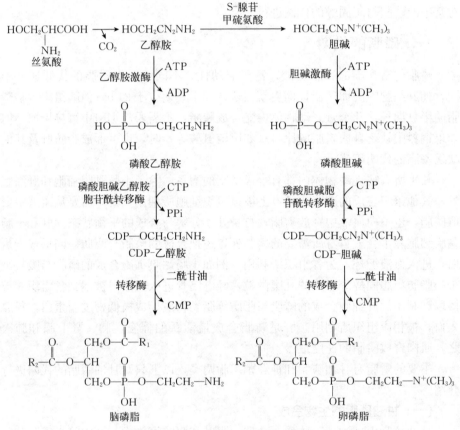

图 5-19　脑磷脂和卵磷脂的合成

在肝线粒体内磷脂还可以通过另一条旁路合成，即丝氨酸磷脂直接脱羧基生成脑磷脂，脑磷脂再甲基化即可生成卵磷脂。

4. 磷脂酰丝氨酸和磷脂酰肌醇的合成　在哺乳动物中，磷脂酰丝氨酸主要是通过将磷脂酰乙醇胺的极性头部基团置换成丝氨酸合成而来的。此反应不需要 ATP 等高能键提供能量来进行，是可逆反应。在内质网内，磷脂酸先与 CTP 作用生成胞苷二磷酸二酰甘油，再与游离的肌醇反应释放 CMP，生成磷脂酰肌醇。磷脂酰肌醇中 4,5 -二磷酸磷脂酰肌醇（phosphatidylinositol 4,5 - biphosphate，PIP_2）在细胞信号转导过程中起着重要作用，当细胞受到相应激素作用时，其水解产物 1,4,5 -三磷酸肌醇（inositol 1,4,5 - trisphosphate，IP_3）可促进内质网内 Ca^{2+} 的释放。

在磷脂生物合成的途径中，CTP 是关键的化合物，它既是合成中间产物的必要组成成分，又为合成反应提供了所需的能量。

（二）磷脂的降解

哺乳动物组织中存在磷脂酶（phosphatidase），这些磷脂酶具有降解磷脂及生成其他生理活性物质的作用。不同的磷脂酶具有特异性作用于磷脂分子内特定部位的功能，例如有水解磷脂分子中羧基酯键的，也有水解磷脂键的酶。这些酶被分别命名为磷脂酶 A_1、磷脂酶 A_2、磷脂酶 B_1、磷脂酶 B_2、磷脂酶 C 和磷脂酶 D 等。甘油磷脂的分解见图 5 - 20。

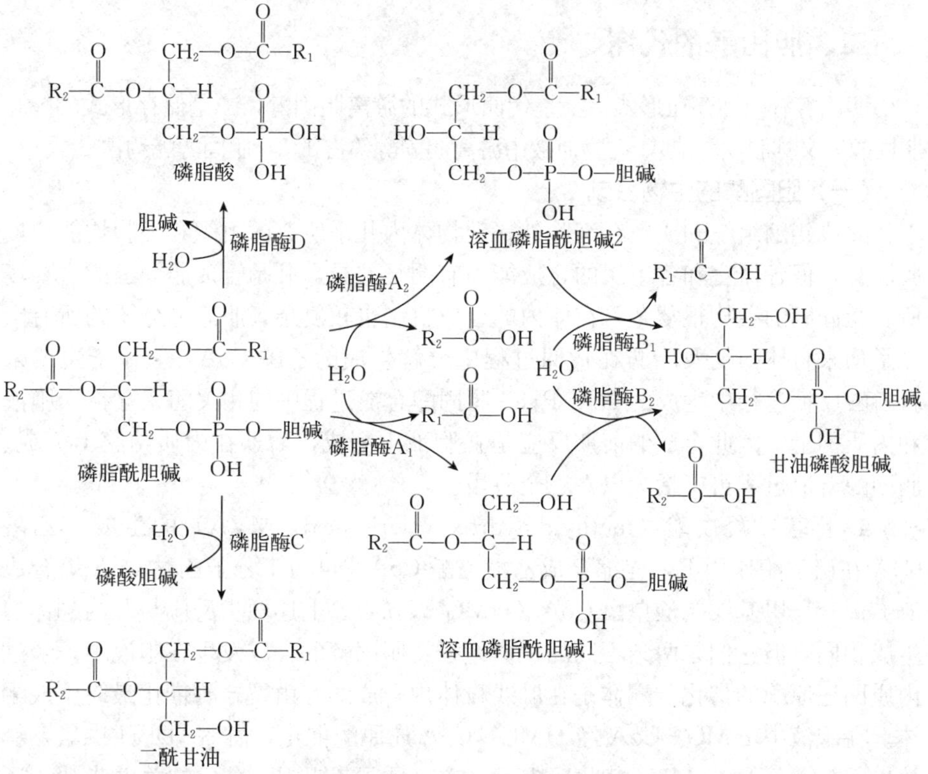

图 5 - 20　甘油磷脂的分解

　　磷脂酶 A 可分为磷脂酶 A_1 和磷脂酶 A_2，二者都以卵磷脂为底物。磷脂酶 A_1 催化水解磷脂第 1 位酯键，产生 1 分子脂肪酸和溶血卵磷脂 1（2 - 脂酰甘油磷酸胆碱）。磷脂酶 A_2 催化水解磷脂第 2 位酯键，产生 1 分子脂肪酸和溶血卵磷脂 2（1 - 脂酰甘油磷酸胆碱）。此酶也存于蛇毒、蜂毒中，由于溶血磷脂是一种较强的乳化剂，具有溶血作用，故被毒蛇咬伤后会出现溶血现象。

　　磷脂酶 B 亦称溶血磷脂酶。其中磷脂酶 B_1 催化磷脂酶 A_2 作用后的产物 1 - 脂酰甘油磷酸胆碱上的第 1 位酯键的水解。磷脂酶 B_2 作用于磷脂酶 A_1 作用后的产物 2 - 脂酰甘油磷酸胆碱上的第 2 位酯键，产物为 1 分子脂肪酸和甘油磷酸胆碱。

　　磷脂酶 C 作用于磷脂分子的第 3 位磷酸酯键，生成二酰甘油和三磷酸肌醇。一些激素通过调节此酶的活性，控制二酰甘油和三磷酸肌醇等第二信使的生成，进而影响细胞内代谢。此酶也存在于蛇毒及细菌毒素中。

　　磷脂酶 D 作用于有机基团和磷酸根之间的磷脂键，使其水解生成磷脂酸及胆碱。磷脂酶 D 也能催化转磷脂酰基反应，将卵磷脂上的磷脂酰基转移至别的含羟基化合物（如甘油、乙醇胺、丝氨酸等）上，进行磷脂之间的转变。

二、胆固醇的代谢

　　胆固醇有两种存在形式：一是代谢形式的游离胆固醇，二是储存形式的酯化胆固醇（又称胆固醇酯）。动物血液中游离胆固醇约占 1/3，胆固醇酯约占 2/3。

（一）胆固醇的生物合成

　　除成年脑组织和成熟红细胞外，动物体内几乎所有的组织和细胞均能合成胆固醇，但各器官和各组织的合成能力有明显差异，肝是合成胆固醇的主要场所。胆固醇的结构很复杂，在体内的合成机制也较复杂，胆固醇分子的所有碳原子均来自体内糖及脂肪在代谢过程中分解生成的乙酰 CoA，氢原子主要来自磷酸戊糖途径中生成的 NADPH。胆固醇合成过程中的相关酶系存在于胞液和内质网上，因此合成的前期反应是在胞液中完成，后期在内质网膜上完成。胆固醇合成过程可概括为以下三个阶段。

　　1. 甲基二羟戊酸（methyldihydroxyvaleric acid，MVA）**的生成**　乙酰 CoA 在硫解酶作用下，先缩合成乙酰乙酰 CoA，再与 1 分子乙酰 CoA 缩合成 β - 羟基 - β - 甲基戊二酸单酰 CoA（HMG - CoA）。上述两步反应与肝内酮体的生成相同，但它们是两条不同的代谢途径：胆固醇的合成发生在胞液中，经过内质网还原酶的催化；酮体是在肝线粒体内合成的，由裂合酶催化最终生成酮体。在胞液中 HMG - CoA 经 HMG - CoA 还原酶催化，由 NADPH 供氢，释放出 CoA，还原为 MVA，此反应不可逆，是调节胆固醇合成的关键步骤，还原酶的活性受多种因子的调控。

2. 鲨烯的生成 6个碳原子的 MVA 在 ATP 供能条件下，在蛋白激酶作用下生成5-焦磷酸 MVA。在脱羧酶作用下，5-焦磷酸 MVA 与 ATP 作用，生成异戊烯焦磷酸酯（isopentenyl pyrophosphate，IPP）。IPP 在异构酶作用下，生成二甲基丙烯焦磷酸酯（dimethylallyl pyrophosphate，DPP），IPP 与 DPP 缩合生成二甲基辛二烯焦磷酸酯（geranyl pyrophosphate，GPP），GPP 与另一分子 IPP 缩合生成三甲基十二碳三烯焦磷酸酯（farnesyl pyrophosphate，FPP）。两分子 FPP 在鲨烯合成酶催化下，脱去两分子焦磷酸缩合成鲨烯（squalene）。鲨烯的合成过程见图5-21。

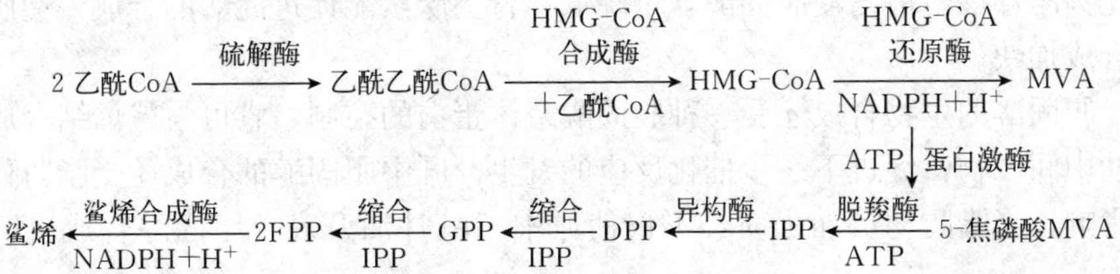

$$2\text{乙酰CoA} \xrightarrow{\text{硫解酶}} \text{乙酰乙酰CoA} \xrightarrow[\text{+乙酰CoA}]{\begin{array}{c}\text{HMG-CoA}\\\text{合成酶}\end{array}} \text{HMG-CoA} \xrightarrow[\text{NADPH}+\text{H}^{+}]{\begin{array}{c}\text{HMG-CoA}\\\text{还原酶}\end{array}} \text{MVA}$$

$$\text{鲨烯} \xleftarrow[\text{NADPH}+\text{H}^{+}]{\text{鲨烯合成酶}} 2\text{FPP} \xleftarrow[\text{IPP}]{\text{缩合}} \text{GPP} \xleftarrow[\text{IPP}]{\text{缩合}} \text{DPP} \xleftarrow{\text{异构酶}} \text{IPP} \xleftarrow[\text{ATP}]{\text{脱羧酶}} 5\text{-焦磷酸MVA} \xleftarrow[\text{ATP}]{\text{蛋白激酶}}$$

图5-21 鲨烯的合成过程

3. 胆固醇的生成 在内质网内，鲨烯经氧化、环化、脱甲基、还原等一系列反应，先后生成羊毛固醇、酵母固醇等，最终生成27个碳原子的胆固醇。鲨烯到胆固醇的转化过程见图5-22。

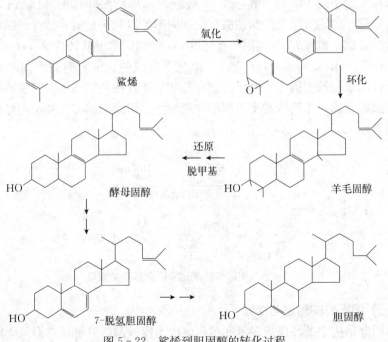

图5-22 鲨烯到胆固醇的转化过程

（二）胆固醇生物合成的调节

正常情况下，机体内胆固醇合成受到严格的调控，以保持胆固醇浓度的恒定。

HMG‑CoA 还原酶在胆固醇合成过程中具有重要调节作用。任何改变此酶活性的因素，都会显著影响胆固醇的合成。在蛋白激酶作用下，该酶磷酸化后丧失活性，且磷酸化后酶蛋白易于降解。许多激素对该酶的活性也有影响，例如：胰岛素能促进该酶的脱磷酸化作用，可增加胆固醇的合成；甲状腺素可促进该酶的活性并增加该酶的合成，使胆固醇合成加强，更能促进胆固醇在肝转化为胆汁酸，最终使胆固醇含量降低。肾上腺素能促进此酶的合成，使胆固醇合成加快。

胆固醇的生物合成还受一种胆固醇载体蛋白的控制，它可与鲨烯结合成水溶性中间产物，促进下一步催化反应的发生。肝中胆固醇的合成还受脂肪代谢的影响，当脂肪动员加强时，不仅使血中三酰甘油升高，胆固醇合成也明显增加。

摄入含胆固醇的食物会使肝中胆固醇含量升高，可反馈抑制 HMG‑CoA 还原酶的活性而减缓胆固醇的合成。也可通过抑制 LDL 受体蛋白的合成来减少胆固醇的内吞作用。摄入含纤维素多的食物或某些药物，可增加胆汁酸的排出，并加速胆固醇在肝中转变成胆汁酸，从而降低血清中胆固醇的含量。

存在于脂蛋白中的胆固醇，在卵磷脂‑胆固醇脂酰转移酶（LCAT）的催化下，转移卵磷脂 2 位上的脂肪酸形成胆固醇酯以利于运输和储存。细胞内的胆固醇酯是由脂酰 CoA 和胆固醇在脂酰 CoA‑胆固醇酰基转移酶（acyl CoA‑cholesterol acyltransferase，ACAT）催化下合成的，细胞内的胆固醇水平是该酶活性的重要调解因子，对维持胆固醇的平衡发挥重要作用。胆固醇酯经胆固醇酯酶的催化，水解为游离胆固醇和脂肪酸。胆固醇的酯化和胆固醇酯的水解见图 5‑23。

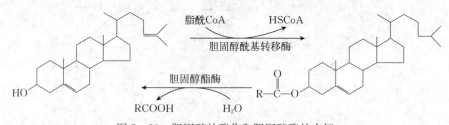

图 5‑23 胆固醇的酯化和胆固醇酯的水解

（三）胆固醇的转化与排泄

胆固醇结构中的环戊烷多氢菲核在体内不能被彻底分解，它们只能以胆固醇原或转化产物的形式排出体外。经过改造（如氧化、还原）的胆固醇转化产物不仅是胆固醇的排泄形式，也是重要的生理活性物质。胆固醇的转化产物包括胆汁酸、维生素 D_3 和类固醇激素。

1. 胆汁酸　在肝中，胆固醇经羟化酶等作用氧化成各种胆酸和脱氧胆酸，它们可再与甘氨酸、牛磺酸等结合形成结合胆酸，如胆酸与甘氨酸结合生成甘氨胆酸，与牛磺酸结合生成牛磺胆酸等，共同成为胆汁酸的主要成分。胆汁酸常以钠盐或钾盐的形式存在，称为胆汁酸盐，胆汁酸盐是胆汁的重要组成部分，由于其分子结构中同时存在疏水基团和亲水基团，因而具有较强的表面活性作用。胆汁酸经胆管排入肠道，促进脂类的乳化，有利于脂类的水解和消化吸收。

大部分的胆汁酸被肠壁细胞重新吸收，经门静脉进入肝再被利用，这一循环称为"肝肠循环"。一少部分胆汁酸在肠道内转变成粪固醇和粪胆酸排出体外。

2. 维生素 D_3　在皮肤细胞内的 7 -脱氢胆固醇经紫外线照射转变成维生素 D_3（又称胆钙化醇），之后在肝及肾中分别进行羟化，生成具有生理活性的 $1,25 -(OH)_2 - D_3$。因此，动物经常接触日光照射，能够获取较多的活性维生素 D_3，进而促进机体钙、磷的代谢。

3. 类固醇激素　所有的类固醇激素均由胆固醇转化而来。类固醇激素依其合成部位可分为肾上腺皮质激素和性激素。肾上腺皮质激素主要包括在球状带合成的盐皮质激素——醛固酮，在束状带合成的糖皮质激素——皮质醇和皮质酮，由网状带合成的雄激素——雄酮等；由性腺合成的性激素主要有睾丸间质细胞合成的睾酮，以及卵巢合成的雌激素、孕酮。另外，母畜在妊娠期间，胎盘能够合成雌三醇等。常见类固醇激素的生成和结构式见图 5 - 24。

类固醇激素的合成过程比较复杂，并具有组织和器官的特异性，合成反应可分为前期的共同反应和后期的特异反应。激素转化过程先由胆固醇开始到孕烯醇酮，是反应的共同阶段，由线粒体内的裂合酶来催化，此酶由多种酶组合而成；之后的反应开始出现组织特异性，生成不同的激素，发挥不同的生理功能。各种类固醇激素都经肝进行生物转化，变为无活性的衍生物，如醛固酮、皮质醇、皮质酮和睾酮的转化产物为 17 -酮类固醇和 17 -羟类固醇，这些产物主要经肾随尿排出。

类固醇激素功能广泛。例如糖皮质激素对机体糖代谢、脂肪和蛋白质代谢均具有重要调节作用。盐皮质激素是维持动物机体电解质平衡和体液容量的重要激素。性激素对性器官的发育、生殖细胞的形成和副性征的出现有促进作用。另外，类固醇激素还可促进机体脂类、蛋白质的合成等。

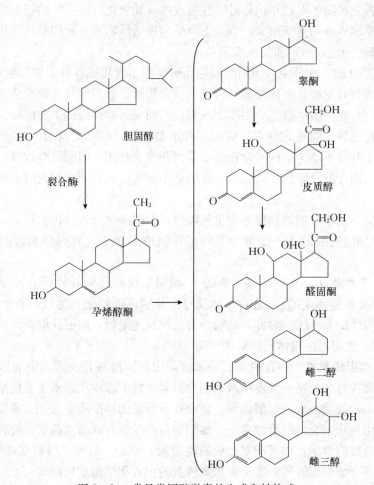

图 5 - 24 常见类固醇激素的生成和结构式

第六章 糖代谢

第一节 概 述

一、糖代谢概况

不同动物由于消化系统特点的差异，使得其获得糖的途径也有所不同。对大多数动物而言，食物中含有大量的淀粉、糖原，以及少量的蔗糖、麦芽糖、乳糖等寡糖，这些糖可经消化道直接吸收。另外，一些动物体内的糖主要由非糖物质经体内转化成糖。不同的动物种类，两个途径主次有别，这种差异从动物的食物结构上也能区分出来：食用富含淀粉食物的单胃杂食动物，其体内的糖来源以肠道消化吸收为主，猪是这类动物的典型代表。食用富含纤维素食物的反刍动物，其体内的糖要由非糖物质转化而成，这是因为，反刍动物食物中含有大量不能被动物本身消化吸收为糖的纤维素，糖和淀粉的含量又极少，而且这类动物具有庞大的瘤胃，瘤胃中有大量与动物共生的微生物和原生动物，瘤胃微生物可帮助反刍动物消化纤维素等高等动物不能消化的成分，并把它们转化为挥发性脂肪酸、菌体蛋白等，挥发性脂肪酸和菌体蛋白再成为反刍动物的主要养料。因此，反刍动物体内的糖主要由体内非糖物质转化而成。

食物中的淀粉经初级分解成为单糖，被小肠吸收，首先经门静脉进入肝。葡萄糖通过肝静脉到血液系统成为血糖，血液循环将葡萄糖运送到机体各组织细胞中利用。在细胞内葡萄糖可经有氧分解或无氧分解途径为机体提供能量，也可转变成脂肪、非必需氨基酸等非糖物质。在肝和肌肉内，葡萄糖除分解供能和转变为非糖物质外，多余的葡萄糖可合成糖原。糖原是糖在体内的储藏形式。图6-1是糖在动物体内的一般代谢概况。

二、血糖

临床上的血糖专指血液中的葡萄糖，血糖的测定也只是测定葡萄糖的含量。事实上，血液中有多种糖及其酯，但除葡萄糖外，其他糖及其酯含量都非常少，所以血糖主要是指血液中的葡萄糖。

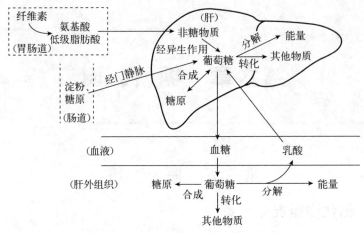

图 6-1 糖在动物体内的一般代谢概况

血糖是一项重要的生化指标。每一种动物血糖的正常值是相对恒定的，仅在很窄的范围内变动。常见家畜血糖的含量见表 6-1。人体空腹的血糖正常值为 3.9～6.1 mmol/L。

表 6-1 常见家畜血糖的含量

动　物		血糖含量/ (mg/100 mL)	平均值/ (mg/100 mL)	资料来源
哺乳仔猪（20～40 日龄）		100～139	122	
后备小猪（65～112 日龄）		70～111	91	
猪（肥育）		39～100	70	
马	公	71～113	92	北京农业大学
	母	74～89	82	
骡	公	66～102	84	
	母	57～110	83	
动　物		血糖含量/ (mg/100 mL)	平均值/ (mg/100 mL)	资料来源
水牛		42～46	44	湖南农学院
乳牛		35～55		
牦牛		48～90		中国人民解放军兽医大学
绵羊		35～60		
山羊		45～60		
驴（怀孕期）		95～111		中国农业科学院兰州兽医研究所

血糖浓度的恒定，是由于糖代谢受到严格调控致使血糖的来源和去路

（图6-2）互相平衡的结果。血糖的来源主要包括外源摄入（肠道吸收淀粉、糖等）、肝糖原分解和非糖物质合成等。血糖的去路则是机体各组织细胞对葡萄糖的利用，包括分解供能、转变成其他非糖物质以及合成糖原等。当血糖

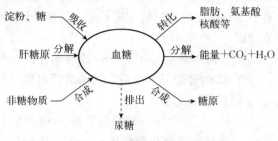

图6-2 血糖的来源和去路

含量过高，超过肾糖阈（renal threshold of glucose）时，糖就出现在尿中，这一症状称为糖尿。血糖从尿中排出是一种异常现象，正常动物尿液中检测不出血糖。因此，血糖浓度相对恒定是体内糖代谢动态平衡的反映，血糖浓度是反映机体糖代谢状况的一项重要指标。

第二节 糖原的合成与分解

糖原属动物性储存多糖，也称为动物淀粉，是葡萄糖在动物体内的储藏形式。糖原由 α-D-葡萄糖基组成，并主要以 α-1,4 糖苷键连成长链，分支处通过 α-1,6 糖苷键连接，其结构与支链淀粉相似，只是糖原分支程度更高和分子排列更加紧密，糖原遇碘反应呈红色。糖原主要分布于动物肝和肌肉组织中，其含量分别可达湿重的 10% 和 1%~2%，所以肝组织糖原浓度最高，而肌肉组织糖原含量最多。肝糖原主要用于补充血糖，维持血糖恒定，肌糖原主要为肌肉组织提供能量。

一、糖原的合成

由葡萄糖合成糖原的过程，称为糖原生成作用（glycogenesis）。肝外组织可利用血糖合成糖原，也可利用非糖物质经糖原异生作用（glyconeogenesis）来合成糖原。糖原合成的具体过程如下。

1.6-磷酸葡萄糖的生成 这是一耗能的不可逆反应，是机体利用葡萄糖所必需的反应。该反应由己糖激酶（hexokinase）或葡萄糖激酶（glucokinase）催化。该反应在肝和肝外组织略有不同，己糖激酶分布广泛，动物组织中有三种同工酶。一般情况下，包括葡萄糖在内的六碳糖磷酸化都由己糖激酶催化，但己糖激酶是一种调节酶，易受其产物 6-磷酸葡萄糖的反馈抑制。因此，细胞对高浓度葡萄糖的利用受限。肝细胞不同于肌细胞：一方面，肝细胞内葡萄糖浓度较高；另一方面，肝细胞除有己糖激酶外，还富含葡萄糖激酶，

恰好葡萄糖激酶的 K_m 值较大，而且其活性不受 6-磷酸葡萄糖影响，这一特点有利于高浓度葡萄糖转变成糖原，这也是肝储藏的糖原浓度高于肌肉储藏的重要原因。

$$葡萄糖＋ATP \longrightarrow 6-磷酸葡萄糖＋ADP-16.7\ kJ/mol$$

2. 1-磷酸葡萄糖的生成　在磷酸葡萄糖变位酶的催化下，6-磷酸葡萄糖转变为 1-磷酸葡萄糖。

$$6-磷酸葡萄糖 \longrightarrow 1-磷酸葡萄糖$$

3. 二磷酸尿苷葡萄糖的生成　在二磷酸尿苷葡萄糖焦磷酸化酶（UDP-glucose pyrophosphorylase）的催化下，1-磷酸葡萄糖与三磷酸尿苷酸（UTP）合成二磷酸尿苷葡萄糖（UDP-G）。

反应生成的焦磷酸（PPi），水解后生成正磷酸，使整个反应不可逆。形成的 UDP-G 是葡萄糖合成糖原的重要活性形式。

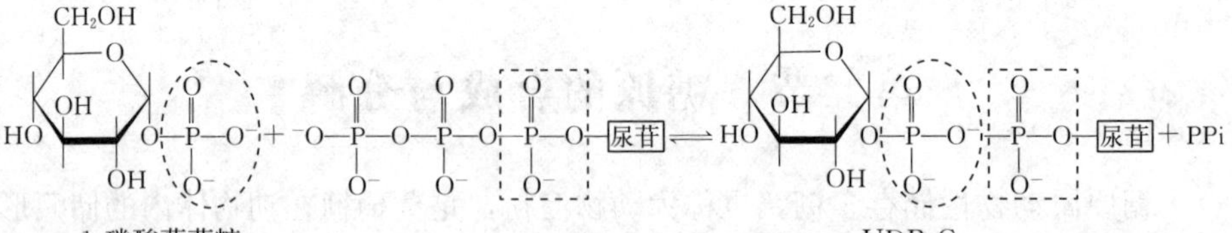

1-磷酸葡萄糖　　　　　　　　　　　　　UDP-G

4. 糖原的生成　这一步骤包括两个反应，第一个反应是将 UDP-G 上的葡萄糖基转移到糖原分子支链的非还原端，UDP-G 葡萄糖基上的 C_1 与糖原分子支链非还原端葡萄糖残基上的 C_4 连接，形成 α-1,4-糖苷键，使糖链延长。催化该反应的酶是 UDP-葡萄糖-糖原葡萄糖基转移酶（UDP-glucose-glycogen glucosyltransferase），也称糖原合酶（glycogen synthase）。

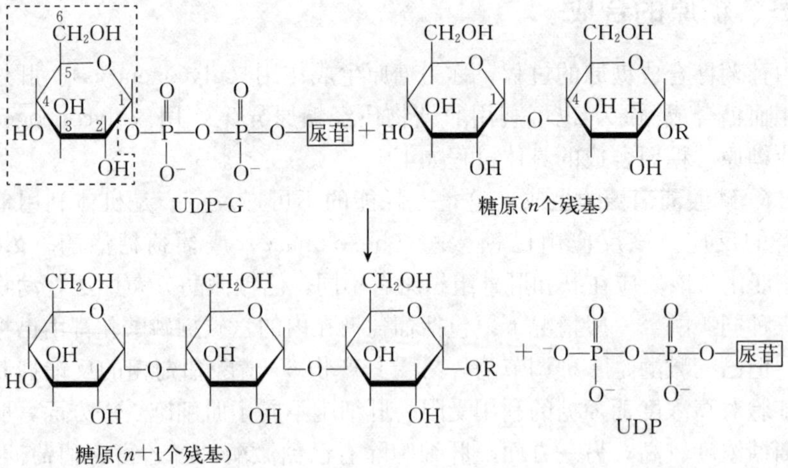

UDP-G　　　　　　　　　　　糖原(n个残基)

糖原(n+1个残基)　　　　　　　　　　UDP

糖原合酶只能催化 UDP-G 的葡萄糖基以 α-1,4-糖苷键连接到至少含有 4 个以上葡萄糖残基的引物上，不能从头合成糖原。引物的合成，是由 William J. Whelan 博士在 1984 年发现的糖原生成起始蛋白（glycogenin）来完成。这种蛋白具有自动催化作用，可催化 UDP-G 上的葡萄糖基以共价键方式连接到自身 194 位酪氨酸残基的酚羟基上，并再连续催化 7 个 UDP-G 上的葡萄糖基，以 α-1,4-糖苷键的

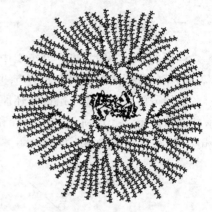

图 6-3 糖原分子结构

方式连接到第一个葡萄糖残基上而形成引物。糖原合酶借助引物就可以合成糖原分子。事实上，糖原合酶与糖原生成起始蛋白是紧密结合在一起的复合体，以糖原生成起始蛋白为核心进行糖原的合成，复合体的数目等于糖原分子的数目，一旦复合体分离，就不再进行糖原合成作用。糖原分子结构见图 6-3。

另一个反应是产生分支糖原。由于糖原合酶只能催化 α-1,4-糖苷键形成，不能形成 α-1,6-糖苷键，也就是不能产生分支。糖原分支的形成由分支酶（branching enzyme）催化产生，分支酶又称为淀粉-α(1∶4)-α(1∶6) 糖基转移酶 [amylo-(1,4→1,6)-transglycosylase]。当糖基转移酶催化葡聚糖链延长至 11 个葡萄糖残基后，分支酶从其末端约含 7 个葡萄糖残基处切开糖苷键，再以 α-1,6-糖苷键方式接回到糖原分子上，产生分支。糖原分支非常重要，分支的增加使得糖原结构更加紧凑，溶解度增加。

糖原的合成是一个耗能过程（图 6-4），从葡萄糖开始到成为糖原分子的葡萄糖残基共有两处消耗能量：一处是葡萄糖的磷酸化，消耗 1 分子的 ATP；另一处是由 UTP 提供能量用于形成葡萄糖基的活性形式 UDP-G。因为 UDP 再生必须由 ATP 提供能量，所以糖原的合成，引物每增加 1 分子葡萄糖残基需消耗 2 分子的 ATP。

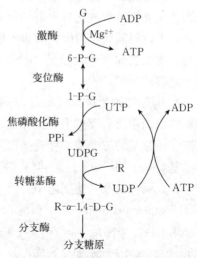

图 6-4 糖原合成过程示意

二、糖原的分解

糖原的分解一般是指在肝组织中糖原在酶促作用下分解成葡萄糖的过程。广义的糖原分解是指其分解成单糖进入糖代谢的过程，这也包括肌糖原的分解。糖原分解从其分支末端即非还原端开始，由多个酶参与完成。其中糖原磷酸化酶（glycogen phosphorylase）和 α-1,6-葡萄糖苷酶（amylo-α-1,6-glucosidase）是该途径所特有的酶。糖原分解示意见图6-5。

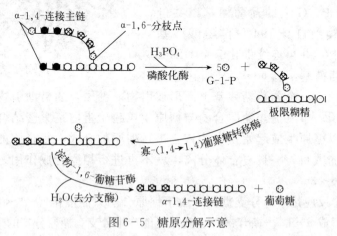

图6-5　糖原分解示意

1. 1-磷酸葡萄糖的生成　在磷酸参与下，磷酸化酶催化糖原非还原端 α-1,4-糖苷键断裂，生成一分子的1-磷酸葡萄糖和比原来少一个葡萄糖残基的糖原。磷酸化酶是糖原分解作用的关键酶，但它不能水解 α-1,6-糖苷键，并且当一条支链被磷酸化酶水解到距离 α-1,6-糖苷键分支点约4个葡萄糖残基时，由于位阻问题，磷酸化酶也不能再继续水解该支链的 α-1,4-糖苷键，这种短分支也被称为极限分支（limit branch），它需要借助另一些酶促反应的帮助才能继续分解。

2. 葡萄糖的生成　以 α-1,6-糖苷键连接含有4个葡萄糖残基的极限分支短链需由两步酶促反应来协助完成。第一个反应是糖基转移反应，将极限分支短链非还原端的三个葡萄糖残基以 α-1,4-糖苷键连接到另一个分支末端。转移糖基后剩下的以 α-1,6-糖苷键连接的一个葡萄糖残基经酶促水解反应切下。在大肠杆菌及其他细菌中，两个反应分别由 4-α-D-葡聚糖转移酶（4-α-D-glucanotransferase）和淀粉-α-1,6-葡萄糖苷酶（amylo-α-1,6-glucosidase）来完成，但在哺乳类和酵母中，上述反应则是由脱支酶（debranching enzyme）来催化完成，脱支酶是一种具备两种活性的双功能酶。脱支酶是真核生物所有酶中，目前唯一已知的作为活性单体具有多个催化位点的酶。

糖原分子在磷酸化酶和脱支酶协同作用下，最终分解成 1-磷酸葡萄糖和极少量的葡萄糖。

1-磷酸葡萄糖由磷酸葡萄糖变位酶催化转变成 6-磷酸葡萄糖，在肝、肾和肠中，6-磷酸葡萄糖再由葡萄糖磷酸酶（glucose-6-phospatase）水解去磷酸生成葡萄糖。6-磷酸葡萄糖酶是一种内质网酶，仅在肝、肾和肠中存在，而肌肉中不含葡萄糖磷酸酶，所以肌糖原分解不能直接补充血糖。

$$1\text{-磷酸葡萄糖} \longrightarrow 6\text{-磷酸葡萄糖}$$

$$6\text{-磷酸葡萄糖} + H_2O \longrightarrow \text{葡萄糖} + Pi$$

肝中的葡萄糖磷酸酶是肝糖原分解和葡萄糖异生作用产生血糖的关键，该酶活性的高低对维持血糖的稳定具有重要意义。

三、糖原代谢调节

糖原合酶与糖原磷酸化酶分别是糖原合成和糖原分解的限速酶，它们都可以通过变构效应和共价修饰两种方式进行活性的调节。当大量糖原合酶处于活化时，糖原磷酸化酶则多处于无活性状态，反之亦然，它们不会同时被激活或同时被抑制。在肌肉中，糖原的合成与分解主要是为肌肉储备和提供能量；在肝中，糖原的合成与分解主要是为了维持血糖浓度的相对恒定（图 6-6）。因此，糖原代谢在两种组织中的调节也有一定的区别。

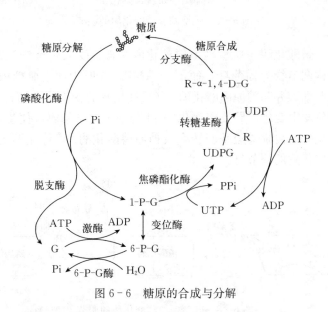

图 6-6 糖原的合成与分解

（一）糖原代谢的限速酶调节

1. 糖原磷酸化酶活性的调节 糖原磷酸化酶由两个完全相同的亚基组成，

它有三种同工酶，分别称为肌型糖原磷酸化酶、肝型糖原磷酸化酶和脑型糖原磷酸化酶。糖原磷酸化酶活性的共价修饰调节是磷酸化和去磷酸化。磷酸化酶的第 14 位丝氨酸羟基被磷酸化后是活性型，也称糖原磷酸化酶 a。第 14 位丝氨酸羟基没被磷酸化时是无活性型，又称磷酸化酶 b。两种形式的磷酸化酶可以通过磷酸化酶激酶（phosphorylase kinase）和蛋白磷酸酶 1（protein phosphatase-1）〔或称磷蛋白磷酸酶 1（phosphoprotein phosphatase 1，PP1）〕催化相互转变，进而调节糖原的分解。另外，肌肉在静息期的糖原磷酸化酶 b 受到变构效应剂的调节。AMP 和 IMP 是它的变构效应激活剂，而 6-磷酸葡萄糖、ATP 和 ADP 则是它的变构效应抑制剂。肌型糖原磷酸化酶的调节见图 6-7。肌肉在静息期时，细胞内能量丰富，ATP 水平高，与糖原磷酸化酶的变构位点结合后，糖原磷酸化酶失活，肌糖原的分解停止；当肌肉剧烈运动时，ATP 迅速地水解成 AMP，大量的 AMP 积聚并与变构位点结合而激活糖原磷酸化酶 b，则加速肌糖原分解为肌肉，提供能量。

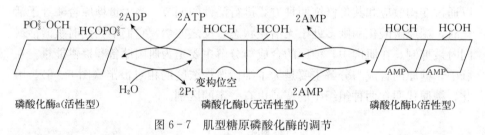

图 6-7　肌型糖原磷酸化酶的调节

　　肝型糖原磷酸化酶与肌型糖原磷酸化酶相似，受共价修饰调节和变构调节。主要变构调节物为葡萄糖，而不是 AMP。在肝中，当血糖浓度正常时，葡萄糖进入肝细胞并和糖原磷酸化酶 a（活性型）的变构位点结合，使糖原磷酸化酶 a 构象发生变化，导致磷酸化的 14 位 Ser 残基暴露，使蛋白磷酸酶催化糖原磷酸化酶 a 被脱磷酸基而转变成糖原磷酸化酶 b，停止肝糖原的分解。肝型糖原磷酸化酶的调节见图 6-8。

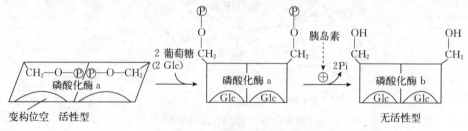

图 6-8　肝型糖原磷酸化酶的调节

　　在糖原磷酸化酶的活性调节中，起决定性作用的是磷酸化和去磷酸化的共价修饰，变构调节起辅助和补充作用。

2. 糖原合酶活性的调节　　糖原合酶是由相同亚基组成的四聚体，相对分子质量约为 340 000，每个亚基上均有多个 Ser 残基。与磷酸化酶相似，糖原合酶也以磷酸化和去磷酸化的共价修饰调节为主，辅以变构效应来调节其活性。糖原合酶的调节见图 6-9。与磷酸化酶不同，磷酸化的糖原合酶是无活性的糖原合酶，又称糖原合酶 b。非磷酸化的糖原合酶是有活性的糖原合酶，又称糖原合酶 a。糖原合酶活性的共价修饰调节机制还未能完全阐明。糖原合酶的变构调节剂主要是 6-磷酸葡萄糖，高浓度的 6-磷酸葡萄糖可以激活糖原合酶 b。此外，由于糖原合酶的 K_m 值与糖原分子的大小有关，K_m 随糖原分子的增大而增加，所以糖原合酶也受糖原的反馈抑制。

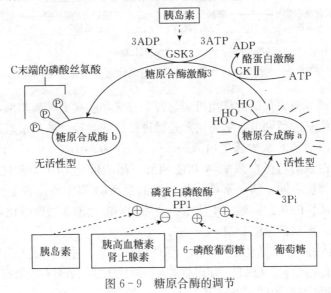

图 6-9　糖原合酶的调节

(二) 激素对糖原代谢的调节

激素调节是一种高级别的调节方式，影响糖原代谢的激素主要有肾上腺素、胰高血糖素和胰岛素。肾上腺素主要作用于肌肉组织促进糖原的分解，而胰高血糖素和胰岛素主要调节肝中糖原合成和分解的平衡。

肾上腺素对糖原代谢的调节见图 6-10 动物受到应激刺激而使肌肉剧烈运动时，分泌的肾上腺素和胰高血糖素通过信号转导系统使靶细胞内的 cAMP 浓度迅速提高。cAMP 是蛋白激酶 A (protein kinase A，PKA) 的激活剂，其激活蛋白激酶 A 后，一方面，使有活性的糖原合酶 a 磷酸化为无活性的糖原合酶 b；另一方面，又使无活性的磷酸化酶激酶 b 磷酸化为有活性的磷酸化酶激酶 a。后者又催化糖原磷酸化酶，从无活性的糖原磷酸化酶 b 磷酸化为有活性的糖原磷酸化酶 a，最终结果是抑制糖原生成，促进糖原分解。肝糖原分解为葡萄糖释放入血，使血糖浓度升高，肌糖原分解则用于肌肉收缩。

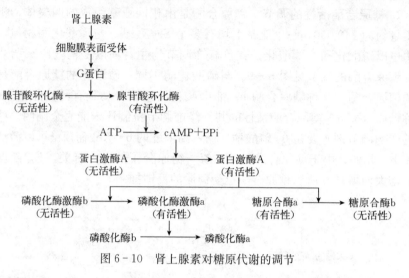

图 6-10　肾上腺素对糖原代谢的调节

胰岛素调节糖原代谢的作用机制与肾上腺素和胰高血糖素相似，也是通过级联放大系统来进行调节，结果主要是促进糖原的合成。胰岛素通过酪氨酸蛋白激酶途径激活胰岛素敏感蛋白激酶（insulin-sensitive protein kinase）。胰岛素敏感蛋白激酶与蛋白激酶 A 功能相似，都能催化 PP1 磷酸化使其活化，但磷酸化的部位不同，胰岛素敏感蛋白激酶激活的 PP1 比由肾上腺素引发的活性更强。活性的蛋白磷酸酶 1 使糖原合酶和磷酸化酶 a 去磷酸化，进而加速糖原的合成，抑制糖原的分解。

上述这种用一个酶活化下一个酶的级联机制，是一种迅速放大调节物浓度的有效方式。正是这种级联机制，使得激素对糖原代谢的调节具有微量高效的特点。

（三）神经对糖原代谢的调节

实验显示，肌肉的电刺激是通过 Ca^{2+} 浓度的释放来传送的。Ca^{2+} 也能活化磷酸化酶激酶，进而激活相应的信号转导系统，最终导致糖原分解加强。神经冲动也可引起 Ca^{2+} 浓度的变化，进而影响着肌糖原的代谢。

📝 **知识卡片**

糖原累积症

糖原累积症（glycogen storage disease，GSD）是一种罕见的遗传性疾病，主要病因为先天性糖原代谢酶缺陷所造成的糖原代谢障碍。其特点是体内某些组织器官内有大量的糖原积累。根据酶缺陷的种类、临床表现和生化特征，糖原累积症可分为多种类型，常见糖原累积症见表 6-2，其中以 I

型 GSD 最为多见。

表 6 - 2　常见糖原累积症

类型	疾病名称	缺陷酶名称	临床表现
Ⅰ	Von Gierke's 症	6 - P - G 酶	低血糖、高血脂、肝肾肿大
Ⅱ	Pompe's 症	α - 1,4 葡萄糖苷酶	心脏增大，肌肉张力低下
Ⅲ	Cori's 症或 Forbe's 症	脱支酶	与Ⅰ型相似，但症状较轻
Ⅳ	Andersen's 症	分支酶	进行性肝硬化，大量组织有糖原沉着
Ⅴ	McArdle's 症	磷酸化酶（肌肉）	中度运动后四肢僵硬，肌肉挛缩
Ⅵ	Her's 症	磷酸化酶（肝）	低血糖，与Ⅰ型相似，但症状较轻
Ⅶ		磷酸果糖激酶	与Ⅴ型相似
Ⅷ	Tarui's 症	磷酸化酶激酶	肝糖原沉着、肝肿大、肢体僵硬
Ⅸ		糖原合酶	糖原含量不足

Von Gierke 在 1929 年首先报道了Ⅰ型糖原累积症，并将其定名为 Von Gierke's 症。1952 年 Cori 发现该病由肝内缺乏 6 - 磷酸葡萄糖酶所引起。在多种糖原累积症中，Von Gierke's 症最为常见，约占 GSD 总数的 25%。

Ⅰ型 GSD 患者低血糖是疾病损害机体的重要起因。因此，Ⅰ型 GSD 治疗的主要目标是维持血糖正常，抑制低血糖所继发的各种代谢紊乱，延缓并发症的出现。从理论上讲，任何保持正常血糖水平的方法都可以阻断这种异常的生化过程，减轻临床症状。Folkman 等在 1972 年首次证实，全静脉营养（total parenteral nutrition，TPN）疗法可纠正Ⅰ型 GSD 患者的代谢紊乱，改善临床症状。

第三节　葡萄糖的分解

糖重要的生理功能之一就是为机体提供能量。糖的分解途径是能量代谢的核心，是掌握物质代谢的关键和基础。

一、葡萄糖的无氧分解

葡萄糖的无氧分解又称糖酵解（glycolysis），是指在无氧条件下，葡萄糖在细胞液中经一系列酶促反应，最终生成乳酸和 ATP 的过程。由于这一过程与微生物的发酵过程类似，因此也称为糖酵解。糖酵解过程主要由 Embden、Meyerhof 和 Parnas 三位科学家首先发现，因此也称 EMP 途径（Embden - Meyerhof - Parnas pathway）。

📖 知识卡片

糖酵解的研究历程

1905 年，A. Harden 和 W. J. Young 发现酵母提取液的发酵需要磷酸，并有二磷酸己糖（1,6-二磷酸果糖）的聚积。他们还发现，酵母提取液加热至 50 ℃ 或经透析后活性就丧失，但将透析失活的酵母提取液与加热失活的酵母提取液混合后，酵母又有了发酵活力。于是他们认为酵母提抽液中存在两种成分：一种是不能被透析且不耐热，被称为酒化酶（酵解的各种蛋白质酶类）的成分；另一种是可被透析，酒化酶发挥活性所需要的耐热成分（各种辅助因子）。随着研究的深入，人们发现肌肉提取液也可使葡萄糖转变成乳酸，并称之为酵解。到了 20 世纪 30 年代，德国生化学家对酵解的研究走在了世界前列。Gustav Embden 提出了 1,6-二磷酸果糖裂解的方式以及之后的分解模型；而 Otto Meyerhof 修正并证实了 Embden 假说的主要内容并研究了糖酵解的能量学。此外，科学家 O. Warburg、C. F. Cori、G. T. Cori 和 J. Parnas 对糖酵解发现也有重要贡献。糖酵解过程在 1940 年左右被阐明，这一古老的代谢途径成为第一个被人类阐明的代谢途径。

（一）糖酵解的过程

下面以葡萄糖为例介绍糖酵解过程，整个反应过程可人为地划分成两个阶段。

活化准备阶段：消耗能量，将葡萄糖转变成两个丙糖。

（1）磷酸化。这一反应与糖原生成作用相同，由己糖激酶或葡萄糖激酶催化，需要 ATP 和 Mg^{2+} 的参与，葡萄糖磷酸化为 6-磷酸葡萄糖。

$$葡萄糖 + ATP \longrightarrow 6\text{-}磷酸葡萄糖 + ADP - 16.7\ kJ/mol$$

（2）异构化。由磷酸葡萄糖异构酶（glucosephosphate isomerase）催化，6-磷酸葡萄糖转变成 6-磷酸果糖。

$$6\text{-}磷酸葡萄糖 \longrightarrow 6\text{-}磷酸果糖 + 1.7\ kJ/mol$$

磷酸葡萄糖异构酶具有绝对专一性和立体异构专一性，6-磷酸葡萄糖酸、7-磷酸景天庚酮糖、4-磷酸赤藓糖等都是其竞争性抑制剂，而这几种糖都是磷酸戊糖途径的中间产物。

（3）再磷酸化。由磷酸果糖激酶Ⅰ（phosphofructokinase Ⅰ，PFK Ⅰ）催化，6-磷酸果糖转化为 1,6-二磷酸果糖。反应需要 ATP 和 Mg^{2+}，是一个耗能的不可逆反应。磷酸果糖激酶Ⅰ是一种变构酶，在糖酵解途径中是极其重要的调控点。高浓度的 ATP、柠檬酸和长链脂肪酸对该酶有抑制作用，而 ADP 和 AMP 对该酶有激活作用。

$$6\text{-}磷酸果糖 + ATP \longrightarrow 1,6\text{-}二磷酸果糖 + ADP - 14.2\ kJ/mol$$

(4) 裂解。由醛缩酶（aldolase）催化，1,6-二磷酸果糖裂解成磷酸二羟丙酮和3-磷酸甘油醛。

$$1,6\text{-二磷酸果糖}\longrightarrow\text{磷酸二羟丙酮}+3\text{-磷酸甘油醛}+23.8\text{ kJ/mol}$$

磷酸丙糖异构酶（triose phosphate isomerase）可以催化两种丙糖相互转换。

$$\text{磷酸二羟丙酮}\Longleftrightarrow3\text{-磷酸甘油醛}+7.5\text{ kJ/mol}$$

产能阶段：丙糖继续分解、转变，最终生成乳酸和 ATP。

(5) 3-磷酸甘油醛脱氢酶（glyceraldehyde 3-phosphate dehydrogenase, GAPDH）催化3-磷酸甘油醛脱氢并磷酸化成1,3-二磷酸甘油酸。NAD^+ 是 3-磷酸甘油醛脱氢酶的辅酶，底物脱氢由 NAD^+ 接受生成 NADH。

$$3\text{-磷酸甘油醛}+NAD^++PO_4^{2-}\longrightarrow NADH+1,3\text{-二磷酸甘油酸}+6.3\text{ kJ/mol}$$

(6) 1,3-二磷酸甘油酸是高能化合物，磷酸甘油酸激酶（phosphoglycerate kinase, PGK）将其 C_1 上的磷酸基团转移至 ADP，生成3-磷酸甘油酸和 ATP。该反应为糖酵解的第一步产能反应。

$$1,3\text{-二磷酸甘油酸}+ADP\longrightarrow3\text{-磷酸甘油酸}+ATP-18.5\text{ kJ/mol}$$

如果细胞中有砷酸盐存在，在反应（5）中无机砷将与无机磷竞争，使3-磷酸甘油醛脱氢酶催化的反应生成物是1-砷-3磷酸甘油酸。在溶液系统中，后者立刻自动水解生成3-磷酸甘油酸和砷酸，但不产生 ATP。这是砷使生物机体产生中毒的原因之一。

(7) 3-磷酸甘油酸在磷酸甘油酸变位酶（phosphoglycerate mutase）作用下，C_3 上的磷酸基转移到 C_2，生成2-磷酸甘油酸。反应需要 Mg^{2+}。

$$3\text{-磷酸甘油酸}\longrightarrow2\text{-磷酸甘油酸}+4.4\text{ kJ/mol}$$

(8) 在烯醇化酶（enolase）作用下，2-二磷酸甘油酸脱水生成高能的磷酸烯醇式丙酮酸（phosphoenolpyruvate, PEP）。反应需要 Mg^{2+} 或 Mn^{2+}，氟化物是烯醇化酶的强烈抑制剂。

$$2\text{-二磷酸甘油酸}\longrightarrow\text{磷酸烯醇式丙酮酸}+H_2O+7.5\text{ kJ/mol}$$

2-二磷酸甘油酸由于脱水，引起分子内部原子重排使得生成的磷酸烯醇式丙酮酸标准自由能变化大于2-二磷酸甘油酸，成为高能化合物。

(9) 由丙酮酸激酶（pyruvate kinase）催化，磷酸烯醇式丙酮酸的能量转移至 ADP，生成丙酮酸和 ATP。这是糖酵解的第二步产能反应。

$$\text{磷酸烯醇式丙酮酸}\longrightarrow\text{丙酮酸}+ATP-31.4\text{ kJ/mol}$$

丙酮酸激酶是一种调节酶，反应需要 Mg^{2+} 或 Mn^{2+}，与己糖激酶和6-磷酸果糖激酶一样，当细胞中 ATP 浓度高或脂肪酸、柠檬酸、乙酰 CoA 和丙酮酸等能量物质较多时，丙酮酸激酶活性受到抑制，相反，当1,6-二磷酸果糖和磷酸烯醇式丙酮酸浓度增高时，丙酮酸激酶被激活。

(10) 乳酸脱氢酶（lactate dehydrogenase, LDH）利用第（5）步3-磷酸

甘油醛脱氢反应生成的 NADH 还原丙酮酸，生成乳酸和 NAD^+。

$$丙酮酸＋NADH \longrightarrow 乳酸＋NAD^+$$

以上是无氧条件下的葡萄糖分解的具体过程。由于无氧或缺氧，3-磷酸甘油醛脱氢生成的 NADH 不能继续氧化再生成 NAD^+，NAD^+ 的缺乏势必影响 3-磷酸甘油醛脱氢而导致糖酵解的停止，乳酸的生成这一反应能确保在无氧条件下，细胞能源源不断地利用糖酵解产生能量。

糖酵解的总反应式：

$$葡萄糖＋2ADP＋2PO_4^{3-} \longrightarrow 2\,乳酸＋2ATP＋2H_2O$$

糖酵解的另一个入口是糖原。糖原在磷酸化酶作用下，产生的 1-磷酸葡萄糖可以经异构酶转变为 6-磷酸葡萄糖而进入糖酵解途径（图 6-11），这一

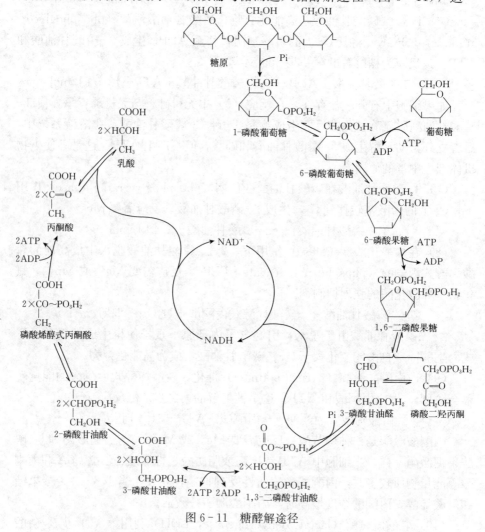

图 6-11 糖酵解途径

过程不消耗 ATP。

（二）糖酵解的生理意义

葡萄糖在酵解途径的准备阶段，经两次磷酸化消耗 2 分子 ATP。在产能阶段，1 个丙糖有两次产能反应，每次产生 1 分子 ATP，两个丙糖共产生 4 分子 ATP。所以葡萄糖酵解净获得 2 分子 ATP。如果按糖原中的葡萄糖残基进行计算，由于从糖原生成 6-磷酸葡萄糖不消耗 ATP，因此，净获得的 ATP 分子数等于 3。糖酵解过程中 ATP 的消耗与产生见表 6-3。

表 6-3　糖酵解过程中 ATP 的消耗与产生

反　应	辅　酶	ATP
葡萄糖 $\longrightarrow$ 6-磷酸葡萄糖		-1
6-磷酸果糖 $\longrightarrow$ 1,6-二磷酸果糖		-1
2×3-磷酸甘油醛 $\Longleftrightarrow$ 2×3-磷酸甘油酸	$2\times$NADH	2×1
$2\times$磷酸烯醇式丙酮酸 $\Longleftrightarrow$ $2\times$烯醇式丙酮酸		2×1
葡萄糖 $+2$ADP$+2$PO$_4^{3-}$ $\Longleftrightarrow$ 2 乳酸 $+2$ATP$+2$H$_2$O		2

从糖酵解过程来看，葡萄糖并未彻底分解，产生的能量也不多，特别是对需氧生物而言，似乎它的意义并不大，但事实并非如此。

第一，糖酵解是一种古老的代谢途径，在所有细胞生物中都存在。推测在生命出现之初，在缺氧环境下，糖酵解是维持生命的产能方式。随着环境的变化，大气中氧气增加，生物才在糖酵解的基础上发展出有氧代谢。因此，可以认为没有酵解也就没有有氧分解。作为一种基本的代谢途径，其中的一些中间产物可作为合成其他物质的原料，如丙酮酸可转变为丙氨酸或乙酰 CoA，后者是脂肪酸合成的原料，这样就把糖酵解和其他途径联系了起来。

第二，需氧生物在一些特殊条件下，糖酵解仍然能提供重要的应急能量，使得需氧生物可以耐受短时的缺氧。如为剧烈运动的肌肉组织系统、离体组织或器官和休克的机体等提供一定的能量。

第三，动物机体的少数组织，如视网膜、神经、睾丸、肾髓质等常由糖酵解提供部分能量。另外，成熟的红细胞由于没有线粒体，因而完全依赖糖酵解来提供能量。

（三）糖酵解的调节

糖酵解过程有三个反应是不可逆的，催化它们的酶是可调节的寡聚酶。因此，糖酵解的调节主要由调节三个不可逆反应的酶活性来控制。

1. 己糖激酶与葡萄糖激酶的调节　己糖激酶与葡萄糖激酶同属己糖激酶同工酶，其中己糖激酶还有 Ⅰ、Ⅱ 和 Ⅲ 三种类型，分布在不同的组织中，对各类己糖均有作用。己糖激酶对葡萄糖的 K_m 值较低，葡萄糖浓度很低也能发挥作用，但易受 6-磷酸葡萄糖的反馈抑制。在糖代谢中，己糖激酶主要用于糖的分解。葡萄糖激酶与其他三种己糖激酶同工酶差异较大，专一性较强，仅在肝细胞中发挥活性，K_m 值也较高，只有在高葡萄糖浓度时才发挥作用。由于葡萄糖激酶不受 6-磷酸葡萄糖的反馈抑制，高浓度葡萄糖有利于葡萄糖的转化利用。

2. 磷酸果糖激酶 I 的调节 一般认为糖酵解的速率主要由磷酸果糖激酶 I 的活性来调节。磷酸果糖激酶 I 受多种因素的控制，柠檬酸是它的变构抑制剂，AMP、ADP、1,6-磷酸果糖和 2,6-二磷酸果糖则是它的变构激活剂，ATP 有双重性，低浓度的 ATP 对磷酸果糖激酶 I 有激活作用，高浓度的 ATP 则相反，ATP 对磷酸果糖激酶 I 的调节见图 6-12，这是因为磷酸果糖激酶 I 有两个 ATP 结合位点：一个是在酶

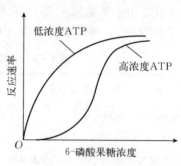

图 6-12　ATP 对磷酸果糖激酶 I 的调节

的活性中心，ATP 作为底物结合的位点；另一个是在酶的调节部位，ATP 作为调节物结合的位点。两个位点对 ATP 的亲和力不一样，活性中心位点对 ATP 的亲和力高，随着 ATP 浓度的升高，酶活力也升高，尽管调节部位对 ATP 的亲和力较低，在 ATP 浓度较高的时候也能与之结合而抑制酶的活性。

ATP 与 AMP 在细胞内的浓度比是反映细胞能量水平的重要指标：ATP 浓度高，细胞富能，产能途径就减弱；AMP 浓度高，产能途径就增强。

2,6-二磷酸果糖是磷酸果糖激酶 I 最有效的激活剂。2,6-二磷酸果糖由磷酸果糖激酶 II（phosphofructokinase H，PFKH）催化 6-磷酸果糖生成，其作用：一是增加磷酸果糖激酶 I 对 6-磷酸果糖的亲和力；二是与 AMP 一起降低 ATP 和柠檬酸对磷酸果糖激酶 I 的抑制作用。因此，微量的 2,6-二磷酸果糖即可发挥效应。

3. 丙酮酸激酶的调节 丙酮酸激酶所催化的反应也是糖酵解调节的重要位点。1,6-二磷酸果糖是丙酮酸激酶的变构激活剂，通过前馈调节来加速葡萄糖的酵解。ATP、丙氨酸是丙酮酸激酶的抑制剂，丙氨酸可由丙酮酸氨基化而来，丙氨酸浓度升高即代表丙酮酸浓度高，丙氨酸作为一种反馈抑制物来调节丙酮酸激酶的活性。丙酮酸激酶还受到磷酸化或去磷酸化的调节，磷酸化是其非活化形式，去磷酸化是其活化形式。

二、葡萄糖的有氧分解

在有氧条件下，葡萄糖彻底分解生成 H_2O 和 CO_2 的过程，称为糖的有氧

分解或有氧氧化（aerobic oxidation）。有氧分解是需氧生物获得能量的主要方式，其产能比糖酵解高近20倍。

糖的有氧分解过程在细胞的胞浆和线粒体两个区域中进行。整个过程可分成三个阶段。第一阶段在胞浆中进行，由葡萄糖生成丙酮酸，其过程与糖酵解一样，也称酵解阶段。第二阶段在线粒体中进行，即丙酮酸氧化生成乙酰CoA。第三阶段还是在线粒体中，乙酰CoA经三羧酸循环氧化成H_2O和CO_2。下面主要介绍有氧分解的第二阶段和第三阶段。

（一）丙酮酸氧化生成乙酰CoA

在真核生物中，丙酮酸进入线粒体基质，在丙酮酸脱氢酶系（pyruvate dehydrogenase system，PDH）作用下，生成乙酰CoA。丙酮酸脱氢酶系是体内为数不多的多酶复合体之一，它由三种酶和多种辅助因子组成。大肠杆菌的丙酮酸脱氢酶系见表6-4。

表6-4　大肠杆菌的丙酮酸脱氢酶系

酶	辅助因子	催化的反应
丙酮酸脱氢酶（E1）		丙酮酸脱羧形成乙酰基
二氢硫辛酸乙酰转移酶（E2）	TPP、L、CoA-SH、FAD、NAD^+、Mg^{2+}	乙酰基转至CoA
二氢硫辛酸脱氢酶（E3）		硫辛酸再生

丙酮酸氧化由多个反应所组成，其过程十分复杂，包括丙酮酸脱羧形成羟乙基、羟乙基氧化成乙酰基并转给硫辛酸、乙酰基从硫辛酸上转至CoA和还原型硫辛酸的再生等多个步骤。丙酮酸脱氢酶复合体的作用机制见图6-13。

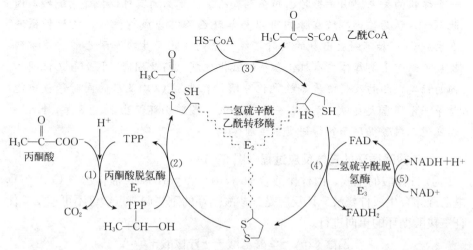

图6-13　丙酮酸脱氢酶复合体的作用机制

整个反应过程从底物与多酶复合体结合开始，到产物 CO_2、NADH 及乙酰 CoA 生成，没有中间产物的释放。

丙酮酸氧化反应是不可逆反应，丙酮酸脱氢酶系受多种因素的影响，该步骤也是糖有氧分解的重要控制点。

（二）三羧酸循环

前一阶段生成的乙酰 CoA 可以进入一个封闭环状的代谢途径，即三羧酸循环。经过此循环后乙酰 CoA 被彻底分解成二氧化碳。三羧酸循环是从乙酰 CoA 与草酰乙酸缩合成一个含有三个羧基的柠檬酸开始，经多步反应重新回到草酰乙酸。三羧酸循环又称为柠檬酸循环。三羧酸循环由科学家 Krebs 用实验证明而来，因此也称 Krebs 循环。

📝 知识卡片

Krebs 与三羧酸循环的发现

早在 1910 年，就有科学家利用组织匀浆对某些有机化合物的氧化作用进行了研究，发现乳酸、琥珀酸、苹果酸、顺乌头酸、柠檬酸等都能够比较迅速地氧化。1937 年，又有科学家发现由柠檬酸氧化可以生成 α-酮戊二酸，异柠檬酸和顺乌头酸则是其中间产物。在此基础上，Krebs 发现柠檬酸可经过顺乌头酸、异柠檬酸和 α-酮戊二酸而生成琥珀酸。因为已知琥珀酸可经过延胡索酸和苹果酸生成草酰乙酸，这样从柠檬酸到草酰乙酸间的关系就已经清楚。之后，Krebs 发现了一个极关键的反应，就是在肌肉组织中，如果加入草酰乙酸便有柠檬酸的产生。这一发现使上述 8 个有机酸的代谢呈一个环状的关系。由于当时已知在无氧的条件下葡萄糖可以生成丙酮酸，因此 Krebs 认为，丙酮酸在体内可以与草酰乙酸缩合成柠檬酸，之后柠檬酸在生成 CO_2 和不断放出氢的同时，经一系列变化又生成草酰乙酸。该系列反应可以完全解释体内有机化合物的氧化机制。与此同时，Krebs 又证明体内的糖类、脂肪及蛋白质等经氧化分解，在生成 CO_2 及水的同时释放出能量等一系列重大发现。至此，一个完整的三羧酸循环诞生。1953 年，Krebs 因发现三羧酸循环而获得诺贝尔生理学奖。

1. 三羧酸循环的具体反应过程（图 6-14）

① 柠檬酸的生成。由柠檬酸合酶（citrate synthase）催化乙酰 CoA 与草酰乙酸缩合生成柠檬酸。该反应是三羧酸循环的重要调节点，该不可逆反应保证三羧酸循环的单向进行。

$$乙酰 CoA + 草酰乙酸 \longrightarrow 柠檬酸 + CoA$$

柠檬酸合酶是由两个亚基组成的二聚体，其活性中心处有草酰乙酸和乙酰

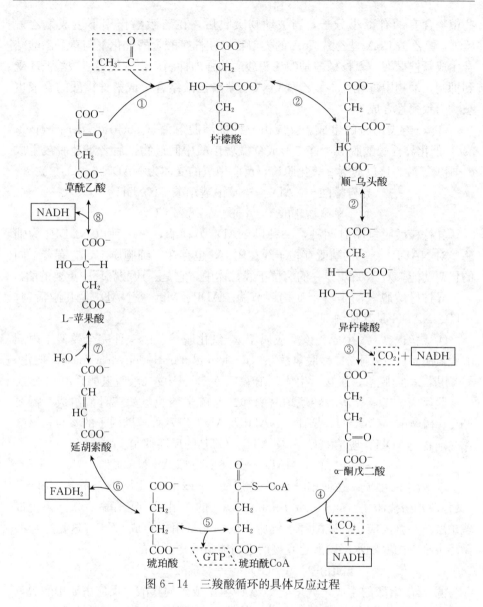

图 6‑14 三羧酸循环的具体反应过程

CoA 两个结合位点，但乙酰 CoA 的结合位点是在草酰乙酸与柠檬酸合酶结合之后诱导产生的。这是一个典型的诱导契合模型。柠檬酸合酶是三羧酸循环的限速酶，其活性受 ATP、NADH、琥珀酰 CoA、酯酰 CoA 等的抑制。

②异柠檬酸的生成。柠檬酸转变成异柠檬酸的反应由顺‑乌头酸酶（aconitase）催化。

$$柠檬酸 \Longleftrightarrow 顺乌头酸 + H_2O \Longleftrightarrow 异柠檬酸$$

一些灭鼠药的主要成分是氟乙酸，氟乙酸是顺乌头酸酶的抑制剂，它是一些植物含有的有毒小分子，当被动物吸收后，在硫激酶作用下生成氟乙酰CoA，氟乙酰 CoA 是乙酰 CoA 的类似物，在柠檬酸合酶催化下与草酰乙酸结合生成氟柠檬酸，氟柠檬酸是顺乌头酸酶的强烈抑制剂，这使得三羧酸循环受到抑制，动物中毒死亡。氟乙酰 CoA 与草酰乙酸结合生成氟柠檬酸的合成也被称为致死性合成。

③ α-酮戊二酸的生成。反应由异柠檬酸脱氢酶（isocitrate dehydrogenase）催化异柠檬酸脱氢，首先形成草酰琥珀酸中间产物，后者迅速脱羧生成α-酮戊二酸。该反应为 β 氧化脱羧，反应中氢的受体为 NAD^+。

$$异柠檬酸+NAD^+ \longrightarrow 草酰琥珀酸+NADH$$
$$草酰琥珀酸 \longrightarrow \alpha-酮戊二酸+CO_2$$

异柠檬酸脱氢酶有两种，一种以 NAD^+ 为辅酶，另一种以 $NADP^+$ 为辅酶。对 $NADP^+$ 专一的酶既存在于线粒体中，也存在于细胞质中，它有着不同的代谢功能。对 NAD^+ 专一的酶位于线粒体中，它是三羧酸循环中重要的酶。

异柠檬酸脱氢酶是一个变构调节酶。ADP、Mg^{2+}、NAD^+ 是其激活剂，ATP、NADH 是其抑制剂。

④ 琥珀酰 CoA 生成。该反应属于 α-氧化脱羧，由一种完全类似于丙酮酸脱氢酶系的 α-酮戊二酸脱氢酶系（α-ketoglutarate dehydrogenase）催化，α-酮戊二酸经脱氢、脱羧后生成琥珀酰 CoA。α-酮戊二酸脱氢酶系由 α-酮戊二酸脱氢酶、二氢硫辛酸转琥珀酰酶和二氢硫辛酸脱氢酶三种酶组成，需要TPP、硫辛酸、CoASH、FAD、NAD^+ 及 Mg^{2+} 等六种辅助因子的参与，该酶系受产物 NADH、琥珀酰 CoA 及 ATP、GTP 的反馈抑制。

$$\alpha-酮戊二酸+NAD^+ \longrightarrow 琥珀酰 CoA+NADH$$

⑤ 琥珀酸生成。在琥珀酰 CoA 合成酶（succinate dehydrogenase，SDH）[又称琥珀酸硫激酶（succinate thiokinase）]的作用下，琥珀酰 CoA 水解生成琥珀酸。在该反应中，硫酯键水解所释放的能量用于合成 GTP，这是三羧酸循环中唯一的底物水平磷酸化直接产生高能磷酸化合物的反应。

$$琥珀酰 CoA+GDP \rightleftharpoons 琥珀酸+GTP$$

⑥ 延胡索酸的生成。琥珀酰 CoA 脱氢生成延胡索酸，反应由琥珀酸脱氢酶（succinate dehydrogenase）催化，该酶位于线粒体内膜，辅酶为 FAD，有严格的立体异构专一性，仅催化琥珀酸脱氢成为延胡索酸（反丁烯二酸）。丙二酸、戊二酸等是琥珀酸脱氢酶的竞争性抑制剂。

$$琥珀酸+FAD \rightleftharpoons 延胡索酸+FADH_2$$

⑦ 苹果酸的生成。延胡索酸酶（fumarase）也有严格的立体异构专一性，催化延胡索酸与水结合，只生成 L-苹果酸。

$$延胡索酸+H_2O \rightleftharpoons L-苹果酸$$

⑧ 草酰乙酸的生成。这是三羧酸循环的最后一步。由苹果酸脱氢酶 (malate dehydrogenase) 催化苹果酸生成草酰乙酸，NAD^+ 接受脱下的氢生成 NADH。

$$苹果酸 + NAD^+ \rightleftharpoons 草酰乙酸 + NADH$$

三羧酸循环总化学反应式为：

$$乙酰 CoA + 3NAD^+ + FAD + GDP + PO_4^{3-} \longrightarrow$$
$$2CO_2 + 3NADH + FADH_2 + GTP + COASH$$

2. 三羧酸循环的特点

（1）从合成柠檬酸开始，经过两次脱羧（反应③、④）、四次脱氢（反应③、④、⑥、⑧）和一次磷酸化（反应⑤）完成循环。

（2）三羧酸循环的四次脱氢，产生 3 分子 NADH 和 1 分子 $FANDH_2$，还有一次底物水平磷酸化产生 1 分子 GTP。在线粒体内，NADH 和 $FADH_2$ 经氧化磷酸化作用分别产生 2.5 分子 ATP 和 1.5 分子 ATP，GTP 在能量上与 ATP 相等。因此，三羧酸循环氧化 2 分子乙酰 CoA 可以获得的能量为：$2 \times (3 \times 2.5 + 1.5 + 1) = 20$ 分子 ATP。

（3）从乙酰 CoA 碳架的净利用来看，乙酰 CoA 进入三羧酸循环后，由于经过两次脱羧，其最终氧化成两分子 CO_2。可以认为三羧酸循环所消耗的底物只有乙酰 CoA 一个产物。

（4）尽管三羧酸循环可认为只分解乙酰 CoA 一种底物，但体内的乙酰 CoA 不仅由糖产生，脂肪、蛋白质的体内分解产物都可生成乙酰 CoA。所以三羧酸循环是糖、脂肪、蛋白质三大类营养物的共同代谢途径，也是它们的最终分解途径。

（5）三羧酸循环不仅是葡萄糖生成 ATP 的主要途径，也是脂肪、氨基酸等最终氧化分解产生能量的共同途径，是三大类营养物代谢联系的枢纽（图 6-15）。从物质代谢的整个系统看，三羧酸循环具有双重性。一方面，三羧酸循环是乙酰 CoA 彻底分解成水和二氧化碳并产生能量的途径；另一方面，三羧酸循环中多个中间产物是生物合成的前体来源。例如草酰乙酸、α-酮戊二酸可用于合成天冬氨酸和谷氨酸，柠檬酸、琥珀酰 CoA 分别是脂肪酸和卟啉

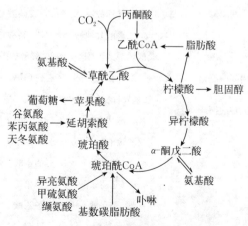

图 6-15 三大类营养物代谢联系的枢纽

合成的前体物。

3. 三羧酸循环的补足反应　由于三羧酸循环中间产物大多可作为体内一些重要物质合成的前体，一旦它们被用于合成其他物质，三羧酸循环中间成员浓度的下降势必会影响三羧酸循环的继续进行。因此，这些中间产物必须能够不断得到补充才能维持三羧酸循环的正常进行。

三羧酸循环的中间产物可由多个反应的产物来得到补足，其中最主要的是由糖提供的丙酮酸转变成草酰乙酸。

（1）丙酮酸在丙酮酸羧化酶（pyruvate carboxylase）催化下形成草酰乙酸。生物素是该酶的辅基，在反应中起着羧基中间载体的作用，反应需要乙酰CoA参与。

$$丙酮酸 + CO_2 + ATP + H_2O \longrightarrow 草酰乙酸 + ADP + Pi$$

（2）天冬氨酸和谷氨酸由脱氨基作用形成草酰乙酸和 α-酮戊二酸补充三羧酸循环。而异亮氨酸、缬氨酸、苏氨酸和甲硫氨酸在分解过程中形成琥珀酰CoA来补充三羧酸循环。

（三）葡萄糖有氧分解产能的推算

葡萄糖有氧分解产能的推算见表6-5。需要说明的是，胞液中的NADH产能和线粒体中的NADH不太一致。根据NADH上的H^+进入线粒体方式的不同可产生2.5分子ATP或1.5分子ATP，这是葡萄糖有氧分解产能不是一个确定值的原因。

表 6-5　葡萄糖有氧分解产能的推算

阶　段	反　　应	辅　酶	ATP的消耗或生成
	葡萄糖 → 6-磷酸葡萄糖		−1
	6-磷酸果糖 → 1,6-二磷酸果糖		−1
糖酵解	2×3-磷酸甘油醛 ⇌ 2×1,3-二磷酸甘油酸	2×NADH	2×（1.5 或 2.5）
	2×1,3-二磷酸甘油酸 ⇌ 2×3-磷酸甘油酸		2×1
	2×磷酸烯醇式丙酮酸 ⇌ 2×烯醇式丙酮酸		2×1
丙酮酸氧化	2×丙酮酸 → 2×乙酰 CoA	2×NADH	2×2.5
三羧酸循环	2×异柠檬酸 → 2×α-酮戊二酸	2×NADH	2×2.5
	2×α-酮戊二酸 → 2×琥珀酰 CoA	2×NADH	2×2.5
	2×琥珀酰 CoA → 2×琥珀酸		2
	2×琥珀酸 → 2×延胡索酸	2×FADH$_2$	2×1.5
	2×延胡索酸 → 2×苹果酸	2×NADH	2×2.5
	2×苹果酸 → 2×草酰乙酸	2×NADH	2×2.5
	葡萄糖 → CO$_2$+H$_2$O	总计	30 或 32

葡萄糖体内彻底分解成 H_2O 和 CO_2 的总反应式如下：

$$C_6H_{12}O_6 + 6O_2 + 30(32)ADP + 30(32)H_3PO_4 \longrightarrow 6CO_2 + 6H_2O + 30(32)ATP$$

据测定，葡萄糖彻底分解成 H_2O 和 CO_2 时，ΔG^{θ} 为 $-2\,840$ kJ/mol，ATP 生成 ADP 的 ΔG^{θ} 为 -30.56 kJ/mol。体内葡萄糖彻底分解时共储能 $30.56 \times 30(32) = 916.8(977.92)$ kJ/mol。能量获得的效率为 $916.8(977.92)/2\,840 = 32\%(34\%)$，这是一个相当高的效率，一般装置很难达到。

（四）葡萄糖有氧分解的调节

葡萄糖有氧分解与糖酵解是紧密相关的，糖酵解中三个关键环节的调节，对葡萄糖有氧分解同样有效。此外，糖有氧分解的调节还与丙酮酸脱氢酶系的调控、柠檬酸合酶、异柠檬酸脱氢酶和 α-酮戊二酸脱氢酶的调控有关。

1. 丙酮酸脱氢酶系的调控（图 6-16）　一方面，丙酮酸脱氢酶系的产物 NADH 和乙酰 CoA 通过与 NAD^+ 和 CoASH 竞争结合酶活性部位而反馈抑制抑制酶系的活性；另一方面，酶系也可通过磷酸化和去磷酸化作用来调节其活性。丙酮酸脱氢酶激酶（pyruvate dehydrogenase kinase，PDK）使酶系磷酸化而抑制其活性，丙酮酸脱氢酶磷酸酶（pyruvate dehydrogenase phosphatase，PDP）则使磷酸化的丙酮酸脱氢酶去磷酸化而激活。Ca^{2+} 有活化丙酮酸脱氢酶磷酸酶的作用。

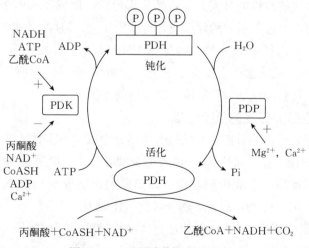

图 6-16　丙酮酸脱氢酶系的调控

2. 柠檬酸合酶、异柠檬酸脱氢酶和 α-酮戊二酸脱氢酶系的调控　三个酶的催化反应都是三羧酸循环中的不可逆反应。

（1）柠檬酸合酶。ATP、AMP 为柠檬酸合酶的变构调节物，分别是柠檬酸合酶的抑制剂和激活剂。脂酰 CoA 作为乙酰 CoA 的类似物，通过竞争方式抑制柠檬酸合酶的活性。柠檬酸合酶的激活可生成大量的柠檬酸，但并不一定加速三羧酸循环，因为柠檬酸易从线粒体中进入细胞液，并分解出乙酰 CoA 用于脂肪酸的合成，所以对加速三羧酸循环的意义不大。

（2）异柠檬酸脱氢酶。ADP 是异柠檬酸脱氢酶的变构激活剂，NADH 和琥珀酰 CoA 则对异柠檬酸脱氢酶有抑制作用。

（3）α-酮戊二酸脱氢酶系。该酶系受其产物 NADH 和琥珀酰 CoA 的抑制。同样，ATP 与 ADP 有抑制该酶系的作用，而 AMP 则激活该酶系的活性。

三、磷酸戊糖途径

磷酸戊糖途径（pentose phosphate pathway，PPP）又称为磷酸己糖旁路（hexose monophosphate shut，HMS）、磷酸葡萄糖氧化途径（phosphogluconate oxidative pathway）、磷酸戊糖循环（pentose phosphate cycle）。

糖的有氧分解主要为机体提供碳架和能量。在生命活动中，还进行着大量的物质合成，而物质合成的过程除需要 ATP 外，还需要还原力。还原力的提供是靠糖分解的另外一种途径来完成的，它就是磷酸戊糖途径。该途径在胞浆中进行，是由酵解途径的分支开始，然后再返回，形成环式体系，即从 6-磷酸葡萄糖开始，经过一系列酶促反应，转变成 3-磷酸甘油醛和 6-磷酸果糖并返回酵解途径。途径中的重要产物是 NADPH 及 5-磷酸核糖，全过程中无ATP 生成。磷酸戊糖途径主要发生在肝、脂肪组织、哺乳期的乳腺、肾上腺皮质、性腺、骨髓和红细胞等物质合成旺盛的组织中。

（一）磷酸戊糖途径的反应过程

为了便于分析，一般把磷酸戊糖途径划分为氧化和非氧化两个阶段。

1. 氧化阶段　这一阶段从 6-磷酸葡萄糖开始，经脱氢、水合、再脱氢脱羧的三步酶促反应，生成磷酸戊糖。该阶段的两次脱氢均由 $NADP^+$ 作为受体，生成的 NADPH 为还原性生物合成提供还原力。

6-磷酸葡萄糖酸-δ-内酯的生成是磷酸戊糖途径反应的第一步，由 6-磷酸葡萄糖脱氢酶（glucose-6-phosphate dehydrogenase）催化 6-磷酸葡萄糖脱氢生成。该酶是磷酸戊糖途径的限速酶，此酶活性受 NADPH 浓度调节，NADPH 浓度升高会抑制酶的活性。相反，NADPH 浓度降低激活酶的活性。因此，磷酸戊糖途径主要受体内 NADPH 需求量的影响。

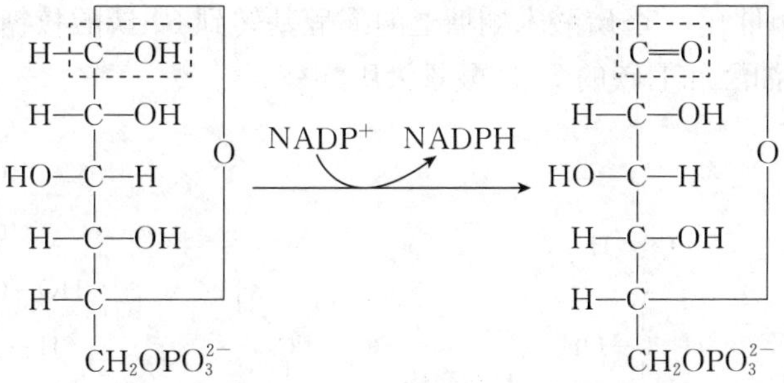

6-磷酸葡萄糖　　　　　　　　　　　　　　6-磷酸葡萄糖酸-δ-内酯

第二步是内酯酶（lactonase）催化 6-磷酸葡萄糖酸-δ-内酯水解生成 6-磷酸葡萄糖酸。

第三步是 6-磷酸葡萄糖酸脱氢酶（6-phosphogluconate dehydrogenase）催化 6-磷酸葡萄糖酸脱氢脱羧，生成 5-磷酸核酮糖。与第一步反应相似，反应的氢受体为 $NADP^+$。

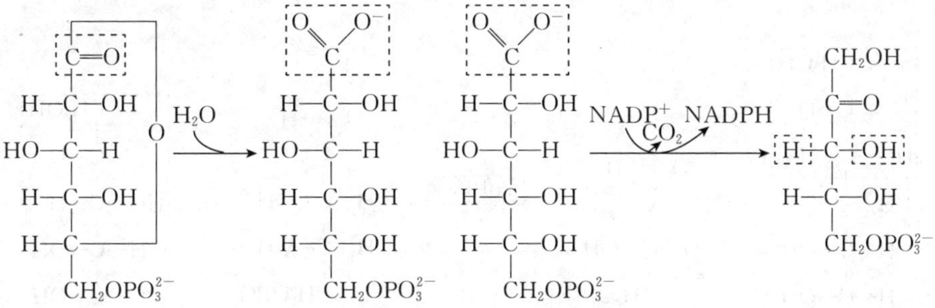

6-磷酸葡萄糖酸-δ-内酯　　6-磷酸葡萄糖酸　6-磷酸葡萄糖酸　　　　　5-磷酸核酮糖

2. 非氧化阶段　这一阶段由一系列复杂的反应组成，参与的酶有 5-磷酸核酮糖异构酶（ribulose-5-phosphate isomerase）、5-磷酸核酮糖差向异构酶（ribulose-5-phosphate epimerase）、转酮醇酶（transketolase）、转醛醇酶（transaldolase）四种。四种酶相互配合，将第一阶段生成的 5-磷酸核酮糖转变成 5-磷酸核糖及糖酵解的中间产物 3-磷酸甘油醛和 6-磷酸果糖。

反应从 5-磷酸核酮糖开始，由 5-磷酸核酮糖异构酶和 5-磷酸核酮糖差向异构酶催化，将 5-酸核酮糖异构成 5-磷酸核糖及 5-磷酸木酮糖。

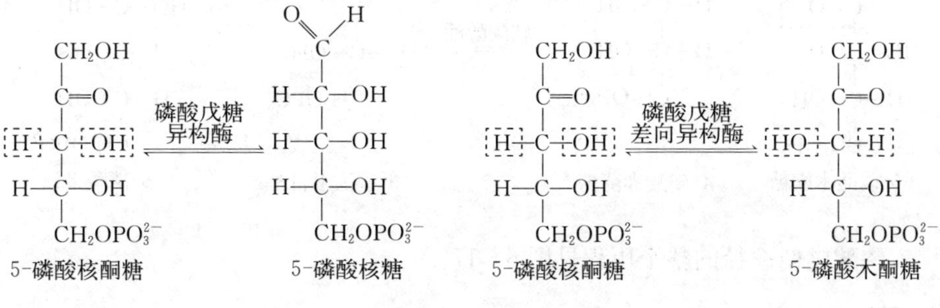

5-磷酸核酮糖　　　　　　5-磷酸核糖　　　　　5-磷酸核酮糖　　　　　5-磷酸木酮糖

由转酮醇酶催化，5-磷酸木酮糖上的酮醇基转到5-磷酸核糖上，生成三碳的3-磷酸甘油醛和七碳的7-磷酸景天庚酮糖。

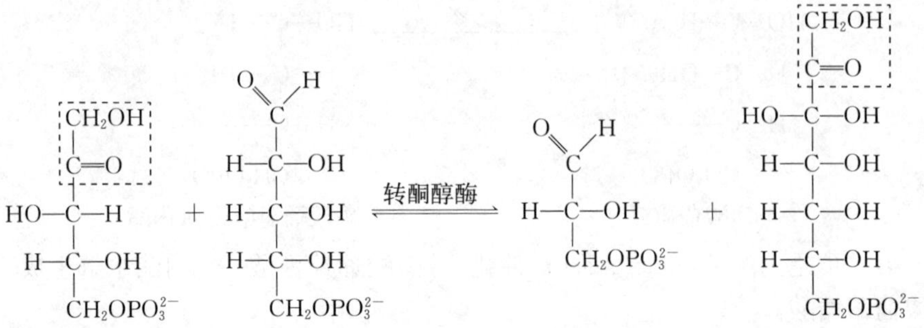

$$\text{5-磷酸木酮糖} + \text{5-磷酸核糖} \underset{}{\overset{\text{转酮醇酶}}{\rightleftharpoons}} \text{3-磷酸甘油醛} + \text{7-磷酸景天庚酮糖}$$

由转醛醇酶催化，7-磷酸景天庚酮糖上的二羟丙酮基转到3-磷酸甘油醛，生成4-磷酸赤藓糖和6-磷酸果糖。

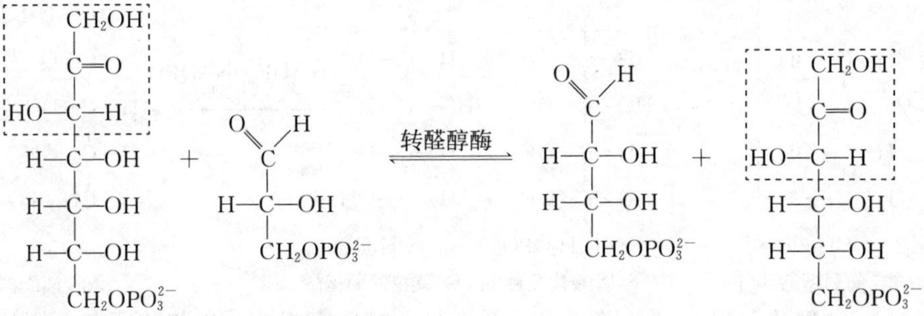

$$\text{7-磷酸景天庚酮糖} + \text{3-磷酸甘油醛} \underset{}{\overset{\text{转醛醇酶}}{\rightleftharpoons}} \text{4-磷酸赤藓糖} + \text{6-磷酸果糖}$$

由转酮醇酶催化，5-磷酸木酮糖上的酮醇基转到4-磷酸赤藓糖，生成3-磷酸甘油醛和6-磷酸果糖。

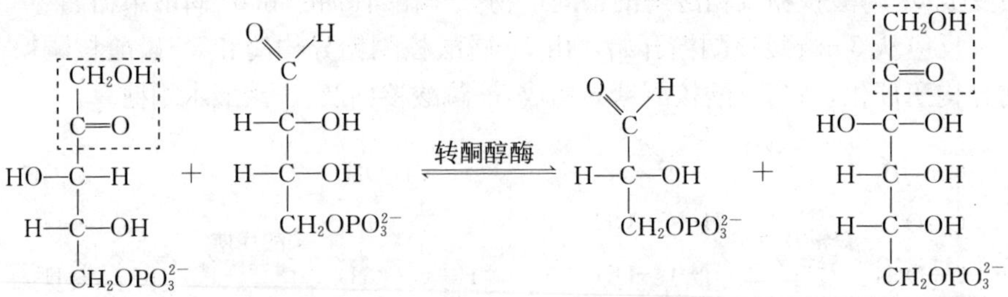

$$\text{5-磷酸木酮糖} + \text{4-磷酸赤藓糖} \underset{}{\overset{\text{转酮醇酶}}{\rightleftharpoons}} \text{3-磷酸甘油醛} + \text{6-磷酸果糖}$$

磷酸戊糖途径的整个历程见图6-17。

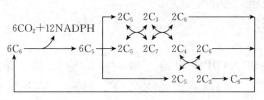

图 6-17　磷酸戊糖途径的整个历程

（二）磷酸戊糖途径的调控

在生理条件下，磷酸戊糖途径的第一步反应，即 6-磷酸葡萄糖的脱氢反应属于限速反应，是该途径中的一个重要调控点。其调控因子是 $NADP^+$。因为 $NADP^+$ 在 6-磷酸葡萄糖氧化形成 6-磷酸葡萄糖酸-δ-内酯的反应中起电子受体的作用。形成的还原型 NADPH 与 $NADP^+$ 争相与酶的活性部位结合，从而引起酶活性的降低，即竞争性抑制 6-磷酸葡萄糖脱氢酶及 6-磷酸葡萄糖酸脱氢酶的活性。因此，$NADP^+$/NADPH 的比值直接影响 6-磷酸葡萄糖脱氢酶的活性。实验表明，只要 $NADP^+$ 的浓度稍高于 NADPH，就能够使 6-磷酸葡萄糖脱氢酶激活，从而保证所产生的 NADPH 能够及时满足还原性生物合成的需要。$NADP^+$ 的水平对磷酸戊糖途径在氧化阶段产生 NADPH 的速度和机体在生物合成时对 NADPH 的利用存在偶联关系。由于转酮醇酶和转醛醇酶反应都是可逆反应，因此根据细胞代谢的需要，磷酸戊糖途径和糖酵解途径可灵活地相互协调。

磷酸戊糖途径中 6-磷酸葡萄糖的去路，可受机体对 NADPH、5-磷酸核糖和 ATP 不同需要的调节。

在细胞分裂时期，因为需要核糖-5-磷酸合成 DNA 的前体核苷酸，机体对 5-磷酸核糖的需要远超过对 NADPH 的需要。这时大量 6-磷酸葡萄糖通过糖酵解途径转变为 6-磷酸果糖和 3-磷酸甘油醛，由转酮醇酶和转醛醇酶将 2 分子果糖-6-磷酸和 1 分子 3-磷酸甘油醛通过逆向磷酸戊糖途径反应生成 3 分子 5-磷酸核糖。

当机体对 NADPH 的需要和对 5-磷酸核糖的需要处于平衡状态时，磷酸戊糖途径的氧化阶段处于优势。通过这一阶段形成 2 分子 NADPH 和 1 分子 5-磷酸核糖。

6-磷酸葡萄糖$+2NADP^+ +H_2O \longrightarrow$5-磷酸核糖$+2NADPH+2H^+ +CO_2$

当机体能量供应充分时，脂肪组织需要大量的 NADPH 作为还原力来合成脂肪酸，此时，机体磷酸戊糖途径加强，最终使 1 分子 6-磷酸葡萄糖被彻底氧化为 6 分子 CO_2，同时产生 12 分子 NADPH，为脂肪酸的合成提供足够的还原力。

（三）磷酸戊糖途径的生理意义

磷酸戊糖途径是糖除三羧酸循环以外的彻底氧化途径，具有重要的生理意义。

1. 为细胞提供 NADPH 细胞 可利用的物质主要有两种：一种是由 NADH 经呼吸链产生的高能化合物 ATP；另一种是 NADPH，NADPH 与 NADH 除了结构组成不一样外，它们在功能上也有重要区别，NADH 氧化主要通过呼吸链产生 ATP，而 NADPH 是细胞中易于利用的还原当量，它的氧化主要为还原性生物合成及保证生物活性物质上羟基的还原状态提供氢和电子。磷酸戊糖途径中的酶类在乳腺、肾上腺皮质、性腺、骨髓等物质合成旺盛的组织中活性很高，主要是因为这些组织中脂肪酸和类固醇的合成需要较高的还原力。在红细胞中，由于需要大量的还原型谷胱甘肽来保持红细胞结构的完整性，因此其磷酸戊糖途径也较为活跃。相反，在骨骼肌组织中磷酸戊糖途径的活性很低。

2. 为细胞核苷酸的合成提供 5-磷酸核糖 细胞的增殖、更新需要大量的核苷酸用于合成 CoA、NAD$^+$、FAD、RNA 和 DNA 等衍生物。5-磷酸核糖是核苷酸从头合成途径的原料。体内的 5-磷酸核糖主要是由磷酸戊糖途径产生的。

3. 磷酸戊糖途径与糖的有氧分解和糖酵解相互联系 磷酸戊糖途径中最后生成的 6-磷酸果糖与 3-磷酸甘油醛都是糖有氧分解和糖酵解途径的中间产物，它们可进入这些途径进一步代谢。另外，转酮醇酶和转醛醇酶所催化反应的可逆性，使得体内 3～7 个碳的糖分子可以相互转变。

四、其他糖的代谢

可被动物吸收的单糖除了葡萄糖以外，还有果糖、半乳糖和甘露糖等，它们均可通过相应的转变过程，最终进入糖酵解途径。果糖、半乳糖和甘露糖的代谢见图 6-18。

1. 果糖 果糖主要由存在于水果、蔬菜、蜂蜜中的蔗糖分解生成。果糖可由己糖激酶催化发生反应，生成的 6-磷酸果糖进入糖酵解途径。

$$果糖 + ATP \longrightarrow 6-磷酸果糖 + ADP$$

上述反应在体内多种组织中均可进行，但由于己糖激酶对果糖的亲和力远低于葡萄糖，因此，在以葡萄糖为主的正常膳食中，机体对果糖的磷酸化效率较低。

在小肠、肝、肾细胞中，果糖还可由果糖激酶（fructokinase）催化生成 1-磷酸果糖。

$$果糖 + ATP \longrightarrow 1-磷酸果糖 + ADP$$

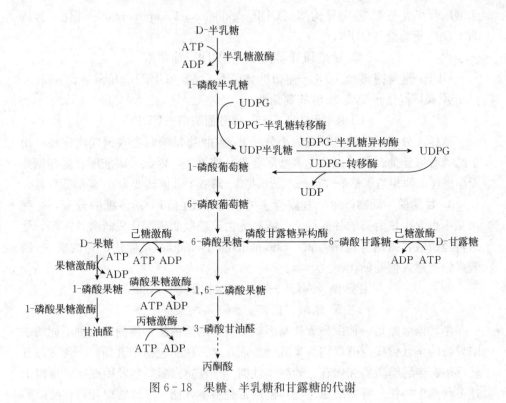

图6-18 果糖、半乳糖和甘露糖的代谢

1-磷酸果糖醛缩酶（fructose-1-phosphate aldolase）催化裂解生成甘油醛和磷酸二羟丙酮。甘油醛可由甘油醛激酶（glyceraldehyde kinase）催化生成3-磷酸甘油醛后进入糖酵解途径，而磷酸二羟丙酮可直接进入糖酵解途径。

$$1-磷酸果糖 \longrightarrow 磷酸二羟丙酮 + 甘油醛$$
$$甘油醛 + ATP \longrightarrow 3-磷酸甘油醛 + ADP$$

由于磷酸果糖醛缩酶催化效率较低，过量摄入果糖可引起1-磷酸果糖积累，严重的可导致肝损害，出现低血糖、呕吐等症状。

2. 半乳糖 半乳糖是糖脂、糖蛋白和乳糖的组成成分。体内半乳糖主要来自对动物乳汁中乳糖的水解吸收，其进入糖代谢的途径较为复杂，具体过程如下。

由半乳糖激酶（galactokinase）催化半乳糖磷酸化，生成1-磷酸半乳糖。

$$半乳糖 + ATP \longrightarrow 1-磷酸半乳糖 + ADP$$

1-磷酸半乳糖可在1-磷酸半乳糖尿苷酰转移酶（galactose-1-phosphate uridylyl transferase）催化下与二磷酸尿苷葡萄糖交换糖基，生成1-磷酸葡萄糖和二磷酸尿苷半乳糖（UDP-Gal）。

$$二磷酸尿苷葡萄糖 + 1-磷酸半乳糖 \longrightarrow 1-磷酸葡萄糖 + 二磷酸尿苷半乳糖$$

1-磷酸葡萄糖可沿糖原分解途径继续代谢。而二磷酸尿苷半乳糖可由二磷酸尿苷半乳糖 4-差向异构酶（UDP - galactose 4 - epimerase）催化，异构为 UDP-葡萄糖（UDPG）。

$$二磷酸尿苷半乳糖 \Longleftrightarrow UDP-葡萄糖$$

UDP-葡萄糖再经 UDP-葡萄糖焦磷酸化酶（UDP - glucose pyrophosphorylase）催化转变成 6-磷酸葡萄糖。

$$UDP-葡萄糖 \longrightarrow 6-磷酸葡萄糖 + UDP$$

这样 1 分子半乳糖可转变为 1 分子 6-磷酸葡萄糖而进入糖代谢途径，由于二磷酸尿苷葡萄糖可以从二磷酸尿苷半乳糖再生，因此二磷酸尿苷葡萄糖并无净消耗，即相当于整个过程是不断地把 1-磷酸半乳糖转变为 6-磷酸葡萄糖。

3. 甘露糖 动物体内的甘露糖主要来自糖蛋白和个别多糖的分解，一些水果中也含少量游离的甘露糖。甘露糖先由己糖激酶磷酸化成磷酸甘露糖，然后再经磷酸甘露糖异构酶（phosphomannose isomerase）催化，异构成 6-磷酸果糖而进入葡萄糖代谢。

$$甘露糖 + ATP \longrightarrow 6-磷酸甘露糖 + ADP$$
$$6-磷酸甘露糖 \Longleftrightarrow 6-磷酸果糖$$

半乳糖血症是一种由先天性基因缺陷引起的遗传病，体内的三种不同酶缺陷导致的半乳糖代谢障碍均为半乳糖血症，这三种酶包括半乳糖-1-磷酸尿苷转移酶、半乳糖激酶和尿苷二磷酸半乳糖-4-表异构酶。半乳糖血症可指由上述三种酶中的任一种缺陷所引起，但通常是由半乳糖-1-磷酸尿苷转移酶缺陷引起，该病的发病率为 1/60 000。该酶的缺乏导致半乳糖及其氧化还原产物在体内积累，血液中半乳糖增加，引起眼睛晶状体中半乳糖升高，并被还原成半乳糖醇，半乳糖醇会引起晶状体浑浊并最终导致白内障。严重的半乳糖血症还可引起生长停滞、神经系统障碍和智力迟钝等。

第四节　糖异生作用

由非糖物质转变为葡萄糖或糖原的过程称为糖异生作用（gluconeogenesis）。通过糖异生作用生成葡萄糖的重要原料有生糖氨基酸、丙酸和乳酸等。糖异生作用主要在肝中进行，其次是肾的皮质部，脑、骨骼肌和心肌中较少进行。

一、糖异生作用的反应过程

无论哪一种非糖物质异生成葡萄糖，都是按糖酵解的逆过程来进行。在此，以丙酮酸异生成葡萄糖为例，说明糖异生作用的反应过程。糖酵解是一个放能过程，而糖异生作用是一需能过程，所以由丙酮酸异生成葡萄糖并不是糖酵解过程的简单逆转。酵解过程中从葡萄糖到丙酮酸的多个反应都是可逆反应，不可逆反应只有以下 3 个。

$$葡萄糖＋ATP \longrightarrow 6-磷酸葡萄糖＋ADP$$

$$6-磷酸果糖＋ATP \longrightarrow 1,6-二磷酸果糖＋ADP$$

$$磷酸烯醇式丙酮酸 \longrightarrow 丙酮酸＋ATP$$

解决这三个反应的逆转也就可以使丙酮酸转变为葡萄糖。这里需要通过另外的酶促反应来完成。

1. 丙酮酸"逆转"为磷酸烯醇式丙酮酸 这一过程也称丙酮酸羧化支路，由两个酶促反应组成。首先，由存在于线粒体基质的丙酮酸羧化酶（pyruvate carboxylase）催化，利用 ATP 提供的能量使丙酮酸羧化成草酰乙酸。该反应与三羧酸循环补足反应中介绍的丙酮酸羧化相同，生成的草酰乙酸是三羧酸循环和糖异生作用的共同中间产物。

$$丙酮酸＋CO_2＋ATP＋H_2O \longrightarrow 草酰乙酸＋ADP＋Pi$$

随后，由磷酸烯醇式丙酮酸羧激酶（phosphoenolpyruvate carboxykinase）催化，利用 GTP 提供的能量使草酰乙酸转变成磷酸烯醇式丙酮酸。

$$草酰乙酸＋GTP \longrightarrow 磷酸烯醇式丙酮酸＋GDP＋CO_2$$

催化上述反应的酶在细胞中的存在部位，随动物种类的不同而不同。在大鼠和小鼠的肝细胞中仅分布于胞浆中，在鸟类和兔的细胞中仅分布于线粒体中，而在人和豚鼠的细胞中则胞浆与线粒体中均有分布。

在磷酸烯醇式丙酮酸羧激酶仅分布于胞浆中的情况下，丙酮酸羧化支路的两个酶促反应并不能顺利地偶联在一起。因为丙酮酸羧化酶仅存在于线粒体内，它催化生成的草酰乙酸并不能自由进出线粒体，而糖异生作用的大多数步骤又是发生在胞浆中。因此，草酰乙酸要通过相应的转变及转运过程进出线粒体，才能被进一步利用。

草酰乙酸转运到胞浆中有两种途径：第一种是经苹果酸脱氢酶催化，将草酰乙酸还原成苹果酸，然后穿过线粒体膜进入胞浆，再由胞浆中的苹果酸脱氢酶催化，重新生成草酰乙酸后，再由磷酸烯醇式丙酮酸羧激酶作用生成磷酸烯醇式丙酮酸。这样通过苹果酸的穿梭作用，将草酰乙酸带出线粒体膜供糖异生所用，同时又把线粒体内的 NADH 转换为胞浆中的 NADH，用于使 1,3-二磷酸甘油酸还原成 3-磷酸甘油醛，从而保证了糖异生作用的顺利进行。草酰乙酸从线粒体转运至胞液示意见图 6-19。第二种途径是经谷草转氨酶的催化，草酰乙酸从谷氨酸

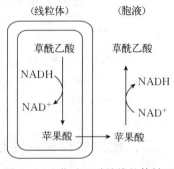

图 6-19 草酰乙酸从线粒体转运至胞液示意

接受氨基生成天门冬氨酸后再穿出线粒体，胞浆中的天门冬氨酸再经谷草转氨酶催化脱氨基成草酰乙酸。

当机体糖供应不足时，由氨基酸等非糖物质转变成丙酮酸时，草酰乙酸主要经苹果酸穿梭作用转运出线粒体。当消除糖酵解过度积累的乳酸时，由于乳酸在胞浆中脱氢生成丙酮酸和 NADH，胞浆中有足够的 NADH 用以还原 1,3-二磷酸甘油酸，草酰乙酸则主要经天冬氨酸穿梭作用转运出线粒体。

2. 1,6-二磷酸果糖"逆转"为 6-磷酸果糖　在糖酵解途径中，6-磷酸果糖生成 1,6-二磷酸果糖是一个由 ATP 推动的放能反应。但细胞在使 1,6-二磷酸果糖逆转为 6-磷酸果糖时，并不是用一个吸能反应来逆转，而是利用另外一个放能反应来实现。在 1,6-磷酸果糖酶的催化下，1,6-二磷酸果糖 C_1 位的磷酸酯键水解生成 6-磷酸果糖并释放能量，从而利用一个简单的酶促水解反应来使 1,6-二磷酸果糖"逆转"为 6-磷酸果糖。

$$1,6\text{-二磷酸果糖}+H_2O \longrightarrow 6\text{-磷酸果糖}+Pi$$

1,6-二磷酸果糖酶受 AMP 和 2,6-二磷酸果糖的强烈抑制，但能被 ATP、3-磷酸甘油和柠檬酸激活。

3. 6-磷酸葡萄糖"逆转"葡萄糖　与 1,6-磷酸果糖酶催化的反应相类似，磷酸葡萄糖酶催化 6-磷酸葡萄糖生成葡萄糖。

$$6\text{-磷酸葡萄糖}+H_2O \longrightarrow \text{葡萄糖}+Pi$$

完成了糖酵解中三个不可逆反应的逆转过程，也就使丙酮酸转变为葡萄糖。丙酮酸经糖异生作用生成葡萄糖的总反应式为：

$$\text{丙酮酸}+4ATP+2GTP+2NADH+6H_2O \longrightarrow$$
$$\text{葡萄糖}+4ADP+2GDP+2NAD+6Pi$$

糖酵解途径与糖异生途径中酶系统的差异见表 6-6，它们也都是各自途径中的关键酶，是整个途径的调节位点。

表 6-6　糖酵解途径与糖异生途径中酶系统的差异

糖酵解途径	糖异生途径
已糖激酶（或葡萄糖激酶）	磷酸葡萄糖酶
磷酸果糖激酶	1,6-二磷酸果糖酶
丙酮酸激酶	丙酮酸羧化酶和磷酸烯醇式丙酮酸羧激酶

二、糖异生作用的生理意义

1. 维持血糖的恒定　作为体内糖来源之一的糖异生途径，对维持血糖恒定有着非常重要的作用。一方面，对于反刍动物而言，由于食物中缺乏淀粉和动物性糖原,其体内的糖主要靠瘤胃中产生的低级脂肪酸和氨基酸沿糖异生途径合成葡萄糖。另一方面,动物机体的某些组织(如大脑)几乎完全是以血糖为主要能源的,当机体长时间处于饥饿状态时,必须由非糖物质形成葡萄糖用以补充血糖的消耗,进而维持血糖的恒定。

2. 有效处理和利用乳酸 动物在过度使役、奔跑等剧烈运动时,若机体供氧量不足,肌肉组织的糖酵解作用就增强,导致大量乳酸产生。乳酸是糖代谢产生的一种废物,机体需要及时处理。积累的乳酸主要靠肝的糖异生作用将其转变成葡萄糖用以补充血糖。

由肌肉组织糖酵解产生的乳酸,经血液循环被带到肝,在肝中乳酸经糖异生作用生成葡萄糖,之后又经血液循环回到肌肉组织而被利用,如此构成一个循环,称为乳酸循环(lactate cycle)(图6-20),该循环于1912年被C.F. Cori和G.Cori最先发现,因此也被称为Cori循环。乳酸循环的生理意义在于:有利于体内乳酸的再利用;防止发生乳酸中毒;促进肝糖原的不断更新。

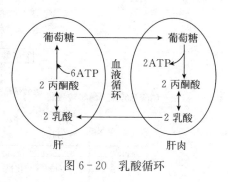

图6-20 乳酸循环

第五节　糖代谢各途径间的联系与调节

糖代谢由多条代谢途径所组成,即糖原的合成与分解、糖酵解与糖的有氧分解、磷酸戊糖途径以及糖异生作用等。事实上,各个途径是一个有机的整体,它们之间既相互联系,又相互影响。

一、糖代谢各种途径之间的相互联系

尽管糖代谢途径错综复杂,其生理功能也各不相同,但共同的中间产物把不同的代谢途径紧密地联系在一起,成为一个有机的整体。糖代谢中各种途径的相互联系见图6-21。

糖代谢中的第一个重要的共同中间产物是6-磷酸葡萄糖,它是所有糖代谢途径的交汇点。从分解方向看,葡萄糖或糖原先是转变为6-磷酸葡萄糖,之后或经糖酵解途径及有氧氧化途径进行分解产能,或经磷酸戊糖途径为核酸合成提供原料及为还原性生物合成提供还原力。

第二个重要的共同中间产物是3-磷酸甘油醛,它是糖酵解途径、有氧氧化途径以及磷酸戊糖途径的交汇点。

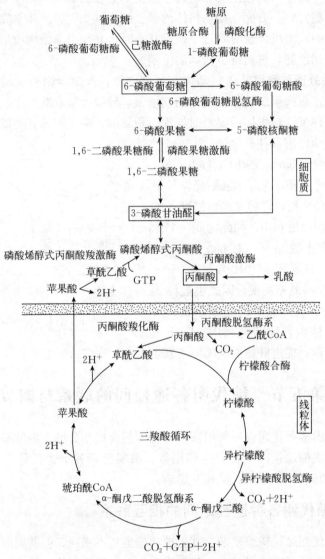

图 6-21　糖代谢中各种途径的相互联系

　　第三个重要的共同中间产物是丙酮酸。糖原或葡萄糖分解至丙酮酸时，在无氧情况下，丙酮酸接受 3-磷酸甘油醛脱下的氢被还原为乳酸。在有氧情况下，3-磷酸甘油醛脱下的氢经呼吸链与氧结合生成水，而丙酮酸也进入线粒体，氧化脱羧生成乙酰 CoA，之后经三羧循环彻底氧化为 CO_2 和 H_2O。此外，丙酮酸也是糖异生作用的重要中间产物，许多非糖物质经丙酮酸异生成糖。

通过这些共同的中间产物，使得糖代谢各种途径相互联系起来，同样，也将蛋白质和脂肪的代谢产物联系在一起，使机体成为一个有机的整体。

二、糖代谢的调节

（一）糖代谢各种途径间的相互调节

糖作为三大类营养物质之一，其作用主要表现为能量供应上。当糖供应充足时，机体能量丰富，糖的分解产能途径就减慢，而糖的储备和转化成非糖物质的途径则加快。相反，当糖供应不足时，糖的分解产能途径就加快，储备的糖被动员，非糖物质转变成糖的途径也加速。

ATP 是糖原分解的关键酶（磷酸化酶）的抑制剂，也是糖酵解的关键酶（磷酸果糖激酶）和有氧氧化的关键酶（丙酮酸脱氢酶系，柠檬酸合酶、异柠檬酸脱氢酶和 α-酮戊二酸脱氢酶系）的抑制剂，ADP 则是这些酶的激活剂。当细胞内 ATP 浓度低而 ADP 浓度高时，糖原分解作用加强，糖酵解和有氧氧化的速度都加快，进而将 ADP 转变为 ATP 以提高细胞的能量水平。相反，当 ATP 浓度高而 ADP 浓度低时，上述过程均减慢，从而使细胞的能量水平降低。

1861 年巴斯德就发现，酵母在缺氧情况下消耗的葡萄糖比氧充足时消耗的葡萄糖更多，这就是所谓的巴斯德效应。这种效应在动物体内也存在。当动物轻度运动时，氧气供应充足，糖主要进行有氧氧化，酵解作用受到抑制，而在动物剧烈运动时，动物肌肉中氧气供应不足，糖有氧氧化受到限制，酵解作用加强。

巴斯德效应的机制迄今未能完全阐明。目前大家趋于认为：在氧气充足的条件下，线粒体内的有氧氧化充分进行，此时，胞浆中的 ADP 和无机磷酸大量进入线粒体以生成 ATP，生成的 ATP 又从线粒体回到胞浆，使胞浆中的 ATP 浓度升高，ADP 浓度下降。ATP 和 ADP 的这种浓度变化抑制磷酸化酶和磷酸果糖激酶，从而抑制糖酵解作用。反之，当细胞缺氧时，则胞液中 ATP 浓度下降，ADP 浓度上升，从而使酵解作用加快。

（二）激素对糖代谢的调节

机体的各种代谢以及各器官之间的精确协调主要依靠激素的调节。肾上腺素（adrenaline，AD）、胰高血糖素（glucagon）、糖皮质激素（glucocorti-coids）和胰岛素（insulin）是对糖代谢调节有重要影响的激素。

1. 肾上腺素 肾上腺素具有促进肝糖原分解、抑制糖原合成和促进糖异生的作用。即肾上腺素通过作用于肝细胞和肌肉细胞膜上的相应受体，激活 cAMP-蛋白激酶信号转导系统，进而激活磷酸化酶和抑制糖原合酶，最终引起糖原分解，升高血糖。肾上腺素主要在应急状态下对糖代谢发挥调节作用，对常规进食等引起的血糖波动没有太大影响。

2. 胰高血糖素 胰高血糖素是体内升高血糖的主要激素。血糖降低或血液内氨基酸含量升高都会引起胰高血糖素分泌增加。其升高血糖的机制包括以下几点。

（1）作用于肝细胞膜上相应的受体，激活 cAMP 依赖的蛋白激酶，从而抑制糖原合酶和激活磷酸化酶，迅速使肝糖原分解，血糖升高。

（2）通过抑制 6-磷酸果糖激酶-2，激活果糖双磷酸酶-2，从而减少 2,6-磷酸果糖的合成，后者既是 6-磷酸果糖激酶-1 的变构激活剂，又是果糖双磷酸酶-1 的抑制剂，于是糖酵解被抑制，糖异生作用加强。

（3）促进磷酸烯醇式丙酮酸羧激酶的合成；抑制肝脏 L 型丙酮酸激酶；加速肝细胞对血液中氨基酸的摄取，从而增强糖异生过程。

3. 糖皮质激素 糖皮质激素主要作用是促进糖异生，引起血糖升高。其主要作用机制：①促进肝外组织蛋白质的分解，分解产生的氨基酸转移至肝，为糖异生提供原料；②诱导糖异生途径中四个关键酶的合成，其中主要是磷酸烯醇式丙酮酸羧激酶的生成，通过增加这些酶的含量进而促进糖异生过程；③抑制肝外组织摄取和利用葡萄糖。在糖皮质激素存在时，其他促进脂肪动员的激素作用加强，使血液中游离脂肪酸升高，从而间接抑制周围组织对葡萄糖的摄取和利用。

4. 胰岛素 胰岛素是体内唯一降低血糖的激素，也是唯一同时促进糖原、脂肪和蛋白质合成的激素。胰岛素对糖代谢的调节是多方面的。

（1）促进葡萄糖通过细胞膜进入细胞，加速细胞对葡萄糖的利用，其中包括糖原的合成、糖的分解以及糖的转变等，并抑制糖异生作用。

（2）通过增强磷酸二酯酶的活性，降低细胞中 cAMP 水平，从而使糖原合酶活性增强，磷酸化酶活性降低，进而加速糖原合成，抑制糖原分解。

（3）通过激活丙酮酸脱氢酶，加速丙酮酸氧化为乙酰 CoA，从而加快糖的有氧氧化。

（4）抑制肝内糖异生。这是通过抑制磷酸烯醇式丙酮酸羧激酶的合成，促进氨基酸进入组织并合成蛋白质，从而减少肝糖异生的原料等途径来实现的。

（5）通过抑制脂肪组织内的激素敏感性脂肪酶，减缓脂肪动员的速率，进而加强相应组织对葡萄糖的利用。

第七章 生物氧化

第一节 概 述

一、生物氧化的概念

所有生物体的生命活动都需要不断地消耗能量，这些能量主要是由糖、脂肪及蛋白质等物质在细胞内氧化分解所释放的化学能转化而来的。有机物质在活细胞中氧化分解成 CO_2 和水，并释放能量的过程，称为生物氧化（biological oxidation）。细胞在进行生物氧化时，表现为摄取 O_2 并释放 CO_2，故生物氧化又称细胞氧化或细胞呼吸，有时也称组织呼吸。

在生物体内，糖、脂肪及蛋白质三大营养物质氧化分解时经历不同的途径，但有共同的规律，基本上可分为三个阶段（图 7-1）。

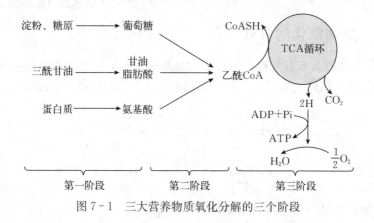

图 7-1 三大营养物质氧化分解的三个阶段

第一阶段是把大分子的多糖、脂肪和蛋白质分解成各自的构成单位——葡萄糖、甘油、脂肪酸、氨基酸，这个阶段释放能量很少，仅为其蕴藏能量的 1‰，而且能量以热能形式散失。第二阶段是葡萄糖、甘油、脂肪酸和大多数氨基酸经过各自的分解过程生成乙酰 CoA，这一阶段约释放总能量的 1/3。第三阶段是三羧酸循环和氧化磷酸化，这是糖、脂肪和蛋白质分解的最后共同通路，营养物质中大部分能量是在这一阶段中释放出来的。

二、生物氧化的特点

有机物质在生物体内彻底氧化与体外燃烧的化学本质一样，都是电子得失的过程，最终产物都是 CO_2 和 H_2O，且所释放的能量也相等，但二者进行的方式和过程却大不相同，而且有各自的特点。

有机物质在体外燃烧释放能量，其反应条件剧烈，需要高温及干燥条件，燃烧时能量突然释放，产生大量的光和热，散失于环境中。在生物体内物质完全氧化分解也遵循这一平衡反应，但反应历程和所需条件与体外燃烧不同。其特点如下。

(1) 生物氧化是在活细胞内，在体温、常压、pH 近中性及有水环境介质中等生理条件下进行的。

(2) 生物氧化是发生在生物体内的氧化-还原反应过程，是在一系列酶、辅酶和中间传递体的作用下逐步进行的。

(3) 能量主要在氢的氧化过程中逐步释放，这样不会因为氧化过程中能量骤然释放而损害机体，同时使释放的能量得到有效的利用。

(4) 生物氧化释放的化学能可转化成高能键形式的生物能，生物能通常都先储存在一些特殊的高能化合物（如 ATP）中，供生化反应、生理活动需要。

(5) 生物氧化有严格的细胞定位。在真核生物细胞内，生物氧化都在线粒体内进行；在不含线粒体的原核生物（如细菌细胞）内，生物氧化在细胞膜上进行。

三、生物氧化的方式

生物氧化的方式有失电子氧化、加氧氧化、脱氢氧化和加水脱氢氧化等。

1. 失电子氧化 如细胞色素 b 和细胞色素 c 之间的电子传递。

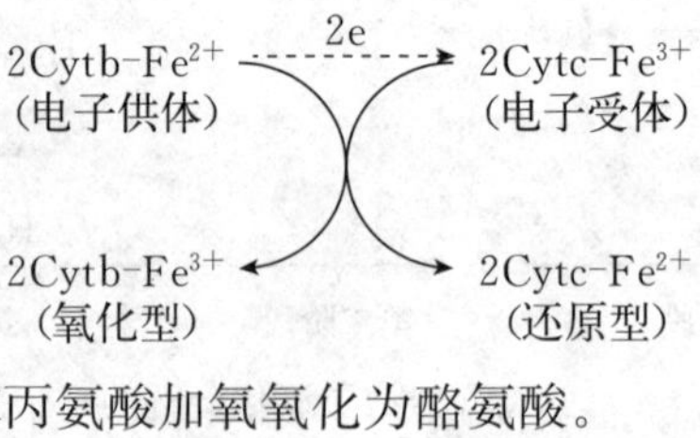

2e
2Cytb-Fe2+
(电子供体)
2Cytc-Fe3+
(电子受体)
2Cytb-Fe3+
(氧化型)
2Cytc-Fe2+
(还原型)

2. 加氧氧化 如苯丙氨酸加氧氧化为酪氨酸。

NH2
H2C—CH—COOH
+1/2 O2
NH2
H2C—CH—COOH
OH

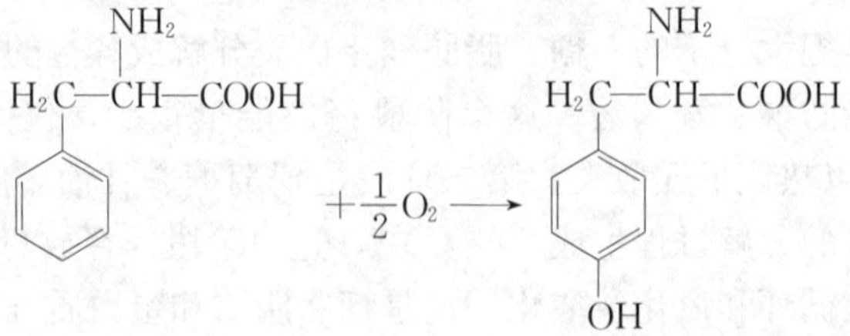

苯丙氨酸　　　　酪氨酸

3. 脱氢氧化　如琥珀酸脱氢氧化为延胡索酸。

$$\underset{\text{琥珀酸}}{\begin{array}{l}CH_2-COOH \\ | \\ CH_2-COOH\end{array}} \xrightarrow{-2H} \underset{\text{延胡索酸}}{\begin{array}{l}HC-COOH \\ \| \\ HOOC-CH\end{array}}$$

4. 加水脱氢氧化　延胡索酸加水脱氢氧化为草酰乙酸。

$$\underset{\text{延胡索酸}}{\begin{array}{l}HC-COOH \\ \| \\ HOOC-CH\end{array}} +H_2O \longrightarrow \underset{\text{苹果酸}}{\begin{array}{l}H \\ | \\ HO-C-COOH \\ | \\ CH_2COOH\end{array}} \xrightarrow{-2H} \underset{\text{草酰乙酸}}{\begin{array}{l}O \\ \| \\ C-COOH \\ | \\ CH_2COOH\end{array}}$$

在生物氧化中，脱氢氧化和加水脱氢氧化是物质氧化的主要形式。

第二节　氧化中二氧化碳的生成

生物氧化中二氧化碳的生成是由于糖、脂肪、蛋白质等有机物转变成含羧基的化合物后经脱羧反应产生的。根据脱羧反应的性质及脱去的羧基在有机分子中的位置可对脱羧反应进行以下分类。

一、直接脱羧

（一）单纯 α-脱羧反应

$$\underset{\text{氨基酸}}{\begin{array}{l}R-CH-COOH \\ | \\ NH_2\end{array}} \xrightarrow{\text{氨基酸脱羧酶}} \underset{\text{胺}}{R-CH_2-NH_2} + CO_2$$

（二）单纯 β-脱羧反应

$$\underset{\text{草酰乙酸}}{HOOC-\underset{\alpha}{CO}-\underset{\beta}{CH_2}-COOH} \xrightarrow{\text{丙酮酸羧化酶}} \underset{\text{丙酮酸}}{HOOC-CO-CH_3} + CO_2$$

二、氧化脱羧

在脱羧反应中伴有氧化反应发生的过程称为氧化脱羧。根据脱羧位置氧化脱羧分为两种类型。

（一）α-氧化脱羧反应

$$\underset{\text{丙酮酸}}{HOOC-CO-CH_3} + \underset{\text{辅酶 A}}{NAD^+ + HS-CoA} \xrightarrow{\text{丙酮酸脱氢酶系}}$$
$$\underset{\text{乙酰辅酶 A}}{CH_3-CO-SCoA} + CO_2 + NADH + H^+$$

（二）β-氧化脱羧反应

$$HOOC{-}CH_2{-}\underset{\beta}{C}H(OH){-}\underset{\alpha}{C}OOH + NADP^+ \xrightarrow{\text{苹果酸酶}}$$

苹果酸

$$CH_2{-}CO{-}COOH + CO_2 + NADPH + H^+$$

丙酮酸

第三节　生物氧化中水的生成

生物氧化中水的生成大致可分为两种方式：一种是直接由底物脱水，另一种是通过呼吸链生成水。动物体内的水主要是通过呼吸链来生成的。

一、底物直接脱水

营养物质在代谢过程中从底物直接脱水的只有少数。例如在葡萄糖代谢的过程中，烯醇化酶可催化 2-磷酸甘油酸脱水生成磷酸烯醇式丙酮酸；在脂肪酸的生物合成过程中，β-羟脂酰 ACP 脱水酶可以催化 β-羟脂酰 ACP 的脱水反应，生成 α,β-烯脂酰 ACP。

$$
\begin{array}{c}
COO^- \\
| \\
HC{-}OPO_3^{2-} \\
| \\
CH_2OH
\end{array}
\xrightarrow{\text{烯醇化酶}}
\begin{array}{c}
COO^- \\
| \\
C\sim OPO_3^{2-} \\
\| \\
CH_3
\end{array}
+ H_2O
$$

2-磷酸甘油酸　　　　　　　磷酸烯醇式丙酮酸

$$
\begin{array}{c}
OH \quad\quad O \\
| \quad\quad\quad \| \\
R{-}CH{-}CH_2{-}C{-}S{-}ACP
\end{array}
\xrightarrow{\text{β-羟脂酰 ACP 脱水酶}}
\begin{array}{c}
O \\
\| \\
R{-}CH{=}CH_2{-}C{-}S{-}ACP
\end{array}
+ H_2O
$$

β-羟脂酰 ACP　　　　　　　　　　　　α,β-烯脂酰 ACP

二、呼吸链生成水

生物氧化中所生成的水主要是代谢底物脱掉的氢，经过呼吸链的传递最后与氧结合而成的。

（一）呼吸链的概念

呼吸链是指存在于线粒体内膜上一系列的氢与电子的传递体系，即在生物氧化过程中的代谢底物脱掉的氢原子，经递氢体与递电子体的传递，最终传递给分子氧化合成生成水，同时释放出大量的能量。由于这种传递体系与细胞的呼吸有关，所以称为呼吸链，也称为生物氧化链或电子传递链。

知识卡片

呼吸链的发现

1900—1920 年，科学家发现催化脱氢作用的脱氢酶在完全无氧的条件下，能将底物分子中的氢原子脱下，于是提出了氢激活作用的学说。Wieland 提出，氢的激活是生物氧化的主要过程，而氧分子不需要激活就可与被激活的氢原子结合。1913 年，Warburg 发现极少量的氧化物即能全部抑制组织和细胞对分子氧的利用，而氧化物对脱氢酶并没有抑制作用，于是提出生物氧化作用需要一种含铁的呼吸酶来激活分子氧，且氧的激活是生物氧化的主要步骤。后来匈牙利的科学工作者 A. Szent‐Gyorgyi 将两种学说合并在一起，提出在生物氧化过程中氢的激活和氧的激活都是需要的，他还提出在呼吸酶和脱氢酶之间起电子传递作用的是黄素蛋白类物质。1925 年，Davin Keilin 提出细胞色素也起着传递电子的作用。

(二) 呼吸链的组成

呼吸链位于线粒体内膜上，由四种蛋白质复合物和两个独立成分组成（线粒体上电子传递链的组成见表 7‐1）。蛋白质复合物分别为复合物 I、II、III、IV；两个独立成分是辅酶 Q（CoQ）和细胞色素 c，它们容易从线粒体内膜上分离出来，是可移动的电子传递体。

表 7‐1 线粒体上电子传递链的组分

组分分类	组分名称	辅助成分
复合物 I	NADH‐CoQ 还原酶（NADH 脱氢酶）	FMN、Fe—S
复合物 II	琥珀酸‐CoQ 还原酶（琥珀酸脱氢酶）	FAD、Fe—S
独立成分	CoQ	
复合物 III	CoQ‐细胞色素 c 还原酶	血红素 b、血红素 c_1（Fe—S）
独立成分	细胞色素 c	血红素 c
复合物 IV	细胞色素氧化酶（Cytaa$_3$）	血红素 a、Cu^{2+}

由表 7‐1 可见，FMN、FAD、CoQ、细胞色素既是呼吸链中各种氧化还原酶的辅基和组成部分，又是呼吸链的电子传递体。

(三) 呼吸链各组分的传递电子机制

1. 以 FMN、FAD 为辅基的脱氢酶 FMN 在呼吸链中是 NADH‐CoQ 还原酶（复合物 I）的辅基，FAD 是琥珀酸‐CoQ 还原酶（复合物 II）的辅基，它们与酶蛋白常以共价键结合。

　　FMN 与 FAD 能传递氢原子是由于分子中含有核黄素，并通过核黄素分子上的功能基团——异咯嗪环的 N 与 N_{10} 接受两个氢原子，转变成还原型的 $FMNH_2$ 与 $FADH_2$。然后，还原型 $FMNH_2$ 与 $FADH_2$ 再把两个氢质子释入溶液中，两个电子经铁硫蛋白传递给泛醌，又转变为氧化型，FMN 与 FAD 通过这种氧化型与还原型的相互变化在呼吸链中完成传递电子的过程。

　　2. 铁硫蛋白（iron-sulfur protein）　铁硫蛋白是 NADH-CoQ 还原酶、琥珀酸-CoQ 还原酶和 CoQ-细胞色素 c 还原酶的辅基，亦称铁硫中心，是含相等数量铁原子和硫原子的结合蛋白，各种铁硫蛋白含 Fe—S 的数目常不同，其中以 Fe_2S_2 和 Fe_4S_4 最为普遍。铁硫蛋白结构示意见图 7-2。

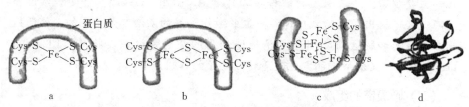

图 7-2　铁硫蛋白结构示意
a. 单个铁与 4 个半胱氨酸上的硫相连　b. 2Fe—2S
c. 4Fe—4S　d. 铁硫蛋白空间构象

　　铁原子除与硫原子连接外，还与蛋白质分子中半胱氨酸的巯基相连。铁硫蛋白通过分子中的三价铁和二价铁的互变来传递电子，属单电子传递体。

　　3. 辅酶 Q　辅酶 Q 是存在于线粒体内膜上的脂溶性小分子，因其在生物界广泛存在，且属于醌类，故又名泛醌。哺乳动物体内辅酶 Q 的侧链含有 10 个异戊二烯单位，微生物体内一般含有 6～9 个该单位。辅酶 Q 的非极性特点，使其可在线粒体内膜的疏水相中快速扩散。辅酶 Q 在电子传递链中处于中心位置，它的苯醌结构可接受两个氢质子和两个电子，被还原为对苯二酚，即还原型的辅酶 Q，然后两个氢质子释放入线粒体基质内，两个电子传递给细胞色素，$CoQH_2$ 又被氧化为氧化型的辅酶 Q。

$$Q+2H^++2e \Longrightarrow Q \cdot H_2$$

　　4. 细胞色素类　细胞色素（cytochrome，Cyt）是以铁卟啉为辅基的结合蛋白质，其分离制品显红色。目前，已发现各种来源的细胞色素 30 余种，可分为 a、b、c 三 类，其蛋白质部分和铁卟啉的侧链都不相同。在电子传递链中至少含有五种细胞色素，如细胞色素 b、细胞色素 c_1、细胞色素 c、细胞色素 a、细胞色素 a_3。细胞色素 b、细胞色素 q、细胞色素 c 的辅基均含铁原卟啉（又称血红蛋白），其分子中的铁原子与卟啉和蛋白质形成了六个配位键，所以不能再与 Q_2、CO 或 CN^- 等结合。细胞色素 c 组成示意见图 7-3。

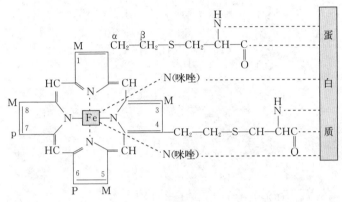

图 7-3　细胞色素 c 组成示意

$M=CH_2$；$P=CH_2CH_2COOH$

细胞色素 b 和细胞色素 c_1 构成的复合物Ⅲ，又称为 CoQ-细胞色素 c 还原酶。细胞色素 b 在此酶中以游离形式存在，而细胞色素 c_1 则以共价键与蛋白质相连，在电子传递链中催化电子从 $CoQH_2$ 转移到细胞色素 c 分子上。

细胞色素 c 是独立成分，可交互地与细胞色素 c_1 和细胞色素氧化酶（复合物Ⅳ）接触，起到在复合物Ⅲ和复合物Ⅳ之间传递电子的作用。

细胞色素是通过铁卟啉辅基中铁原子的可逆性互变来传递电子的，与铁硫蛋白一样是单电子传递体。CoQ-细胞色素 c 还原酶复合物把电子从 $CoQH_2$ 传递给细胞色素 b、细胞色素 c_1、细胞色素 c 的过程见图 7-4。

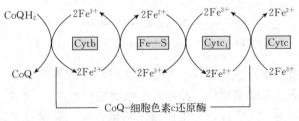

图 7-4　细胞色素传递电子过程（1）

细胞色素 a 和细胞色素 a_3 结合紧密，以复合物的形式存在。细胞色素 aa_3 在电子传递链中能被氧直接氧化，故称为细胞色素氧化酶（cytochrome oxidase），又称为复合物Ⅳ，是呼吸链中最后一个电子传递体。细胞色素 aa_3 的辅基与细胞色素 b、细胞色素 c_1、细胞色素 c 的辅基不同，是血红蛋白 A（图 7-5）。其辅基中的铁原子与卟啉环和蛋白质形成五个配位键，还保留一个配位键，所以能与 O_2、CO、CN^- 结合。此外，细胞色素 aa_3 中还含有铜原子，铜原子也参与电子的传递。

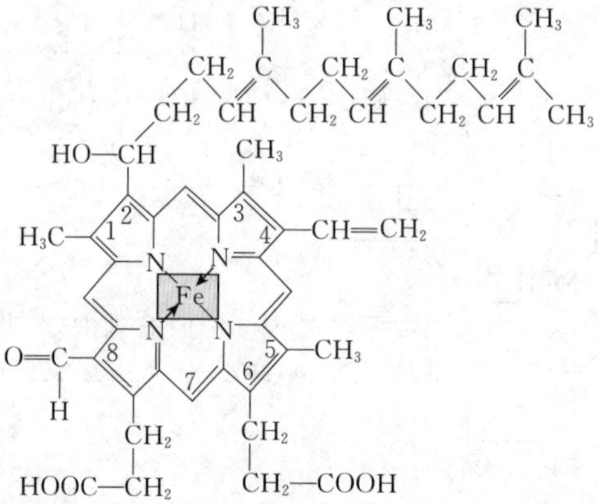

图 7-5　血红蛋白 A（细胞色素 aa_3 的辅基）

在电子传递过程中，细胞色素 c 将电子传递给细胞色素 a 的亚基时，通过其辅基血红蛋白 A 中铁的化合价变化传递电子。电子传递到细胞色素 aa_3 时，通过其血红蛋白 A 的铁及铜原子将电子传递给氧，氧接受 2 个电子还原成 O^{2-}，与介质中的 $2H^+$ 结合生成水，其过程见图 7-6。

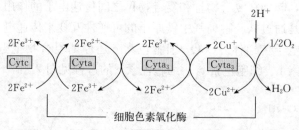

图 7-6　细胞色素传递电子过程（2）

电子传递过程中细胞色素 aa_3 复合物中只有细胞色素 a_3 才是真正的细胞色素氧化酶，亦称末端氧化酶。此外，还原型细胞色素 a_3 辅基血红蛋白 A 中的铁原子还极易与 CO 结合，并生成稳定的化合物。氧化型细胞色素 a_3 的血红蛋白 A 辅基中的铁原子与氰化物有较大的亲和力，氰化物浓度极低时也能与细胞色素 a_3 结合，从而使其丧失传递电子的功能。因此，氰化物对人和动物而言是一种剧毒物质。

（四）线粒体内两条主要的呼吸链

存在于线粒体内膜上的四种酶复合物、CoQ 及细胞色素 c 按一定排列顺序可构成两条电子传递链，即 NADH 电子传递链和 $FADH_2$ 电子传递链，或者称为 NADH 呼吸链和 $FADH_2$ 呼吸链。

1. NADH 呼吸链　NADH 呼吸链应用最广，糖、脂肪、蛋白质三大营养物质氧化分解中脱下的氢，绝大部分是通过 NADH 呼吸链来传递。这条呼吸链由复合物Ⅰ、复合物Ⅲ、复合物Ⅳ、CoQ、细胞色素 c 组成。NADH 呼吸链排列顺序见图 7-7。

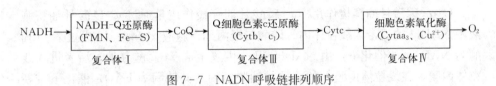

图 7-7　NADN 呼吸链排列顺序

在生物氧化中大多数脱氢酶都是以 NAD^+ 为辅酶，底物脱下的氢原子由 NAD^+ 接受生成 $NADH+H^+$，在 NADH-CoQ 还原酶的作用下，脱下的氢经 NADH 呼吸链传递，最后激活氧生成水。

2. $FADH_2$ 呼吸链　在代谢中有些以 FAD 为辅基的脱氢酶，如琥珀酸脱氢酶、脂酰 CoA 脱氢酶。底物脱下的氢传给初始受体 FAD，然后进入呼吸链进行传递，因此 $FADH_2$ 呼吸链又称为琥珀酸氧化呼吸链。$FADH_2$ 呼吸链排列顺序见图 7-8。

图 7-8　$FADH_2$ 呼吸链排列顺序

$FADH_2$ 呼吸链是由复合物Ⅱ、复合物Ⅲ、复合物Ⅳ、CoQ、细胞色素 c 组成，$FADH_2$ 电子传递过程如图 7-9 所示。

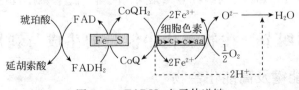

图 7-9　$FADH_2$ 电子传递链

（五）胞液 NADH 进入线粒体的穿梭机制

生物氧化除了在线粒体内产生 NADH 外，在胞液中亦存在以 NAD^+ 为辅酶的脱氢酶，如 3-磷酸甘油醛脱氢酶和乳酸脱氢酶，NAD^+ 接受电子和质子后形成 NADH。因线粒体内膜对物质的转移有高度的选择性，NADH 不能自由通过线粒体内膜，必须借助特殊的转运系统来实现。细胞内存在有不同的转运机制使 NADH 进入线粒体，这就是线粒体的穿梭作用。线粒体的穿梭作用分为两种：一种是 α-磷酸甘油穿梭（glycerol-α-phosphate shuttle）作用，发生在动物的骨骼肌和脑组织中；一种是苹果酸穿梭（malate shuttle）作用，发生在动物的肝和心肌中。

1. α-磷酸甘油穿梭作用　α-磷酸甘油穿梭作用是通过 α-磷酸甘油将胞液中 NADH 的氢带入线粒体内。磷酸二羟丙酮在胞液 α-磷酸甘油脱氢酶（辅酶为 NAD^+）的催化下，由 $NADH+H^+$ 供氢生成 α-磷酸甘油，后者进入线粒体内膜，在线粒体内膜上的磷酸甘油脱氢酶（其辅酶为 FAD）催化下重新生成磷酸二羟丙酮和 $FADH_2$。$FADH_2$ 进入 $FADH_2$ 电子传递链，磷酸二羟丙酮穿出线粒体可继续参与穿梭。

2. 苹果酸穿梭作用　该作用通过苹果酸将胞液中 NADH 的氢带进线粒体内。胞液中生成的 $NADH+H^+$ 在苹果酸脱氢酶的催化下，与草酰乙酸反应生成苹果酸。苹果酸可透入线粒体内膜，再由苹果酸脱氢酶作用重新生成 $NADH+H^+$，进入 NADH 电子传递链。与此同时，生成的草酰乙酸不能穿出线粒体，需经谷草转氨酶（GOT）催化，生成天冬氨酸后逸出线粒体。在线粒体外的天冬氨酸再由胞液中的谷草转氨酶催化，重新生成草酰乙酸继续参与穿梭（图 7-10）。

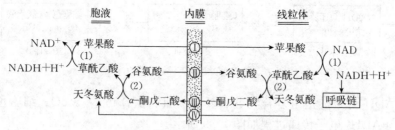

图 7-10　苹果酸穿梭作用
（1）苹果酸脱氢酶；（2）谷草转氨酶。Ⅰ、Ⅱ、Ⅲ、Ⅳ为转运因子

第四节　生物氧化中能量的生成与利用

一、高能键及高能化合物

在生物氧化中，有些化合物的个别化学键自由能很高，当其发生水解或基

团转移反应时，释放或转移的自由能很多，远高于其他普通化学键。生物氧化中化合物水解，每摩尔释放出的自由能大于 21kJ 时，该化合物称为高能化合物，被水解的化学键称为高能键（energy rich bond），常用符号"～"表示。

生物体内具有高能键的化合物有很多，根据键的特性可分为以下类型。

1. 磷氧键型（—O～P）　属于这种键型的化合物很多，又可分成下列几种。

（1）酰基磷酸化合物。

1,3-二磷酸甘油酸　　　乙酰磷酸　　　氨甲酰磷酸

（2）焦磷酸化合物。

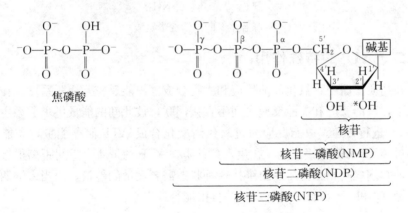

焦磷酸

核苷
核苷一磷酸(NMP)
核苷二磷酸(NDP)
核苷三磷酸(NTP)

（3）磷酸烯醇式化合物。

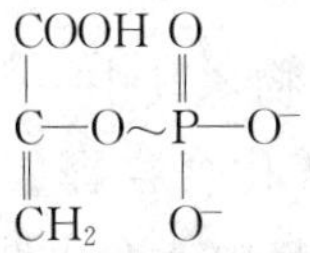

$$
\begin{array}{c}
\text{COOH} \quad \text{O} \\
| \quad \quad \| \\
\text{C}-\text{O}-\text{P} \\
\| \quad \quad | \\
\text{CH}_2 \quad \text{O}^-
\end{array}
$$

磷酸烯醇式丙酮酸

2. 氮磷键型　胍基磷酸化合物属于此类。

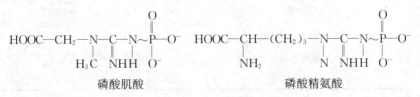

磷酸肌酸　　　　　　　　　磷酸精氨酸

3. 硫脂键型

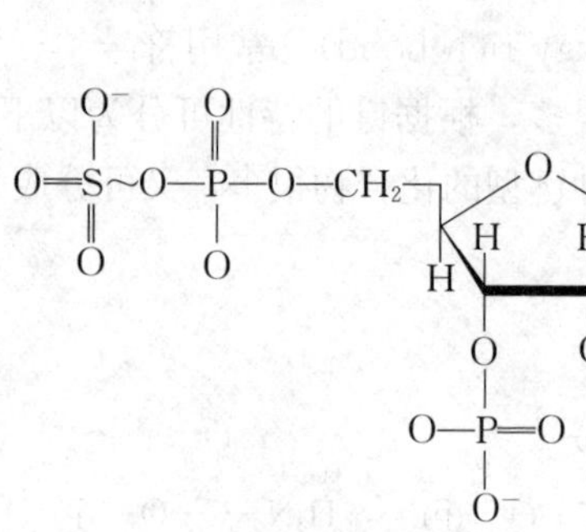

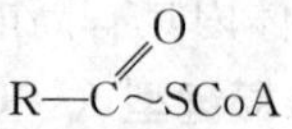

3′-磷酸腺苷-5′-磷酰硫酸(活性硫酸基)

4. 甲硫键型

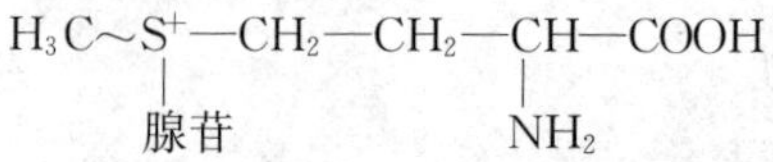

$$H_3C{\sim}S^+{-}CH_2{-}CH_2{-}CH{-}COOH$$
$$\quad\quad \mid \quad\quad\quad\quad\quad\quad \mid$$
$$\quad\quad 腺苷 \quad\quad\quad\quad\quad NH_2$$

S-腺苷蛋氨酸（活性蛋氨酸）

二、ATP 的特殊作用

在物质代谢中，氧化放能反应和生物合成等需能反应互相联系。但在多数情况下，产能反应和需能反应之间不直接偶联，彼此间的能量供求关系主要通过 ATP 进行传递。放能反应通过氧化磷酸化合成 ATP 储存能量，需能反应则通过 ATP 水解直接供能。在生理条件下，ATP 约带 4 个空间距离很近的负电荷，它们之间相互排斥，要维持这种状态需要大量的能量，而当末端两个磷酸脂键（β 和 γ）水解时，有大量的自由能释放出来。

$$ATP+H_2O \longrightarrow ADP+Pi \quad\quad \Delta G^{\theta'}=-30.5 \text{ kJ/mol}$$
$$ADP+H_2O \longrightarrow AMP+Pi \quad\quad \Delta G^{\theta'}=-30.5 \text{ kJ/mol}$$

动物机体内有很多磷酸化合物，其中一些磷酸化合物释放的 $\Delta G^{\theta'}$ 值高于 ATP 释放的自由能，而一些磷酸化合物释放的 $\Delta G^{\theta'}$ 值低于 ATP 释放的自由能。某些磷酸化合物水解的标准自由能变化见表 7-2。

表 7-2　某些磷酸化合物水解的标准自由能变化

化合物	$\Delta G^{\theta'}/(kJ/mol)$
磷酸烯醇式丙酮酸	-61.9
3-磷酸甘油酸	-49.3
磷酸肌酸	-43.1

（续）

化合物	$\Delta G^{\theta'}/(\mathrm{kJ/mol})$
乙酰磷酸	-42.3
磷酸精氨酸	-32.2
ATP→ADP+Pi	-30.5
1-磷酸葡萄糖	-20.9
6-磷酸果糖	-15.9
6-磷酸葡萄糖	-13.8
1-磷酸甘油	-9.2

三、ATP 的生成

在生物体内 ADP 与具有高能磷酸键的磷酸基团结合可生成 ATP，此过程称为磷酸化作用。磷酸化作用有底物水平磷酸化和氧化磷酸化两种方式。

（一）底物水平磷酸化

底物发生脱氢或脱水使其分子内部能量重新分布而形成高能磷酸键（或高能硫酯键），然后高能键转移给 ADP（或 GDP）生成 ATP（或 GTP）的反应称为底物水平磷酸化（substrate level phosphorylation）。如糖酵解途径的中间产物磷酸烯醇式丙酮酸和 1,3-二磷酸甘油酸都含高能磷酸键，它们水解时 $\Delta G^{\theta'}$ 分别为 $-61.9\ \mathrm{kJ/mol}$ 和 $-49.4\ \mathrm{kJ/mol}$，而 ATP 末端的高能磷酸键形成仅需要吸收 $30.5\ \mathrm{kJ/mol}$ 的能量，所以其分子中高能磷酸键可直接转移给 ADP（或 GDP）而生成 ATP（或 GTP），发生底物水平磷酸化反应。

① 1,3-二磷酸甘油酸+ADP $\xrightleftharpoons{\text{3-磷酸甘油酸激酶}}$ 3-磷酸甘油酸+ATP

② 磷酸烯醇式丙酮酸+ADP $\xrightleftharpoons{\text{丙酮酸激酶}}$ 烯醇式丙酮酸+ATP

③ 琥珀酰辅酶 A+H₃PO₄+GDP $\xrightleftharpoons{\text{琥珀酸硫激酶}}$ 琥珀酸+辅酶 A+GTP

ADP+GTP $\rightleftharpoons$ ATP+GDP

底物水平磷酸化生成 ATP 不需要经过呼吸链的传递过程，不需要消耗氧气，也不利用线粒体 ATP 酶的系统。因此，生成 ATP 的速度较快，但生成量不多。在机体缺氧或无氧条件下，底物水平磷酸化无疑是一种生成 ATP 的快捷方式。

（二）氧化磷酸化

氧化磷酸化又称为电子传递水平磷酸化，是指代谢底物在生物氧化中脱掉的氢，经呼吸链传递给氧，化合成水的过程中释放的能量与 ADP 磷酸化生成

ATP 相偶联的过程。氧化磷酸化是在线粒体中进行的，是需氧生物体中 ATP 的主要来源。

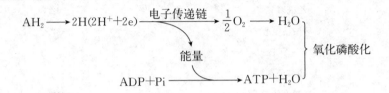

1. 氧化磷酸化的偶联部位　呼吸链在传递电子的同时释放能量，但并不是每一个传递部位都可以生成 ATP。根据热力学测定，当电子从 NADH 经过呼吸链传递到氧时，有三处可以产生 ATP，分别是在 NADH 和 CoQ 之间、Cytb 和 Cytc 之间、Cytaa$_3$ 和 O$_2$ 之间。当电子从 FADH$_2$ 经过呼吸链传递到氧时，有两处可以产生 ATP，分别是在 Cytb 和 Cytc 之间、Cytaa$_3$ 和 O$_2$ 之间。因此，NADH 呼吸链可以比 FADH 呼吸链生成更多的 ATP。

2. 氧化磷酸化生成 ATP 的分子数　1940 年，Ochoa 等用组织匀浆和组织切片作实验材料，首先测定了呼吸过程中 O$_2$ 消耗和 ATP 生成的关系，结果表明，在 NADH 呼吸链中，每消耗 1 mol 原子氧，约生成 2.5 mol ATP；在 FADH$_2$ 呼吸链中，每消耗 1 mol 原子氧，约生成 1.5 mol ATP。这种消耗原子氧摩尔数和产生 ATP 摩尔数的比例关系称为磷-氧比（P/O）。磷-氧比又可视为一对电子通过呼吸链传至 O$_2$ 所生成 ATP 的分子数。

现在的观点认为，以磷-氧比为依据计算氧化磷酸化产生的 ATP 分子数并不准确，而应考虑一对电子经过呼吸链到 O$_2$ 有多少质子从线粒体基质泵出，因为 ATP 的生成与泵出的质子数有定量关系。最新结果显示，每对电子通过复合物 I 时有 4 个质子从基质泵出，通过复合物 IV 时有 4 个质子从基质泵出，通过复合物 IV 时有 2 个质子从基质泵出。这些质子的泵出，便形成了跨膜的质子梯度。合成 1 分子 ATP 需要 3 个质子通过 ATP 合酶返回基质来驱动，同时，生成的 ATP 从线粒体基质进入胞质还需要消耗 1 个质子来运送，每产生 1 分子 ATP 需要 4 个质子，因此，一对电子从 NADH 到 O$_2$ 将产生 2.5 分子 ATP，而一对电子从 FADH$_2$ 到 O$_2$ 将产生 1.5 分子 ATP。

3. 氧化磷酸化的机制　关于氧化和磷酸化的偶联，曾提出了三种假说，即化学偶联假说、构象偶联假说和化学渗透假说。

化学偶联假说是 E. Slater 在 1953 年提出的，该假说认为在电子传递过程中生成高能中间物，再由高能中间物裂解释放的能量驱动 ATP 的合成。这一假说可以解释底物磷酸化，但在电子传递体系的磷酸化中尚未找到高能中间物。

构象偶联假说是 P. Boyer 于 1964 年提出的，该假说认为电子传递使线粒体内膜的蛋白质构象发生变化，由低能构象变为高能构象，后者再将能量传递给 ATP 合酶，推动了 ATP 的生成。这一假说有一定的实验依据，即电子沿呼吸链传递时，观察到线粒体内膜上有些蛋白质构象发生变化，但由于证据不足未得到公认。

化学渗透假说是 Peter Mitchell 于 1961 年提出的，该假说认为电子经呼吸链传递释放的能量，可将 H^+ 从线粒体内膜的基质侧泵到膜间腔中，线粒体内膜不允许 H^+ 自由回流，使膜间腔中的 H^+ 浓度高于基质中的 H^+ 浓度，于是产生质子电化学梯度。当 H^+ 顺梯度经 ATP 合酶返回线粒体基质时，质子跨膜梯度中所蕴含的能量便推动 ADP 和 Pi 作用生成 ATP。化学渗透假说机制如图 7-11 所示。

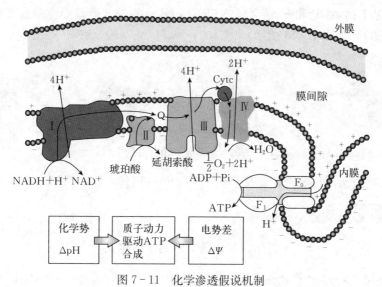

图 7-11　化学渗透假说机制

化学渗透假说得到广泛的实验支持，但该假说未能解决 H^+ 被泵到膜间的机制和 ATP 合成的机制。

1994 年，J. Walker 等发表了牛心线粒体 F_1-ATP 合酶的晶体结构。高分辨的电子显微镜研究表明，ATP 合酶含有像球状把手的 F_1 头部、横跨内膜的基底部 F_0 和将 F_1 与 F_0 连接起来的柄部三部分，ATP 合酶的结构如图 7-12 所示。

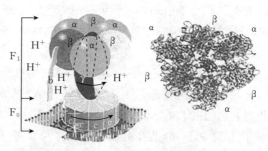

图 7-12　ATP 合酶的结构

F_1 的相对分子质量为 380 000，含有 9 个亚基，生理作用是催化 ATP 合成；F_0 的相对分子质量为 25 000，由 3 种疏水亚基组成并镶嵌在线粒体内膜中，形成 ATP 合酶的质子通道。

F_2 的 3 个 α 亚基和 3 个 β 亚基交替排列，形成橘子瓣样结构。γ 和 ε 亚基结合在一起，位于 $\alpha_3\beta_3$ 的中央，构成可以旋转的 "转子"，F_2 的 3 个 β 亚基均有与腺苷酸结合的部位，并呈现 3 种不同的构象。其中与 ATP 紧密结合的称为 β-ATP 构象，与 ADP 和 Pi 结合较疏松的称为 β-ADP 构象，与 ATP 结合力极低的称为 β-空构象。质子流通过 F_0 的质子通道，c 亚基环状结构的扭动使 γ 亚基构成的 "转子" 旋转，引起 $\alpha_3\beta_3$ 构象的协同变化，使 β-ATP 构象转变为 β-空构象并放出 ATP。当 β-ADP 构象转变为 β-ATP 构象时，结合在 β 亚基上的 ADP 和 Pi 结合成 ATP，ATP 合酶的 β 亚基经 "结合变构" 机制合成 ATP 如图 7-13 所示。

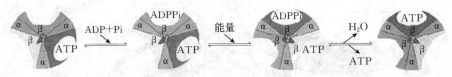

图 7-13　ATP 合酶的 β 亚基经 "结合变构" 机制合成 ATP

ATP 合酶的构象变化解释了 ATP 生成的机制。

知识卡片

氧化磷酸化研究中的诺贝尔奖

英国生物化学家 Petel Denni Mitchell（1920—1992 年）于 1961 年提出 "化学渗透假说"，认为线粒体内膜有能量转化功能。线粒体内膜中的氧化呼吸链在传递电子过程中像泵一样把基质中的质子泵出到膜间隙。H^+ 从内膜外侧回流到内膜内侧的过程中，释放出的能量推动 ATP 合酶把 ADP 和 Pi 转变成 ATP。Mitchell 于 1966 年发表了论文 "在氧化与光合磷酸化中的化学渗透偶联"，阐明了氧化磷酸化的偶联机制。最终，人们接受了 "化学渗透假说"。他于 1978 年获得诺贝尔化学奖。

美国科学家 Paul Delos Boyer 通过同位素标记实验证实了 ATP 合酶三个 β 亚基的不同功能，于 1989 年提出 ATP 合酶促进 ATP 合成的 "结合变构机制"。1994 年，英国化学家 John Ernest Walker 阐明了牛心肌线粒体 ATP 合酶中 F_1 的晶体结构，证明了 β 亚基 L、T、O 三种构象及其轮回变构，为 Boyer 的 "结合变构机制" 提供了结构基础。此外，体外荧光显微镜观

察到 γ 亚基在 F_1 头部中央转动。含 ATP 合酶的生物膜和有泵质子作用的细菌组合模型，证明了质子顺梯度经 ATP 合酶流动的过程，使 ADP ＋ Pi 合成 ATP 等，使结合变构机制得到承认。Boyer 和 Walker 在 1997 年共同获得诺贝尔化学奖。

4. 氧化磷酸化的抑制作用　一些化合物对氧化磷酸化有抑制作用，根据其作用机制不同，分为解偶联剂、氧化磷酸化抑制剂和电子传递抑制剂。

（1）解偶联剂。解偶联剂是指使氧化磷酸化电子传递过程和 ADP 磷酸化为 ATP 的过程不能发生偶联反应的物质。这种物质对电子传递过程没有抑制作用，但抑制 ADP 磷酸化生成 ATP 的作用，使产能过程和储能过程相脱离，使电子传递产生的自由能都变为热能。目前已发现了多种解偶联剂，如 2,4 - 二硝基苯酚、双香豆素等。

（2）氧化磷酸化抑制剂。这类抑制剂既抑制氧的利用，又抑制 ATP 的形成，但不直接抑制电子传递链上载体的作用。这种抑制剂的作用方式是直接干扰 ATP 的生成过程，即干扰由电子传递的高能态形成 ATP 的过程，结果使电子传递不能进行。寡霉素就属于此类抑制剂。

（3）电子传递抑制剂。电子传递抑制剂是阻断电子传递链上某一部位电子传递的物质。电子传递被阻断会使物质氧化过程中断，磷酸化无法进行，故该类抑制剂同样也可抑制氧化磷酸化。目前已知的电子传递抑制剂有以下几种。

① 鱼藤酮、阿米妥、粉蝶霉素 A 等。该类抑制剂专一结合于 NADH - CoQ 还原酶中的铁硫蛋白上，从而阻断电子传递。鱼藤酮是一种植物毒素，常用作杀虫剂；阿米妥属于巴比妥类安眠药；粉蝶霉素 A 结构类似辅酶 Q，因此其在电子传递中，与辅酶 Q 有竞争作用。

② 抗霉素。该物质有阻断电子从细胞色素 b 到细胞色素 c_2 的传递作用。

③ 氰化物（CN^-）、CO 及 N_3^- 等，该类抑制剂可与氧化型细胞色素氧化酶牢固结合，阻断电子传至氧的作用。抑制剂在电子传递中的抑制部位见图7 - 14。

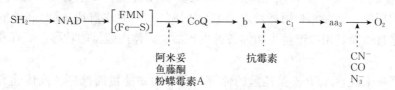

图 7 - 14　抑制剂在电子传递链中的抑制部位

氰化物是重要的工业原料。木薯、苦杏仁、桃仁、白果中都含有氰化物。氰化物进入人体或动物体过多时，可因 CN^- 与细胞色素氧化酶的高铁（Fe^{3+}）

结合成氰化高铁细胞色素氧化酶，使细胞色素氧化酶失去传递电子的能力，致使呼吸链中断，细胞窒息而死亡。

治疗氰化物中毒的一般原则是先给中毒者注射亚硝酸钠，使部分亚铁血红蛋白氧化成高铁血红蛋白（注意亚硝酸钠不可注射过量，否则会导致高铁血红蛋白产生过多，机体失去运氧能力）。当高铁血红蛋白的含量达到血红蛋白总量的 $20\% \sim 30\%$ 时，就能成功夺取已与细胞色素氧化酶（$Cytaa_3$）结合的 CN^-，使 $Cytaa_3$ 恢复活力。生成的氰化高铁血红蛋白不稳定，在数分钟后又能逐渐解离放出 CN^-，此时再注射硫代硫酸钠，在肝中硫氰生成酶的催化下可将 CN^- 转变为无毒的硫氰化合物随尿排出，达到彻底解毒的目的。细胞色素氧化酶的中毒与解毒如图 7-15 所示。

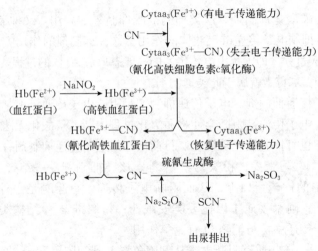

图 7-15　细胞色素氧化酶的中毒与解毒

四、ATP 的利用

ATP 是具有两个高能磷酸键的高能磷酸化合物，在生物体代谢过程中，能量的释放、储存和利用都是以 ATP 为中心，ATP 水解成 ADP 和磷酸释放出大量自由能，用以维持生物体各种生理活动。体内能量的转移、储存和利用见图 7-16。

严格来说，ATP 不是能量的储存物质，而是能量的携带者或传递者。它可将高能磷酸键转移给肌酸，生成磷酸肌酸（creatine phoshate，C～P）。磷酸肌酸所含的高能磷酸键不能直接应用，需用时磷酸肌酸把高能磷酸键转移给 ADP 生成 ATP，以维持机体的正常生理活动，这一反应由肌酸磷酸激酶催

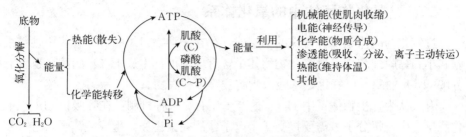

图 7-16　体内能量的转移、储存和利用

化。磷酸肌酸只通过这唯一的途径转移其磷酸基团，因此它是 ATP 高能磷酸基团的储存库。

另外，生物体内有些合成反应不一定直接利用 ATP 提供能量，而是由其他三磷酸核苷作为能量的直接来源。如 UTP 用于多糖的合成，CTP 用于磷脂的合成，GTP 用于蛋白质的合成等。但物质氧化时释放的能量大都是首先合成 ATP，然后，再由 ATP 将高能磷酸键转移给 UDP、GDP 或 CDP，生成相应的 UTP、GTP 或 CTP。

$$ATP+UDP \rightleftharpoons ADP+UTP$$
$$ATP+GDP \rightleftharpoons ADP+GTP$$
$$ATP+CDP \rightleftharpoons ADP+CTP$$

第五节　其他生物氧化体系

除线粒体外，细胞的微粒体和过氧化物酶体也是生物氧化的场所。其中存在一些不同于线粒体的氧化酶类，组成特殊的氧化体系，其特点是在氧化过程中不伴有 ATP 的生成。

一、微粒体氧化体系

（一）加单氧酶

微粒体内有一类重要的氧化酶，它的功能是催化给有关的底物分子加上一个氧原子使其羟化（加氧氧化），这种催化酶又称加单氧酶（monooxygenase）或称羟化酶（hydroxylase）。由于此酶催化氧分子中一个氧原子加到底物分子上，而另一个氧原子被氢（来自 $NADPH+H^+$）还原成 H_2O_2，因此又称此酶为混合功能氧化酶（mixed function oxidase，MFO）。

（二）加双氧酶

加双氧酶（dioxygenase）催化氧分子中的两个氧原子加到底物中带双键的 2 个碳原子上。如 β-胡萝卜素经加双氧酶的催化转变为视黄醛。

二、过氧化物酶体中的氧化体系

过氧化物酶体是一种特殊的细胞器，存在于动物组织的肝、肾、中性粒细胞和小肠黏膜细胞中。过氧化物酶体中含有多种催化生成 H_2O_2 的酶，也含有分解 H_2O_2 的酶，可氧化氨基酸、脂肪酸等多种底物。

有人认为，生物体系中 H_2O_2 的产生还有另一种机制：在呼吸链的末端氧化酶反应中，每分子氧需要接受 4 个电子才能完全还原，生成氧离子，进一步生成水。但若还原时只加一个电子，就可以形成超氧化阴离子（$O_2^- \cdot$），进一步还原成 H_2O_2 和羟基自由基（$HO \cdot$）。

$$O_2 \xrightarrow{+e} O_2^- \xrightarrow[2H^-]{+e} H_2O_2 \xrightarrow{+e} HO \cdot \xrightarrow{+e} H_2O$$

H_2O_2 可被过氧化氢酶或过氧化物酶分解而消除其毒害作用，反应如下：

$$2H_2O_2 \xrightarrow{过氧化氢酶} 2H_2O + O_2$$

$$AH_2 + H_2O_2 \xrightarrow{过氧化物酶} 2H_2O + A$$

$$R + H_2O_2 \xrightarrow{过氧化物酶} RO + H_2O$$

过氧化氢酶效率极高，因此体内不会发生 H_2O_2 的蓄积中毒。

过氧化物酶能催化以上两类反应，它的作用是催化 H_2O_2 氧化其他物质，如氧化酚类和胺类。

过氧化物酶是生物组织中广泛存在的一种酶，在辣根中含量很高，辣根可用作制备此酶的原料。过氧化物酶是一种高度耐热的酶，即使在 100 ℃经短时间加热后还能保持其活性。因此，在水果、蔬菜加工中常以该酶活性的有无作为热烫是否充分的指标。

三、超氧化物歧化酶

超氧化物歧化酶（superoxide dismutase，SOD）是一类广泛存在于动植物及微生物中的含金属酶类。真核细胞质内的 SOD 含 Cu、Zn。其相对分子质量为 32 000，由两个亚基组成，每个亚基含 1 个铜和 1 个锌。线粒体内的 SOD 含锰，由 4 个亚基组成。细胞中还有一类含铁的 SOD（呈黄色）。牛肝中发现另一类 SOD（含有钴和锌）。它们共同的功能是催化超氧阴离子自由基的歧化反应。

$$O_2^- \cdot + O_2^- \cdot + 2H^+ \xrightarrow{超氧化物歧化酶} H_2O_2 + O_2$$

体内常见的自由基除超氧离子自由基外，还有羟基自由基、氢过氧自由基等，它们是机体正常或异常反应的产物。自由基在体内非常活泼，参与一系列反应，生成多种脂质过氧化物，这些物质能交联蛋白质、脂类、核酸及糖类，使生物膜变性，致使组织破坏和老化。正常生理状态下，自由基不断产生，也不断被清除。老年时自由基的清除能力减弱，脂类过氧化物堆积，导致机体衰老。SOD 的歧化反应使自由基生成 H_2O_2 和 O_2 而被清除，从而阻止自由基的连锁反应，对机体起到保护作用。

第八章 蛋白质的酶促降解和氨基酸代谢

蛋白质是生命活动的基础物质，体内的大多数蛋白质均不断地进行分解与合成代谢。由于蛋白质在体内首先分解为氨基酸后才能进行进一步的代谢，因此作为构成蛋白质分子基本单位的氨基酸的代谢就成为蛋白质代谢的中心内容。

第一节 概 述

一、蛋白质的生理作用

蛋白质是生命的物质基础，在生命活动中起着重要的作用。从动物的物质组成来看，蛋白质约占动物体干重的一半，在肝、脾、肌肉等组织中甚至高达该器官干重的 $80\%\sim84\%$。更重要的是，蛋白质的结构复杂，种类繁多，是建造一切细胞、组织和器官的基本材料。为了维持生存和正常生长，动物必须从食物中不断地摄入蛋白质。饲料蛋白质对于畜禽是必需的，不能被其他营养物质（如糖类和脂类）所代替。蛋白质在动物体内的生理作用主要有以下四个方面。

1. 维持生长、发育、组织的修补与更新及生产的需要 蛋白质是细胞的主要组成部分，动物体内的蛋白质不断地自我更新，饲料必须提供足够数量和一定质量的蛋白质，才能维持组织细胞生长和增殖的需要。例如幼畜的生长发育，怀孕母畜胎儿的发育等，都必须摄入丰富的蛋白质。另外，母畜泌乳、母禽产蛋会丢失大量蛋白质；动物因受伤、手术、失血和毛发脱落等造成机体蛋白质的损失，必须通过摄入蛋白质加以补充。动物机体中的结构蛋白质在完成一定的生理功能之后便要分解，尽管原有蛋白质分解后生成的氨基酸还能用于新蛋白质的合成，但由于部分氨基酸的损耗，还有部分氨基酸转化成其他的含氮小分子，因此畜禽仍须从饲料中获得蛋白质。可见，维持动物的生长、发育、组织的修补与更新及生产的需要，是蛋白质的主要作用。

2. 转变为生理活性物质 食物中的蛋白质在消化道中被蛋白酶水解成氨

基酸而吸收进入机体内，这类氨基酸被称为外源性氨基酸。它们除了可以合成组织细胞的结构蛋白以外，还可以合成多种激素、酶类、转运蛋白、凝血因子和抗体等具有多种生理功能的大分子。此外，还有一些种类的氨基酸可以转变成具有多种生物活性的含氮小分子，如儿茶酚胺类激素、谷胱甘肽、嘌呤、嘧啶、卟啉等，在动物机体的代谢活动中发挥重要作用。

3. 氧化分解供能 蛋白质在动物体内也可以氧化供能。每克蛋白质可氧化分解产生 17.2 kJ 的能量，与 1 g 葡萄糖相当。但在正常状况下，氧化分解供能不是蛋白质的主要生理功能，因为用蛋白质氧化分解供能对于动物机体来说是不经济的，这种功能可由饲料中的糖和脂肪来承担。

4. 转变为糖或脂肪 蛋白质的水解产物氨基酸可进一步代谢。氨基酸脱掉氨基后产生的 α-酮酸可转变成糖或者脂肪。

二、氮平衡

为了维持动物的正常生长和发育，就必须由饲料中获得足够量的蛋白质。要想了解动物由饲料摄入的蛋白质是否能满足机体生理活动的需要，须进行氮平衡测定。氮平衡是反映动物摄入氮和排出氮之间的关系以衡量机体蛋白质代谢概况的指标。测定动物体每日食入饲料中的含氮量，每日排出体外的尿、粪，以及乳、蛋等中的氮含量，并比较食入氮和排出氮的平衡情况，称为氮平衡测定。如前所述，一般蛋白质的含氮量平均均在 16% 左右，因此测得样品的含氮量乘以 6.25（或除以 16%），可以反映饲料中蛋白质的大致含量。动物主要以尿和粪排出含氮物质。尿中的排氮量代表体内蛋白质的分解量，而粪中的排氮量代表未吸收的蛋白质量。测定氮平衡的结果可有以下三种情况。

1. 氮总平衡 氮总平衡即摄入的氮量与排出的氮量相等，这表明动物合成蛋白质的量与分解的量相等，体内蛋白质维持相对平衡。多见于正常成年动物（不包括孕畜）。

2. 氮的正平衡 氮的正平衡即摄入的氮量多于排出的氮量，这意味着动物体内蛋白质的合成量多于分解量，这种情况称为蛋白质（或氮）在体内沉积。多见于幼畜和妊娠母畜，以及疾病恢复期和伤口愈合期的动物。

3. 氮的负平衡 氮的负平衡即排出的氮量多于摄入的氮量，这表示动物体内蛋白质的分解量多于合成量，体内蛋白质的总量在减少。多见于疾病、饥饿和营养不良等动物，说明动物由饲料摄入的蛋白质不足。

由于蛋白质饲料通常价格较高，从经济效益出发，为了既能使动物正常生长和生产，又不浪费饲料，在动物生产实践中，人们要考虑给动物饲喂蛋白质的最低需要量。对于成年动物来说，在糖和脂肪这类能源物质充分供应的条件下，为了维持其氮的总平衡，至少必须摄入的蛋白质的量，称为蛋白质的最低需要量。氮平衡是制定机体对蛋白质最低需要量的依据。对成年动物，蛋白质摄入量至少应维持在氮总平衡；对幼畜、妊娠母畜则应维持氮正平衡。为了保证畜禽的健康，一般日粮中蛋白质的含量都应比最低需要量稍高一些。

三、必需氨基酸与蛋白质的生物学价值

1. 必需氨基酸 动物合成其组织蛋白质时，所用到的氨基酸有 20 种。这 20 种氨基酸从营养上可以分为必需氨基酸和非必需氨基酸两类。必需氨基酸，是指动物体内不能合成，或合成速率太慢，不能满足机体的需要，必须由饲料中供给的氨基酸；非必需氨基酸，是指动物体内能由其他物质合成，不一定要由饲料供给的氨基酸。对于生长期的动物来说，有 10 种氨基酸是必需氨基酸，即赖氨酸、色氨酸、甲硫氨酸、苯丙氨酸、亮氨酸、异亮氨酸、缬氨酸、苏氨酸、组氨酸和精氨酸。其中组氨酸和精氨酸虽然在体内也能合成，但其合成量不足，长期缺乏可使动物造成氮的负平衡，必须从饲料中补充获得。此外，鸡生长还需要甘氨酸。对于成年反刍动物来说，由于瘤胃中的微生物能够利用饲料中的含氮物质合成各种必需氨基酸，它们可以被畜体直接吸收利用，所以反刍动物对必需氨基酸的需求不像其他动物那样重要。

2. 蛋白质的生物学价值 动物必须同时利用种类齐全、比例合适的必需氨基酸才能顺利合成其组织蛋白，如果饲料蛋白中缺乏一种或几种必需氨基酸，那么组织蛋白质的合成就不能顺利进行，其他必需氨基酸也不能被利用，引起体内蛋白质合成的障碍。如果饲料蛋白所含必需氨基酸的种类齐全，但其中有一种或几种含量偏低，其比例不符合组织蛋白质合成的需要，那么合成组织蛋白时，只能进行到这一氨基酸用完为止，其他必需氨基酸的利用率也会同时降低，这就涉及蛋白质的生物学价值。蛋白质的生物学价值是指饲料蛋白质被动物机体合成组织蛋白质的利用率。即：

$$蛋白质的生物学价值 = \frac{氮的保留量}{氮的吸收量} \times 100\%$$

饲料蛋白质的氨基酸组成与动物机体的蛋白质组成越相近，其生物学价值就越高。蛋白质生物学价值的高低，决定于其所含必需氨基酸的种类、含量及比例是否与动物体内蛋白质的情况相接近：越接近的利用率越高，其营养价值越高；越不接近的利用率越低，其营养价值越低。一般来说，动物蛋白质的生物学价值优于植物蛋白质。

在动物饲养中，为了提高饲料蛋白的生物学价值，常把几种生物学价值较低的蛋白质饲料按一定比例混合使用，使必需氨基酸的种类、含量和比例接近动物体的需要，可以互相补充，称为饲料蛋白质的互补作用。例如，谷类蛋白

质含赖氨酸较少，而含色氨酸较多，有些豆类蛋白质含赖氨酸较多，而含色氨酸较少。当把它们单独喂给动物时，生物学价值都比较低，但如果把这两种饲料混合使用即可取长补短，提高其生物学价值。

第二节　蛋白质的酶促降解

一、蛋白质水解酶

无论是动物从饲料中摄取的蛋白质，还是动植物组织中已经老化的蛋白质，在蛋白质更新过程中必须先降解为小分子的氨基酸才能被重新利用。蛋白质的酶促降解就是指蛋白质在酶的作用下，多肽链的肽键水解断开，最后生成α-氨基酸的过程。

能催化水解蛋白质分子肽键的酶，称为蛋白质水解酶。根据酶所作用底物的特性及其作用方式不同，蛋白质水解酶可分为蛋白酶和外肽酶两大类。

1. 蛋白酶　蛋白酶是指作用于多肽链内部的肽键，将蛋白质或高级多肽水解为小分子多肽的酶，又称为肽链内切酶或内肽酶，例如动物消化道中的胃蛋白酶、胰蛋白酶、糜蛋白酶和弹性蛋白酶等。这些酶对蛋白质的类型没有专一性，所有蛋白质都可以被种类不多的肽链内切酶水解，生成大小不等的多肽片段。但是它们都不能水解分子末端的肽键。

2. 外肽酶　外肽酶是指能从多肽链的一端水解肽键，每次切下一个氨基酸或一个二肽的酶，又称肽链端切酶。根据酶作用的专一性不同，这类酶可分为不同类型，其中只能从多肽链的游离氨基末端（N端）连续地切下单个氨基酸或二肽的酶称为氨肽酶；只能从多肽链的游离氨基末端（C端）连续地切下单个氨基酸或二肽的酶称为羧肽酶；只能把二肽水解为氨基酸的酶称为二肽酶。

上述蛋白质水解酶相互协调、反复作用，最终将蛋白质或多肽水解为各种氨基酸的混合物。蛋白质降解的大致过程可表示为：

$$蛋白质 \xrightarrow{内肽酶} 多肽 \xrightarrow{外肽酶} \begin{cases} 氨基酸 \\ 二肽 \xrightarrow{二肽酶} 氨基酸 \end{cases}$$

二、蛋白质的消化和吸收

饲料中蛋白质的消化和吸收是动物机体氨基酸的主要来源。蛋白质的化学性消化始于胃，首先在胃蛋白酶的作用下，初步水解为多肽，以及少量氨基酸。这些多肽和未被水解的蛋白质进入小肠，小肠中蛋白质的消化主要靠胰酶来完成。蛋白质在胰液中的肽链内切酶（胰蛋白酶、糜蛋白酶、弹性蛋白酶等）和肽链端切酶（琉肽酶、羧肽酶等）的作用下，被逐步水解为氨基酸和寡肽。寡肽的水解是在小肠黏膜的细胞内，在氨肽酶和羧肽酶的作用下分解为氨基酸和二肽，二肽被二肽酶最终分解为氨基酸。氨基酸的吸收主要在小肠中进行，是主动转运过程，需要消耗能量，属于逆浓度梯度转运，需要氨基酸载体和钠泵参与。吸收后的氨基酸经门静脉进入肝，再通过血液循环运送到全身组织进行代谢。

另外，在消化过程中，总有一小部分蛋白质和多肽未被消化。这些物质在大肠内被腐败细菌分解，产生胺、酚、吲哚、硫化氢等有毒物质，也会产生一些低级脂肪酸、维生素等有用的物质。一般情况下，腐败产物大部分随粪便排出，少量可被肠黏膜吸收后经肝解毒。当患严重胃肠疾病（如肠梗阻）时，由于肠腔阻塞，肠内容物在肠道滞留时间过长，腐败产物增多，大量的腐败产物被吸收，在肝内解毒不完全，则引起自体中毒。

三、氨基酸代谢概况

动物体内氨基酸的来源有三个：食物蛋白质的消化吸收；组织蛋白质的降解；机体自身合成的营养非必需氨基酸。通过第一个来源获得的氨基酸称为外源性氨基酸；通过后两个来源获得的氨基酸称为内源性氨基酸。外源性氨基酸和内源性氨基酸共同组成了动物机体的氨基酸代谢库，参与代谢活动。它们只是来源不同，在代谢上没有区别。氨基酸代谢库通常以游离氨基酸的总量来计算，机体没有专门的组织器官来贮存。由于氨基酸不能自由通过细胞膜，所以它们在体内的分布也是不均匀的。例如，肌肉中的氨基酸占其总代谢库的50％以上，肝中的氨基酸占 10％，肾中的氨基酸占 4％，血浆中的氨基酸占1％～6％。肝、肾的体积较小，它们所含游离氨基酸的浓度较高，氨基酸的代谢旺盛。

氨基酸的主要去向是合成蛋白质和多肽。此外，氨基酸也可以转变成多种含氮生理活性物质，如嘌呤碱、嘧啶碱、卟啉和儿茶酚胺类激素等。多余的氨基酸通常用于分解供能。氨基酸分解时，在大多数情况下首先脱去氨基生成氨和相应的 α-酮酸。氨在动物体内是有毒物质，氨可转变成尿素、尿酸排出体外，还可以合成其他的含氮物质（包括非必需氨基酸、谷氨酰胺等），少量的氨可直接随尿排出。生成的 α-酮酸则可以再转变为氨基酸，或是彻底分解为二氧化碳和水并释放出能量，或是转变为糖或脂肪在体内贮存，这是氨基酸分解的主要途径。在少数情况下，氨基酸也可以脱去羧基生成二氧化碳和胺，胺在体内可在胺氧化酶的作用下，进一步分解生成氨和相应的醛和酸。氨基酸的代谢概况如图 8-1 所示。

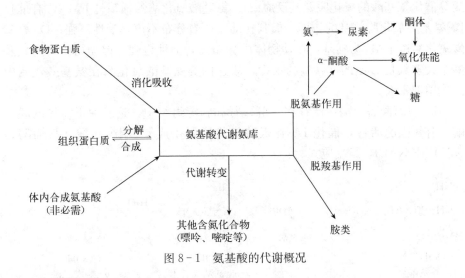

图 8-1 氨基酸的代谢概况

第三节 氨基酸的一般分解代谢

一、氨基酸的脱氨基作用

脱氨基作用是指在酶的催化下，氨基酸脱掉氨基生成氨和 α-酮酸的过程，动物的脱氨基作用主要在肝和肾中进行。20 种氨基酸，其结构各不相同，脱氨基的方式也不相同，但归纳起来，主要方式有氧化脱氨基作用、转氨基作用和联合脱氨基作用。多数氨基酸以联合脱氨基作用脱去氨基。

氨基酸代谢病即氨基酸病（或称为氨基酸尿症），可分为两大类：一类是酶缺陷使氨基酸分解代谢阻滞，另一类是氨基酸吸收转运系统缺陷。在 Rosenberg 和 Scriver 列举的 48 种遗传性氨基酸病中至少有一半有明显的神经系统异常，其他 20 种氨基酸病导致氨基酸的肾转运缺陷，后者可导致继发性神经系统损害。

（一）氧化脱氨基作用

氧化脱氨基作用是指氨基酸在酶的作用下，先脱氢形成亚氨基酸，进而与水作用生成 α-酮酸和氨的过程。其反应式如下：

$$\underset{\substack{| \\ NH_2 \\ 氨基酸}}{R-CH-COOH} \xrightarrow[\text{酶}]{-2H} \underset{\substack{\| \\ NH \\ 亚氨基酸}}{R-C-COOH} \xrightarrow{+H_2O} \underset{\substack{\| \\ O \\ \alpha-酮酸}}{R-C-COOH} + NH_3$$

已知在动物体内有 L-氨基酸氧化酶、D-氨基酸氧化酶和 L-谷氨酸脱氢酶等催化氨基酸的氧化脱氨基反应。L-氨基酸氧化酶的辅基是 FMN，有催化 L-氨基酸氧化脱氨基的作用，但其在动物体内分布不广，活性不强；D-氨基酸氧化酶以 FAD 为辅基，在动物体内分布广，活性也强，但动物体内的氨基酸绝大多数是 L 型的，D 型的很少，故这两类氨基酸氧化酶在氨基酸代谢中的作用都不大。

L-谷氨酸脱氢酶广泛存在于肝、肾和脑等组织中，是一种不需氧的脱氢酶，有较强的活性，催化 L-谷氨酸氧化脱氨生成 α-酮戊二酸，其辅酶是 NAD^+ 或 $NADP^+$，反应式为：

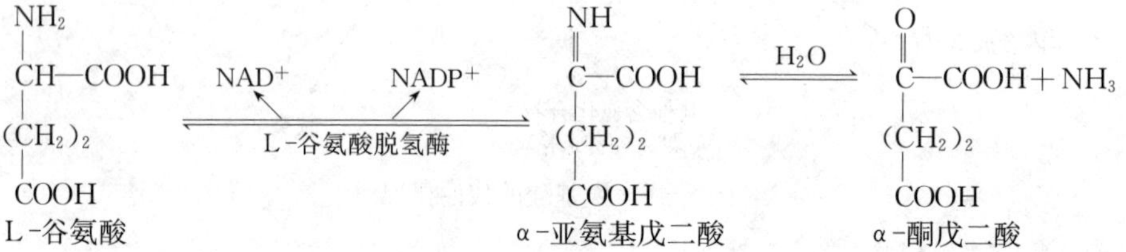

以上反应是可逆的，在体内，一般情况下倾向于谷氨酸的合成，因为高浓度氨对机体有害，此反应平衡点有利于保持较低的氨浓度。当谷氨酸浓度高而氨浓度低时，反应有利于 α-酮戊二酸的生成。但是，L-谷氨酸脱氢酶具有很高的专一性，只能催化 L-谷氨酸的氧化脱氨作用，所以单靠此酶是不能满足体内大多数氨基酸发生脱氨基的需求。

（二）转氨基作用

转氨基作用指在转氨酶催化下，将 α-氨基酸的氨基转移到另一个 α-酮酸的酮基的位置上，生成相应的 α-酮酸和一种新的 α-氨基酸的过程。

体内绝大多数氨基酸可通过转氨基作用脱氨。参与蛋白质合成的 20 种 α-氨基酸中，除甘氨酸、赖氨酸、苏氨酸和脯氨酸不参加转氨基作用，其余均可由特异的转氨酶催化参加转氨基作用。转氨基作用最重要的氨基受体是 α-酮戊二酸，产生谷氨酸作为新生成氨基酸，而对作为氨基供体的氨基酸要求并不严格。其反应通式如下：

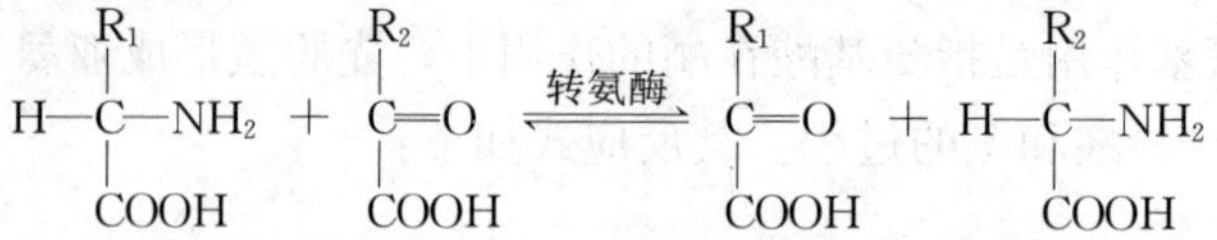

上述转氨基反应是可逆的，因此转氨基作用也是体内某些氨基酸（非必需氨基酸）合成的重要途径。动物体内存在多种转氨酶，但大多数转氨酶都需要以 α-酮戊二酸为特异的氨基受体，下面列举两个重要的转氨酶，谷草转氨酶（GOT）和谷丙转氨酶（GPT）催化的氨基酸的转氨基反应：

$$\alpha\text{-酮戊二酸} + \text{天冬氨酸} \underset{}{\overset{GOT}{\rightleftharpoons}} \text{谷氨酸} + \text{草酰乙酸}$$

$$\alpha\text{-酮戊二酸} + \text{丙氨酸} \underset{}{\overset{GPT}{\rightleftharpoons}} \text{谷氨酸} + \text{丙酮酸}$$

在正常情况下，上述转氨酶主要存在于细胞中，而血清中的活性很低，在各组织器官中，又以心脏和肝中的活性为最高。当这些组织细胞受损或细胞膜破裂时，可有大量的转氨酶进入血液，于是血清中的转氨酶活性升高。因此，可根据血清中转氨酶的活性变化判断这些组织器官的功能状况。所有转氨酶的辅酶都是磷酸吡哆醛和磷酸吡哆胺。

转氨基作用的生理意义十分重要。通过转氨基作用可以调节体内非必需氨基酸的种类和数量，以满足体内蛋白质合成时对非必需氨基酸的需求。另外，转氨基作用还是联合脱氨基作用的重要组成部分，从而加速了体内氨的转变和运输，沟通了机体的糖代谢、脂代谢和氨基酸代谢的互相联系。

肝功能是多方面的，同时也是非常复杂的，反映肝功能的试验已达700余种，新的试验还在不断地发展和建立。反映肝细胞损伤的试验包括血清酶类及血清铁等，以血清酶检测常用，如谷丙转氨酶（ALT）、谷草转氨酶（AST）、碱性磷酸酶（ACP）、γ-谷氨酰转肽酶（γ-GT）等。临床表明，各种酶试验中，以 ALT、AST 能敏感地提示肝细胞损伤及其损伤程度，反应急性肝细胞损伤以 ALT 最敏感，反映损伤程度则以 AST 较敏感。在急性肝炎恢复期，虽然 ALT 正常但 γ-GT 持续升高，提示肝炎慢性化。慢性肝炎 γ-GT 持续不降常提示病变活动。

（三）联合脱氨基作用

转氨基作用虽然在体内普遍进行，但仅仅是氨基的转移，并未彻底脱去氨基。氧化脱氨基作用虽然能把氨基酸的氨基真正脱掉，但又只有谷氨酸脱氢酶活跃，即只能催化谷氨酸氧化脱氨，这两者都不能满足机体脱氨基的需要。体内大多数的氨基酸是通过联合脱氨基作用脱去氨基，联合脱氨基作用是指通过转氨基作用和氧化脱氨基作用两种方式联合起来进行的脱氨基作用。联合脱氨基作用主要有以下两大反应途径。

1. 由 L-谷氨酸脱氢酶和转氨酶联合脱氨基作用的反应途径（图 8-2）　即各种氨基酸先与 α-酮戊二酸进行转氨基反应，将其氨基转移给 α-酮戊二酸生成 L-谷氨酸，其本身转变为相应的 α-酮酸。谷氨酸再在 L-谷氨酸脱氢酶的催化下，脱掉氨基，生成氨和 α-酮戊二酸。其总的结果是氨基酸脱去了氨基转变为相应的 α-酮酸并释放出氨。α-酮戊二酸没有被消耗，可继续参加转氨基作用。

上述的联合脱氨基作用是可逆的过程，主要在肝、肾、脑等组织中进行，它也是体内合成非必需氨基酸的重要途径。

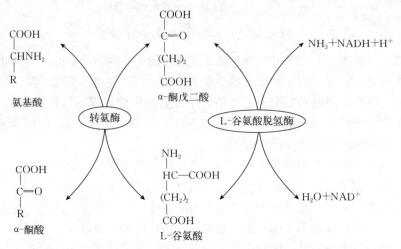

图 8-2 由 L-谷氨酸脱氢酶和转氨酶联合脱氨基作用的反应途径

2. 嘌呤核苷酸循环途径（图 8-3） 在骨骼肌和心肌中，还存在另一种形式的联合脱氨基作用，称为嘌呤核苷酸循环。骨骼肌和心肌组织中 L-谷氨酸脱氢酶的活性很低，因而不能通过上述形式的联合脱氨反应脱氨，但骨骼肌和心肌中含丰富的腺苷酸脱氨酶，能催化腺苷酸加水、脱氨生成次黄嘌呤核苷酸（IMP）。氨基酸经过两次转氨作用可将 α-氨基转移至草酰乙酸生成天冬氨酸。

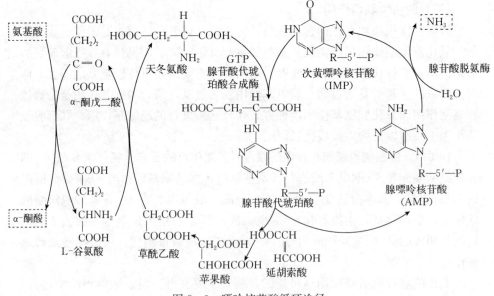

图 8-3 嘌呤核苷酸循环途径

天冬氨酸又可将此氨基转移到次黄嘌呤核苷酸上生成腺嘌呤核苷酸（通过中间化合物腺苷酸代琥珀酸）。腺嘌呤核苷酸又可被脱氨酶水解再转变为次黄嘌呤核苷酸并脱去氨基。

这种形式的联合脱氨是不可逆的，因而不能通过其逆过程合成非必需氨基酸。这一代谢途径不仅把氨基酸代谢与糖代谢、脂代谢联系起来，而且也把氨基酸代谢与核苷酸代谢联系起来。

二、氨的代谢

（一）动物体内氨的来源与去路

无论是动物体内脱氨基作用产生的氨还是由消化道吸收的氨，对机体都是一种有毒物质，特别是脑组织对氨尤为敏感，血氨的升高，可能引起脑功能紊乱，血液中 1‰ 的氨就可引起中枢神经系统中毒。正常情况下，机体是不会发生氨堆积现象的，这是因为体内有一整套除去氨的代谢机构，使血液中氨的来源和去路保持恒定。

1. 血氨的来源

（1）在畜禽体内氨的主要来源是氨基酸的脱氨基作用。

（2）嘌呤、嘧啶的分解也生成氨。

（3）在肌肉和中枢神经组织中，有相当量的氨是腺苷酸脱氨产生的。

（4）从消化道吸收的一些氨，其中有的是在消化道细菌作用下，由未被吸收的氨基酸脱氨基作用产生的，有的来源于饲料，如氨化秸秆和尿素（可被消化道中细菌脲酶分解后释放出氨）。

（5）血液中的谷氨酰胺流经肾时，可被肾小管上皮细胞中的谷氨酰胺酶分解生成谷氨酸和氨，这部分氨主要在肾小管中与 H^+ 结合生成 NH_4^+ 并与钠离子交换，用以调节体内酸碱平衡，最后以铵盐的形式排出体外。

2. 血氨的去路

（1）在肝中合成为尿素，随尿排出。

（2）家禽类及部分昆虫类动物主要是合成尿酸排出。

（3）可以通过脱氨基过程的逆反应与 α-酮酸再形成氨基酸，还参与嘌呤、嘧啶等重要含氮化合物的合成。

（4）氨可以在动物体内形成无毒的谷氨酰胺，它既是合成蛋白质所需的氨基酸，又是体内运输氨和贮存氨的方式。

（5）氨也可以直接随尿排出。

（二）氨的转运

过量的氨对机体是有毒的。氨的解毒部位主要是肝，体内各组织中产生的氨需要被运输到肝进行解毒，氨的转运主要有以下两种方式。

1. 谷氨酰胺转运氨的作用　氨的转运主要是通过谷氨酰胺，它主要从脑、肌肉等组织向肝或肾转运氨。氨与谷氨酸在组织中谷氨酰胺合成酶的催化下生成谷氨酰胺，并由血液运送到肝和肾，谷氨酰胺再在谷氨酰胺酶催化水解成谷氨酸和氨。谷氨酰胺的合成与分解是由不同的酶催化的不可逆反应，其合成需要 ATP 和 Mg^{2+} 参与，并消耗能量。

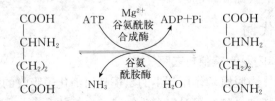

谷氨酰胺是中性无毒物质，易通过细胞膜，是体内迅速解除氨毒的一种方式，也是氨的贮藏及运输形式。有些组织如大脑等所产生的氨，首先是形成谷氨酰胺以解毒，然后随血液运至其他组织中进一步代谢，例如：运至肝中的谷氨酰胺将氨释出以合成尿素；运至肾中将氨释出，直接随尿排出；在各种组织中把氨用于合成氨基酸和嘌呤、嘧啶等含氮物质。

已知在肾小管上皮细胞中有谷氨酰胺酶，当体内酸过多时，谷氨酰胺酶活性增高，谷氨酰胺分解加快，氨的生成与排出增多。排出的 NH_3 可与尿液中的 H^+ 中和生成 NH_4^+，以降低尿中的 H^+ 浓度，使 H^+ 不断从肾小管细胞排出，从而有利于维持动物机体的酸碱平衡。

2. 丙氨酸-葡萄糖循环　肌肉可利用丙氨酸将氨运送到肝。肌肉中的氨基酸经转氨基作用将氨基转给丙酮酸生成丙氨酸，丙氨酸经血液运到肝。在肝中通过联合脱氨基作用释放出氨，用于尿素的形成。经过转氨基作用产生的丙酮酸经糖异生途径生成葡萄糖。形成的葡萄糖由血液又回到肌肉，又沿糖分解途径转变成丙酮酸，后者再接受氨基而生成丙氨酸。丙氨酸和葡萄糖反复地在肌肉和肝之间进行氨的转运称为丙氨酸-葡萄糖循环（图 8-4）。

通过以上循环，一方面使肌肉中的氨以无毒的丙氨酸形式运输到肝，另一方面，肝又为肌肉提供了生成丙酮酸的葡萄糖。

（三）尿素的生成

在哺乳动物体内氨的主要去路是合成尿素排出体外，肝是哺乳动物合成尿素的主要器官。其他组织，如肾、脑等也能合成尿素，但合成的能力都很弱。肾是尿素排泄的主要器官。氨转变为尿素是一个循环反应过程，这个过程是从鸟氨酸开始，中间生成瓜氨酸、精氨酸，最后精氨酸水解生成尿素和鸟氨酸，形成了一个循环，所以称这一过程为鸟氨酸循环。鸟氨酸循环又称尿素循环。

现将尿素生成的循环反应过程叙述如下：

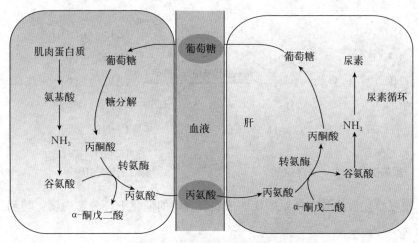

图 8-4 丙氨酸-葡萄糖循环

1. 氨甲酰磷酸的生成　在 Mg^{2+}、N-乙酰谷氨酸（AGA）存在时，氨、二氧化碳和 ATP 在氨甲酰磷酸合成酶 I（存在于肝细胞线粒体内）的催化下，生成氨甲酰磷酸。

$$CO_2+NH_3+H_2O+2ATP \xrightarrow[Mg^{2+},\ N-乙酰谷氨酸]{氨甲酰磷酸合成酶 I} H_2N-\overset{\overset{\displaystyle O}{\|}}{C}-O\sim ℗ +2ADP+Pi$$

氨甲酰磷酸

2. 瓜氨酸的生成　在线粒体内，由氨甲酰基转移酶催化，氨甲酰磷酸将其氨甲酰基转移给鸟氨酸，释出磷酸，生成瓜氨酸。

$$\begin{array}{c}NH_2\\|\\(CH_2)_3\\|\\CHNH_2\\|\\COOH\end{array} + \begin{array}{c}O\\\|\\C-NH_2\\|\\O\\|\\℗\end{array} \xrightarrow{\text{氨甲酰基转移酶}} \begin{array}{c}NH_2\\|\\C=O\\|\\NH\\|\\(CH_2)_3\\|\\CH-NH_2\\|\\COOH\end{array} +Pi$$

鸟氨酸　氨甲酰磷酸　　　　　　　　瓜氨酸

反应中的鸟氨酸是在细胞液中生成的，通过线粒体膜上特异的转运系统转移至线粒体内。

3. 精氨酸的生成　生成的瓜氨酸从线粒体内转入细胞液中，由精氨酸代琥珀酸合成酶催化，瓜氨酸的脲基与天冬氨酸的氨基缩合形成精氨酸代琥珀酸。该酶需要 ATP 提供能量（消耗两个高能磷酸键）及 Mg^{2+} 的参与，反应如下：

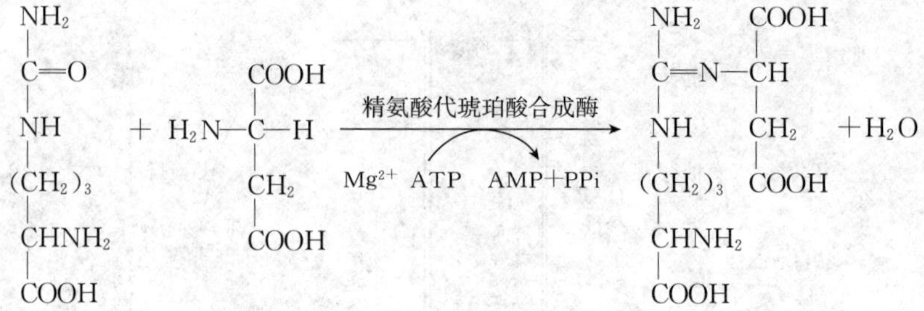

$$瓜氨酸 + 天冬氨酸 \xrightarrow[\text{Mg}^{2+} \quad \text{ATP} \quad \text{AMP+PPi}]{\text{精氨酸代琥珀酸合成酶}} 精氨酸代琥珀酸 + H_2O$$

精氨酸代琥珀酸在精氨酸代琥珀酸裂解酶的催化下，分解为精氨酸和延胡索酸：

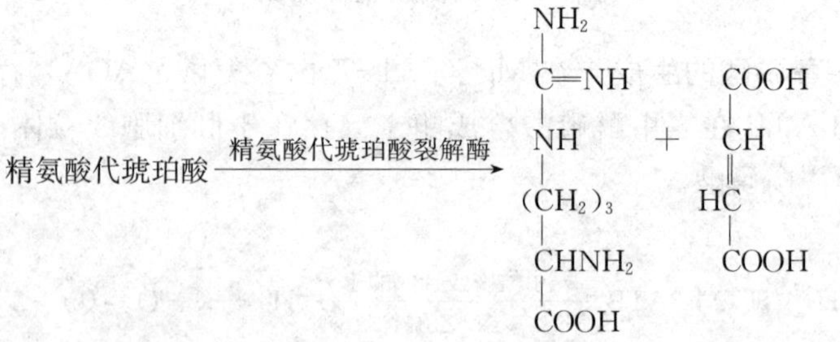

$$精氨酸代琥珀酸 \xrightarrow{\text{精氨酸代琥珀酸裂解酶}} 精氨酸 + 延胡索酸$$

4. 精氨酸的水解　在精氨酸酶的催化下精氨酸水解生成尿素和鸟氨酸。精氨酸酶存在于哺乳动物体内，尤其在肝中有很高的活性。尿素可以经过血液送至肾，再随尿排出体外，鸟氨酸则可经特异的转运系统进入线粒体再与氨甲酰磷酸反应合成瓜氨酸，重复上述循环过程。精氨酸的水解反应如下：

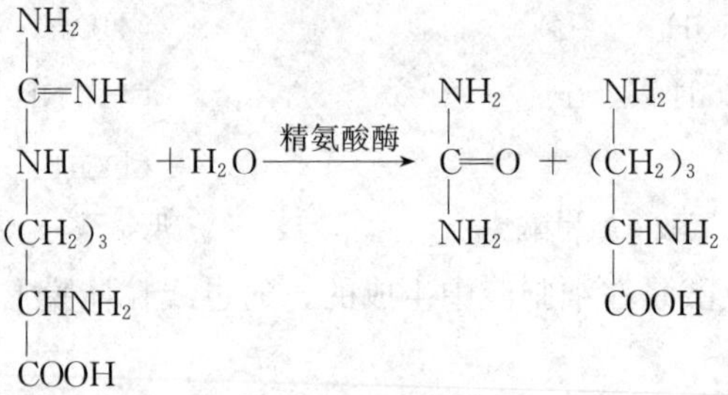

$$精氨酸 + H_2O \xrightarrow{\text{精氨酸酶}} 尿素 + 鸟氨酸$$

从整个反应过程可见，形成 1 分子尿素，实际上可以清除 2 分子氨和 1 分子二氧化碳。其中一分子氨是游离的氨，另一分子氨是由天冬氨酸提供的。天冬氨酸可由草酰乙酸与谷氨酸经转氨基作用生成，而谷氨酸又是通过其他的氨基酸把氨基转移给α-酮戊二酸生成的。所以其他的氨基酸脱下的氨基可以通过谷氨酸、天冬氨酸等中间产物最终合成尿素。上述反应中的延胡索酸可以经过三羧酸循环的中间步骤转变成草酰乙酸，草酰乙酸再与谷氨酸进行转氨基反应，重新生成天冬氨酸。由此就把尿素循环和三羧酸循环密切联系在一起。

尿素循环是一个消耗能量的过程，每生成 1 分子尿素，消耗了 3 分子 ATP 中 4 个高能磷酸键，即 3 个 ATP 水解生成 2 个 ADP，2 个 Pi，1 个 AMP 和 PPi。尿素生成的途径如图 8-5 所示。

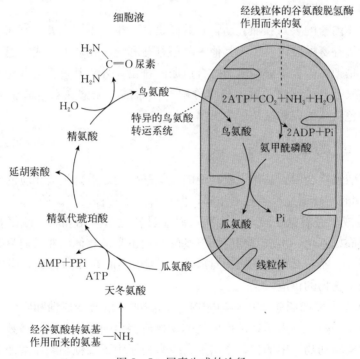

图 8-5　尿素生成的途径

肝为氨解毒的关键脏器，通过将氨转变为无毒且水溶性高的尿素，随尿液排出体外而解毒。当肝功能严重受损时，肝内尿素合成能力降低，氨在体内大量堆积，导致血中氨的含量升高。当氨进入脑组织后，在脑细胞中，α-酮戊二酸与氨结合生成谷氨酸，谷氨酸再与氨生成谷氨酰胺，这样会使大脑细胞中α-酮戊二酸含量下降，从而影响细胞中三羧酸循环的速率，进一步影响 ATP 的生成，引起大脑功能障碍，严重时可引起昏迷，这就是肝性脑病的氨中毒。

知识链接

精 氨 酸

　　L-精氨酸（L-Arg）在动物体内有重要的生物学作用，在蛋白质、多胺和一氧化氮（NO）等的合成中都起着重要作用，能促进氮储留，增强生殖机能、免疫力，促进细胞分裂、伤口复原和激素分泌等一系列生物学过程，因此，L-Arg被誉为"神奇分子"，在动物生产中，如哺乳仔猪饲粮中添加 N-乙酰谷氨酸（N-acetylglutamate，NAG），是促进肠组织合成 L-Arg 的一种有效方式，进而提高饲粮氨基酸合成蛋白质的利用率。

（四）尿酸的生成和排出

　　家禽体内氨的去路和哺乳动物有共同之处，也有不同之处。氨在家禽体内也可以合成谷氨酰胺以及用于其他一些氨基酸和含氮物质的合成，但不能合成尿素，而是把体内大部分的氨通过合成尿酸排出体外。其过程是首先利用氨基酸提供的氨基合成嘌呤，再由嘌呤分解产生尿酸。尿酸在水溶液中溶解度很低，以白色粉状的尿酸盐从尿中析出。

三、α-酮酸的代谢

　　氨基酸经联合脱氨基作用或其他的脱氨基作用之后，生成相应的 α-酮酸。这些 α-酮酸的代谢途径虽各不相同，但总有以下三种去路。

　　1. 生成非必需氨基酸　α-酮酸可以通过转氨基作用和联合脱氨基作用的可逆过程而氨基化，生成其相应的氨基酸。这也是动物体内非必需氨基酸的主要生成方式。而与必需氨基酸相对应的 α-酮酸不能在体内合成，所以必需氨基酸依赖于食物的供应。

　　2. 转变为糖和脂肪　在动物体内，α-酮酸可以转变成糖和脂肪。这是利用不同的氨基酸饲养人工诱发糖尿病的动物所得出的结论。绝大多数氨基酸可以使受试实验动物尿中的葡萄糖增加，少数使尿中葡萄糖和酮体增加。只有亮氨酸仅使尿中的酮体排量增加。由此，把在动物体内可以转变成葡萄糖的氨基酸称为生糖氨基酸（包括丙氨酸、丝氨酸、甘氨酸、半胱氨酸、苏氨酸、天冬氨酸、天冬酰胺、甲硫氨酸、谷氨酸、谷氨酰胺、缬氨酸、精氨酸、脯氨酸和组氨酸），能转变成酮体的氨基酸称为生酮氨基酸（包括亮氨酸和赖氨酸）。两者都能生成的称为生糖兼生酮氨基酸（包括色氨酸、苯丙氨酸、酪氨酸、赖氨酸和异亮氨酸）。

　　在动物体内，糖是可以转变成脂肪的，因此生糖氨基酸也必然能转变为脂肪。生酮氨基酸转变为酮体后，酮体可转变为乙酰 CoA，然后进一步转变成脂酰 CoA，再与 α-磷酸甘油合成脂肪。所需的 α-磷酸甘油由生糖氨基酸或葡萄糖提供。由于乙酰 CoA 在体内不能转变为糖，所以生酮氨基酸是不能异生成糖的。除了完全生酮的亮氨酸和赖氨酸以外，其余的氨基酸脱去氨基后的代谢物是三羧酸循环的中间产物和丙酮酸，它们能沿着糖异生途径，转变成磷酸烯醇式丙酮酸，然后再转变成葡萄糖。

3. 生成二氧化碳和水 氨基酸脱氨基后生成的 α-酮酸，可以沿一定的途径转变为糖代谢的中间产物，其中有的转变为丙酮酸，有的转变为乙酰 CoA，也有的转变为三羧酸循环的中间产物，最终都能通过三羧酸循环彻底氧化成二氧化碳和水，并提供能量，这是 α-酮酸的重要代谢去路。氨基酸碳骨架的代谢去向见图 8-6。从图中可以清楚地看到氨基酸脱去氨基后形成的碳骨架如何与糖代谢联系在一起以及它们的代谢去向。

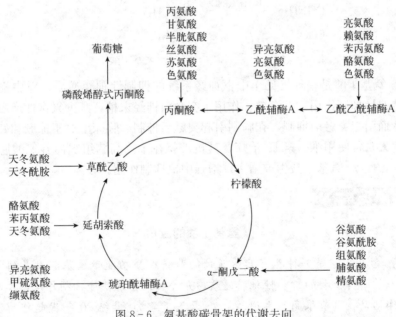

图 8-6 氨基酸碳骨架的代谢去向

综上可知，氨基酸的代谢与糖和脂肪的代谢密切相关。氨基酸可转变成糖和脂肪；糖也可转变成脂及多数非必需氨基酸的碳架部分；三羧酸循环是物质代谢的总枢纽，通过它可使糖、脂肪酸和氨基酸完全氧化，也可使其彼此相互转变，构成一个完整的代谢体系。

部分氨基酸可在脱羧酶的催化下，脱去羧基产生二氧化碳和相应的胺，这一过程称为氨基酸的脱羧基作用。氨基酸脱羧基作用的一般反应如下：

$$H-\overset{\overset{\displaystyle COOH}{|}}{\underset{\underset{\displaystyle R}{|}}{C}}-NH_2 \xrightarrow[\text{磷酸吡哆醛}]{\text{脱羧酶}} RCH_2NH_2 + CO_2$$

脱羧酶的辅酶是磷酸吡哆醛。氨基酸的脱羧基作用在其分解代谢中不是主要的途径，在动物体内只有很少量的氨基酸首先通过脱羧作用进行代谢，但产生的胺一部分可生成一些具有重要生理活性的胺类物质。重要的胺类物质有以下几种。

1. γ-氨基丁酸（GABA） γ-氨基丁酸由谷氨酸脱羧基生成，催化此反应的酶是 L-谷氨酸脱羧酶。此酶在脑、肾组织中活性很高，所以脑中 γ-氨基丁酸含量较高。

$$\overset{\overset{\displaystyle COOH}{|}}{\underset{\underset{\underset{\displaystyle COOH}{|}}{\underset{\displaystyle CHNH_2}{|}}{(CH_2)_2}}{}} \xrightarrow{\text{L-谷氨酸脱羧酶}} \overset{\overset{\displaystyle CH_2-COOH}{|}}{\underset{\underset{\underset{\displaystyle NH_2}{|}}{(CH_2)_2}}{}} + CO_2$$

L-谷氨酸 　　　　　　　　　　　γ-氨基丁酸

γ-氨基丁酸是一种仅见于中枢神经系统的抑制性神经递质，对中枢神经元有普遍性抑制作用。在脊髓，作用于突触前神经末梢，减少兴奋性递质的释放，从而引起突触前抑制，在脑则引起突触后抑制。临床上对于惊厥和妊娠呕吐的病人常常使用维生素 B_6 治疗，其机理就在于提高脑组织内谷氨酸脱羧酶的活性，使 γ-氨基丁酸生成增多，增强中枢抑制作用。

知识链接

γ-氨基丁酸的应用

γ-氨基丁酸是一种具有天然活性的非蛋白质功能性氨基酸，是研究较为深入的一种重要的抑制性神经递质，介导神经系统快速抑制作用，参与多种代谢活动，具有很高的生理活。γ-氨基丁酸20世纪90年代起作为营养补充剂流行于日本、欧美。可用于治疗肝性脑病及脑代谢障碍，还可抗精神不安，是对抗抑郁、焦虑、改善情绪、缓解压力、促进睡眠、提高脑活动和解毒醒酒的一种纯天然物质。也被称为天然的"百忧解""大脑天然镇静剂""快乐元素""正能量营养素"。此外，酸枣仁的有效成分不仅可以增加 γ-氨基丁酸受体的表达，还可影响钙调蛋白对钙离子的转换，拮抗大脑中的兴奋性神经递质谷氨酸，从而改善睡眠。

2. 组胺 组胺是由组氨酸脱羧生成。组胺主要由肥大细胞产生并贮存，在肝、肺、乳腺、肌肉及胃黏膜中含量较高。组胺是一种强烈的血管舒张剂，能增加毛细血管的通透性，还可引起血压下降和局部水肿。组胺的释放与过敏反应症状密切相关。组胺可刺激胃蛋白酶和胃酸的分泌，所以常用它进行胃分泌功能的研究。

3. 5-羟色胺 色氨酸在脑中首先由色氨酸羟化酶催化生成5-羟色氨酸，再经脱羧酶作用生成5-羟色胺。5-羟色胺在神经组织中有重要的功能，目前已肯定中枢神经系统有5-羟色胺神经元。5-羟色胺可使大部分交感神经节前神经元兴奋，而使副交感节前神经元抑制。其他组织如小肠、血小板、乳腺细胞中也有5-羟色胺，具有强烈的血管收缩作用。

4. 牛磺酸 体内牛磺酸主要由半胱氨酸脱羧生成。半胱氨酸先氧化生成磺酸丙氨酸，再由磺酸丙氨酸脱羧酶催化脱去羧基，生成牛磺酸。牛磺酸是结合胆汁酸的重要组成成分。

知识链接

牛 磺 酸

牛磺酸又称β-氨基乙磺酸，1827年从牛的胆汁中分离出来，故称牛磺酸。牛磺酸对人体具有非常重要的生物学功能。牛磺酸能保护心肌细胞，增强心脏的功能，增强免疫力，强肝利胆，促进脂类物质的消化吸收，增强抗氧化物作用，尤其对婴幼儿的大脑发育和视网膜的发育十分重要。例如，猫和夜行猫头鹰之所以要捕食老鼠，主要是由于老鼠体内含有丰富的牛磺酸，多食老鼠可保持猫和猫头鹰锐利的视觉。婴幼儿若缺乏牛磺酸，会发生视网膜功能紊乱。长期静脉营养输液的病人，所输的药液中如没有牛磺酸，会使病人视网膜电流图发生变化，只有补充大剂量的牛磺酸才能纠正。

5. 多胺 鸟氨酸在鸟氨酸脱羧酶催化下可生成腐胺，S-腺苷甲硫氨酸（SAM）在SAM脱羧酶催化下脱羧生成S-腺苷-3-甲硫基丙胺。在精脒合成酶催化下将S-腺苷-3-甲硫基丙胺的丙基移到腐胺分子上合成精脒，再在精胺合成酶催化下，又将另一分子S-腺苷-3-甲硫基丙胺的丙胺基转移到精脒分子上，最终合成了精胺。腐胺、精脒和精胺总称为多胺或聚胺。

多胺存在于精液及细胞核糖体中，是调节细胞生长的重要物质，多胺分子带有较多正电荷，能与带负电荷的DNA及RNA结合，稳定其结构，促进核酸及蛋白质的合成。在生长旺盛的组织如胚胎、再生肝及癌组织中，多胺含量升高。因此，可将血或尿中多胺含量作为肿瘤诊断的辅助指标。

动物机体中一些胺类的来源及功能见表8-1。

图8-1 动物机体中一些胺类的来源及功能

来源	胺类	功能
谷氨酸	γ-氨基丁酸	抑制性神经递质
半胱氨酸→磺基丙氨酸	牛磺酸	形成牛磺胆汁酸
组氨酸	组胺	血管舒张剂，促进胃液分泌
色氨酸→5-羟色氨酸	5-羟色胺	抑制性神经递质，具有收缩血管作用
鸟氨酸、精氨酸	腐胺、精胺等	促进细胞增殖

绝大多数胺类对动物是有毒的，但体内广泛存在的胺氧化酶能将这些胺类氧化脱氨成相应醛类，醛再经醛氧化酶催化，氧化成羧酸，从而避免胺类在体内蓄积。胺氧化酶和醛氧化酶都属于需氧脱氢酶类，它们的辅基都是FAD，脱氢产物为H_2O_2，H_2O_2可被过氧化氢酶迅速分解为H_2O和O_2，或被过氧化物酶转化利用。

第四节　个别氨基酸代谢

前面所述的是氨基酸的一般代谢过程，事实上各种氨基酸还有其特殊的代谢途径，在本节中介绍一些重要的能生成特殊生理活性物质的氨基酸的代谢。

一、提供一碳基团的氨基酸代谢

某些氨基酸在代谢过程中能产生含有一个碳原子的有机基团，称为一碳基团。这些一碳基团可经过转移参与生物合成过程，有重要的生理功能。常见的一碳基团有甲基（—CH_3）、亚甲基（—CH_2—）、甲酰基（—CHO）、亚氨甲基（—CH=NH）、甲炔基（—CH=）等，它们并不游离存在，而是被一碳基团转移酶的辅酶四氢叶酸（FH_4）携带进行代谢和转运。一碳基团往往与四氢叶酸分子中N-5、N-10位相连，并可以通过氧化还原反应过程相互转变，如图8-7所示。

一碳基团的生理功能主要有以下两个方面：①合成重要的含氮物质。一碳基团是合成嘌呤和嘧啶的原料，在核酸的生物合成过程中有重要作用。例如N^5,N^{10}=CH—FH_4直接提供甲基用于脱氧核苷酸dUMP向dTMP的转化。N^{10}—CHO—FH_4和N^5,N^{10}—CH—FH_4分别参与嘌呤碱中两个碳原子、三个碳原子的合成。因为一碳基团是合成核酸的原料，所以一碳基团的代谢与细胞的增殖、组织生长和机体发育等重要过程密切相关，例如一碳基团代谢障碍会引起巨幼红细胞性贫血。某些药物如磺胺药和氨甲蝶呤（抗癌药物）均能干扰一碳基团的正常转运来抑制核酸的合成，从而达到抑制细菌和肿瘤细胞生长的作用。②提供甲基。体内许多具有重要生理功能的化合物如肾上腺素、胆碱、

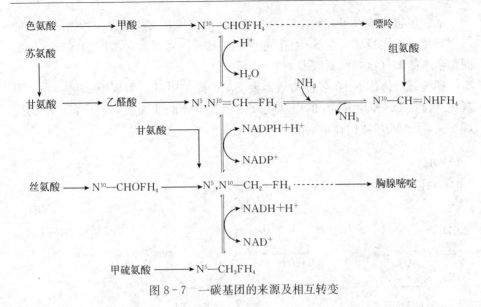

图 8-7 一碳基团的来源及相互转变

胆酸等的合成都需要甲基化反应，可由 S-腺苷甲硫氨酸提供甲基；而 N^5-甲基四氢叶酸充当甲基的间接供体，以供重新生成甲硫氨酸。

二、含硫氨基酸代谢

含硫氨基酸有甲硫氨酸、半胱氨酸和胱氨酸 3 种。甲硫氨酸可以转变为半胱氨酸和胱氨酸，半胱氨酸和胱氨酸也可以相互转变，但在体内两者都不能转变为甲硫氨酸，所以甲硫氨酸是必需氨基酸。

（一）甲硫氨酸代谢

1. 甲硫氨酸与转甲基作用 甲硫氨酸是一种含有 S-甲基的必需氨基酸，它是动物机体中最重要的甲基直接供给体，参与肾上腺素、肌酸、胆碱、肉碱的合成和核酸甲基化过程。甲硫氨酸在转移甲基前，首先要腺苷化，转变成 S-腺苷甲硫氨酸（SAM）。此反应由甲硫氨酸腺苷转移酶催化。SAM 中的甲基是高度活化的，称为活性甲基。

活性甲硫氨酸在甲基转移酶的作用下，可将甲基转移至另一种物质上，使其甲基化，而本身转变为 S-腺苷同型半胱氨酸，后者进一步脱去腺苷，生成同型半胱氨酸（比半胱氨酸多一个—CH_2—）。

据统计，体内有 50 多种物质需要 SAM 提供甲基，生成甲基化合物。甲基化（包括 DNA 与 RNA 的甲基化）作用是重要的代谢反应，具有广泛的生理意义，SAM 是体内最重要的甲基直接供给体。

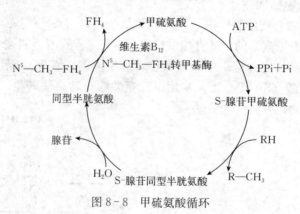

2. 甲硫氨酸循环　　甲硫氨酸在体内最主要的分解代谢途径是通过上述转甲基作用而提供甲基，与此同时产生的 S-腺苷同型半胱氨酸（SAH）进一步转变成同型半胱氨酸。同型半胱氨酸可以接受 N、甲基四氢叶酸提供的甲基，重新生成甲硫氨酸，形成一个循环过程，称为甲硫氨酸循环，如图 8-8 所示。此循环的生理意义在于甲硫氨酸分子中甲基可间接通过 N^5—CH_3—FH_4 由其他非必需氨基酸提供，以防甲硫氨酸的大量消耗。

图 8-8　甲硫氨酸循环

尽管此循环可以生成甲硫氨酸，但体内不能合成同型半胱氨酸，它只能由甲硫氨酸转变而来，所以实际上体内仍然不能合成甲硫氨酸，必须由食物供给。

（二）半胱氨酸和胱氨酸的代谢

1. 代谢过程　体内半胱氨酸含有巯基（—SH），而胱氨酸含有二硫键（—S—S—），二者可以相互转化。半胱氨酸在体内分解时，有以下几条途径：①直接脱去巯基和氨基，生成丙酮酸、NH_3 和 H_2S。H_2S 再经氧化生成 H_2SO_4；②巯基氧化成亚磺基，然后脱去氨基和亚磺基，最后生成丙酮酸和亚硫酸，后者经氧化后可变为硫酸；③半胱氨酸的另一代谢产物是牛磺酸，它是胆汁酸的组成成分，胆汁酸盐有助于促进脂类的消化吸收；④半胱氨酸也是合成谷胱甘肽的原料。

2. 硫酸的代谢　半胱氨酸是体内硫酸根的主要来源。产生的硫酸根一部分以无机盐形式随尿排出，另一部分经 ATP 活化生成活性硫酸根，即 $3'$-磷酸腺苷-$5'$-磷酸硫酸（PAPS），PAPS 的性质比较活泼，可使某些物质形成硫酸酯。例如，类固醇激素可形成硫酸酯而被灭活，一些外源性酚类化合物也可以通过形成硫酸酯而排出体外。这些反应在肝生物转化作用中有重要意义。

（三）肌酸和肌酸的合成

肌酸即甲基胍乙酸，存在于动物的肌肉、脑和血液中，特别在骨骼肌中含量高。既可游离存在，也可以磷酸化形式存在，后者称为磷酸肌酸。肌酸和磷酸肌酸在贮存和转移磷酸键能中起作用，是能量贮存、利用的重要化合物。

参与肌酸生物合成的氨基酸有甘氨酸、精氨酸和甲硫氨酸。甘氨酸为骨架，精氨酸提供脒基，甲硫氨酸提供甲基，肌酸的生物合成如图 8-9 所示。

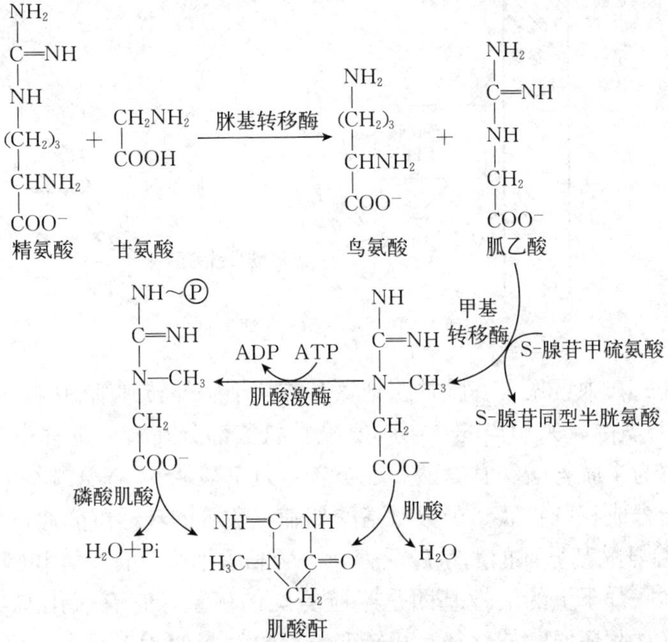

图 8-9　肌酸的生物合成

　　肝是合成肌酸的主要器官。在肌酸激酶（CPK）催化下，肌酸转变成磷酸肌酸，并贮存 ATP 的高能磷酸键。肌肉所含的肌酸，主要以磷酸肌酸的形式存在，是肌肉收缩的一种能量贮备形式。磷酸肌酸在心肌、骨骼肌及大脑中含量丰富。当肌肉收缩消耗 ATP 时，磷酸肌酸可将其磷酸基及时地转给 ADP，再生成 ATP。

　　肌酸和磷酸肌酸代谢的终产物是肌酐。肌酐主要在肌肉中通过磷酸肌酸的非酶促反应而生成，可随尿排出体外。肌酐的生成量与骨骼肌中肌酸、磷酸肌酸的储量成正比。而后者的贮存量又与骨骼肌的量成正比。肾严重病变时，肌酐排泄受阻，血中肌酸酐浓度升高。

（四）谷胱甘肽的合成

　　谷胱甘肽是由谷氨酸、半胱氨酸和甘氨酸所组成的三肽，它的生物合成不需要编码的 RNA，已证明与 γ-谷氨酰基循环（图 8 - 10）的氨基酸转运系统有关。

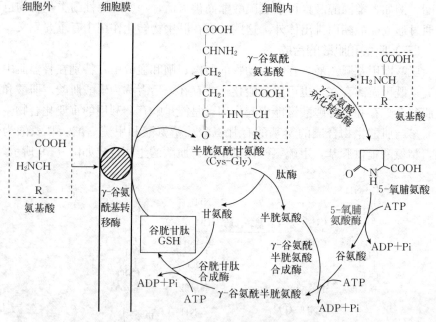

图 8 - 10　γ-谷氨酰基循环

　　从图 8 - 10 中可见，谷胱甘肽把氨基酸从细胞外转到细胞内，是由这个三肽中的 γ-谷氨酰基来担当的，半胱氨酰甘氨酸部分在转运过程中从三肽上断裂，并分解为半胱氨酸和甘氨酸。在被转运氨基酸从 γ-谷氨酰基上释放之后，三者再重新合成谷胱甘肽。少数氨基酸如脯氨酸等的转运可能通过其他的转运系统。γ-谷氨酰基循环的酶系广泛存在于肠黏膜细胞、肾小管和脑组织中。

　　谷胱甘肽分子上的活性基团是半胱氨酸的巯基，它有氧化型与还原型两种，由谷胱甘肽还原酶催化其互相转变，辅酶是 $NADP^+$。

$$2GSH \xrightarrow[+2H]{-2H} GSSG$$

还原型　　　氧化型

谷胱甘肽　　谷胱甘肽

还原型谷胱甘肽在细胞中的浓度远高于氧化型谷胱甘肽（二者之比约为 100：1），其主要功能是保护含有功能巯基的酶和使蛋白质不易被氧化，保持红细胞膜的完整性，防止亚铁血红蛋白（可携带 O_2）氧化成高铁血红蛋白（不能携带 O_2），还可以结合药物、毒物，促进它们的生物转化，消除过氧化物和自由基对细胞的损害作用。

三、芳香族氨基酸的代谢转变

芳香族氨基酸（包括苯丙氨酸、酪氨酸和色氨酸）的代谢转变对动物和人类的健康与代谢活动十分重要。

（一）苯丙氨酸的代谢转变

苯丙氨酸可在体内由苯丙氨酸羟化酶催化下，羟化为酪氨酸后再进一步代谢，但酪氨酸不能转变为苯丙氨酸。苯丙氨酸羟化酶是一种加氧酶，其辅酶为四氢生物蝶呤，催化反应不可逆。

酪氨酸　　　　　　　　　苯丙氨酸　　　　　　　苯丙酮酸

（二）酪氨酸的代谢转变

酪氨酸在体内可进一步代谢转化成许多重要的生理活性物质。

1. 转变为儿茶酚胺 酪氨酸经酪氨酸羟化酶的作用，生成 3,4-二羟苯丙氨酸（DOPA，多巴），进一步在多巴脱羧酶的催化下，转变为多巴胺。多巴胺是一种大脑神经递质。在肾上腺髓质中，多巴胺的 β-碳原子羟化，生成去甲肾上腺素，进而在甲基转移酶的作用下，由 S-腺苷甲硫氨酸提供甲基转变为肾上腺素。多巴胺、去甲肾上腺素、肾上腺素都是有儿茶酚结构的胺类物质，所以统称为儿茶酚胺，它们都是小分子的含氮激素。

2. 合成黑色素 在黑色素细胞中，多巴又可以被氧化、脱羧生成吲哚醌，皮肤黑色素就是吲哚醌的聚合物。

3. 分解成延胡索酸及乙酰乙酸进一步代谢 酪氨酸经转氨基作用，转化为对羟基苯丙酮酸，接着进一步氧化脱羧生成尿黑酸。尿黑酸经其氧化酶作用可再转变为延胡索酸和乙酰乙酸。延胡索酸可进入三羧酸循环参与糖代谢，乙酰乙酸可进入脂肪代谢途径。

　　苯丙氨酸和酪氨酸的代谢如图 8-11 所示。

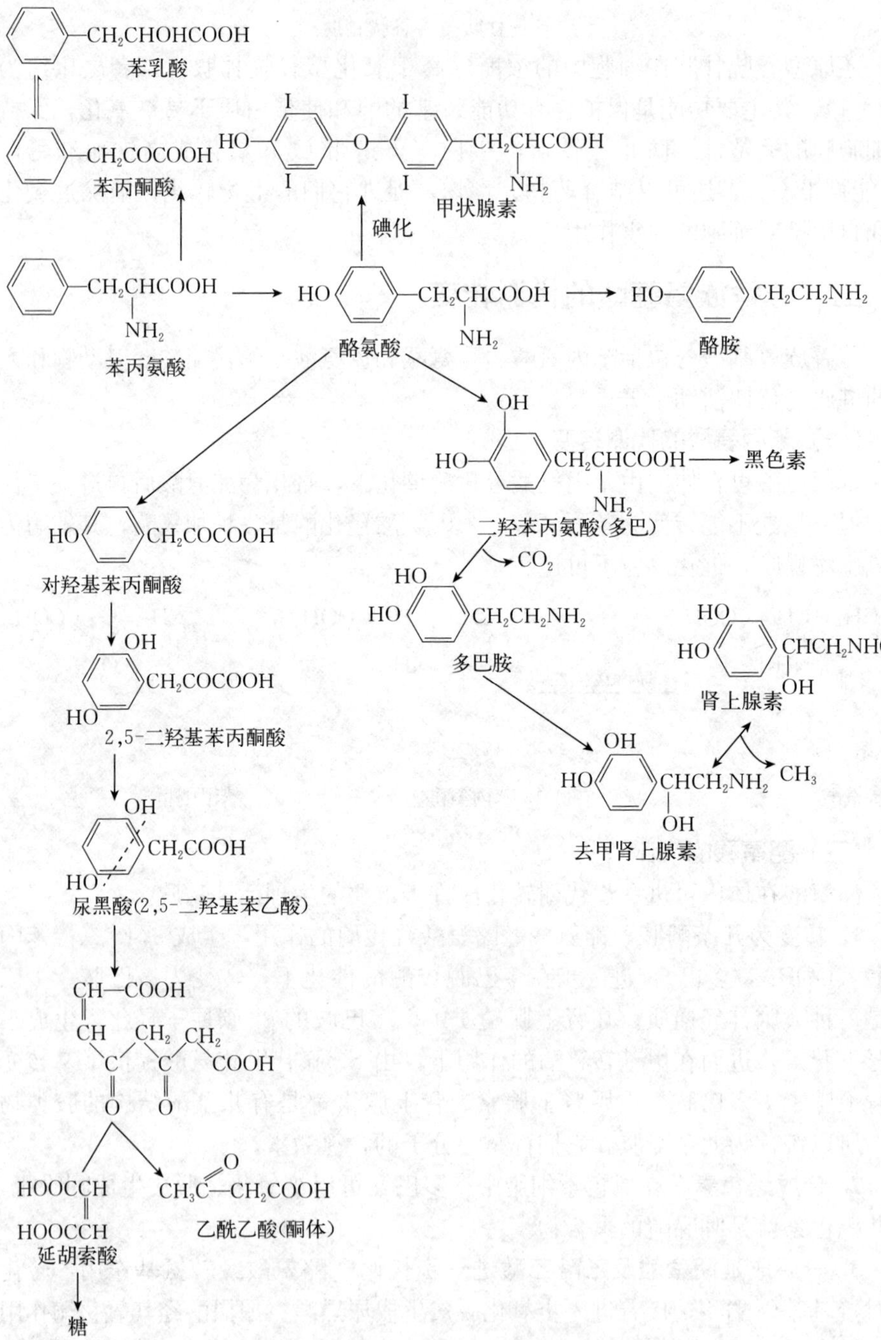

图 8-11　苯丙氨酸和酪氨酸的代谢

如果苯丙氨酸和酪氨酸代谢发生障碍，可出现下列疾病：①当体内缺乏苯丙氨酸羟化酶时，苯丙氨酸则转变为苯丙酮酸、苯乳酸及苯乙酸，这些产物在体内积存或由尿排出，引起苯丙酮酸尿症，这是一种先天性代谢病，苯丙酮酸的堆积可严重损害神经系统，造成患儿智力发育障碍，在患者发病早期，如能控制其摄入的苯丙氨酸含量可有助于治疗。②如果人体先天性缺乏酪氨酸酶，则黑色素合成障碍，皮肤、毛发等发白，称为白化病。③当尿黑酸酶缺陷时，尿黑酸的进一步分解受阻，可出现尿黑酸症，这也是一种人类遗传病。

（三）色氨酸的代谢转变

色氨酸在体内有多种代谢途径。一方面，可氧化脱羧生成 5-羟色胺，它是一种神经递质；另一方面，还可通过色氨酸加氧酶作用，降解代谢转变成丙氨酸和乙酰乙酸，因此色氨酸也是生糖兼生酮氨基酸。此外，色氨酸还能合成少量的尼克酸（维生素 B_5），这是体内合成维生素的一个特例，但机体自身合成的尼克酸远不能满足机体的需要。色氨酸的代谢如图 8-12 所示。

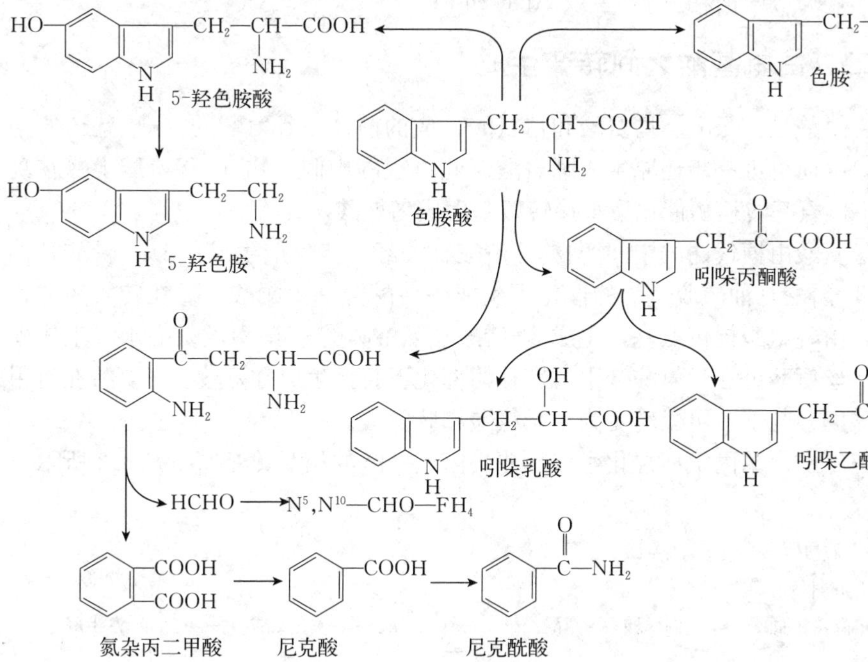

图 8-12　色氨酸的代谢

第五节　非必需氨基酸的合成代谢

α-酮酸在体内可通过氨基化生成氨基酸。但有些 α-酮酸不能由糖或脂肪等其他物质生成，只能由其相应的氨基酸生成，这样生成的氨基酸并不能净增加该种氨基酸的量，必须由食物供给，因此是必需氨基酸。只有通过糖或脂肪等其他物质氧化合成的 α-酮酸，它们再经氨基化后生成相应的氨基酸，才可净增加氨基酸的量，这样的氨基酸不一定需要从食物中获得，因而是非必需氨基酸。

机体内的非必需氨基酸可通过如下方式合成。

一、由 α-酮酸氨基化生成

糖代谢生成的 α-酮酸，可以经过转氨或联合脱氨基作用的逆过程合成氨基酸。例如在转氨酶催化下，丙酮酸、草酰乙酸和 α-酮戊二酸可分别转化为丙氨酸、天冬氨酸和谷氨酸。天冬酰胺和谷氨酰胺分别由天冬氨酸和谷氨酸经氨基化反应生成，天冬酰胺由天冬酰胺合成酶催化合成，利用谷氨酰胺提供氨基，消耗 ATP 生成 AMP 和 PPi；谷氨酰胺合成酶催化谷氨酰胺合成，NH_3 为供体，反应中消耗 ATP 生成 ADP 和 Pi。

二、由氨基酸之间转变生成

谷氨酸是脯氨酸、鸟氨酸和精氨酸合成的前体。谷氨酸的 γ-羧基还原生成醛，继而可进一步还原生成脯氨酸。此过程的中间产物 5-谷氨酸半醛在鸟氨酸-δ-氨基转移酶催化下直接转氨基生成鸟氨酸。

丝氨酸由糖代谢的中间产物 3-磷酸甘油经 3 步反应生成：①3-磷酸甘油酸在 3-磷酸甘油酸脱氢酶的催化下生成一磷酸羟基丙酮酸；②在转氨酶的作用下，由谷氨酸提供氨基，生成 3-磷酸丝氨酸；③3-磷酸丝氨酸水解生成丝氨酸。丝氨酸可在丝氨酸羟甲酰转移酶催化下直接生成甘氨酸。丝氨酸在有甲硫氨酸的参与下，可以转变为半胱氨酸和胱氨酸。

酪氨酸由苯丙氨酸羟化生成。非必需氨基酸的相互转变如图 8-13 所示。

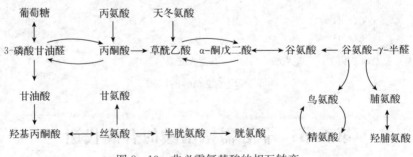

图 8-13 非必需氨基酸的相互转变

第六节　糖、脂类、蛋白质之间的代谢关系

动物有机体的新陈代谢是一个完整而统一的过程，各种物质的代谢过程是密切联系和相互影响的，主要表现在各种代谢的中间产物可以相互转变。蛋白质是机体主要的结构物质和功能物质，糖的氧化分解是机体获得能量的主要来源，脂肪是机体能量的贮存形式。蛋白质和脂类代谢进行的程度取决于糖代谢进行的程度；当糖和脂类不足时，蛋白质的分解就增强，当糖多时又可以减少脂类的消耗。

在一定条件下，糖、脂类、蛋白质可以通过共同的中间产物如丙酮酸、乙酰 CoA、草酰乙酸及 α-酮酸等相互转变；可以通过三羧酸循环被彻底氧化分解为二氧化碳、水，并释放出能量。同时，由于各自的生理功能不相同，在氧化供能方面以糖和脂肪为主，现将糖、蛋白质、脂类的代谢关系概述如下。

一、相互联系

1. 蛋白质代谢和糖代谢的相互联系　组成蛋白质的 20 种氨基酸，许多是生糖氨基酸，其脱掉氨基后生成的 α-酮酸在体内可以异生为糖，因此蛋白质在体内可以转变成糖。

糖代谢中产生的 α-酮酸，例如丙酮酸、α-酮戊二酸、草酰乙酸等经过氨基化和转氨基作用，生成许多非必需氨基酸，可以用来合成蛋白质。但是必需氨基酸在体内不能合成，这是因为机体不能合成与它们相对应的 α-酮酸。而蛋白质分子都是生物大分子，既有非必需氨基酸，又有必需氨基酸，所以不能用糖来代替饲料中蛋白质的供应。相反，蛋白质在一定程度上可以代替糖，但蛋白质在体内的分解代谢要先脱掉氨基，排除氨毒，产生的 α-酮酸再异生为糖来提供能量利用，这对动物机体来说又是不经济的。

2. 糖、脂类的相互转变　动物体内糖转化为脂类的代谢很普遍。例如，动物育肥时，饲料中的成分是以糖为主，说明动物机体能将糖转变为脂肪。

糖分解代谢的中间产物乙酰辅酶 A 是合成脂肪酸和胆固醇的重要原料，糖分解的另一种产物磷酸二羟丙酮又是生成甘油的前体。另外，脂肪酸和胆固醇合成所需要的 NADPH 是由磷酸戊糖途径供给的。可见，动物体内可以用糖合成脂肪和胆固醇，但是必需脂肪酸是不能在体内合成的，即糖不能在动物体内合成必需脂肪酸，因此，食物中糖不能完全代替脂类的供给，特别是必需脂肪酸的供给。

动物体内脂肪转变为糖的作用是有限的。脂肪中的甘油可以通过磷酸化和脱氢氧化生成磷酸二羟丙酮，磷酸二羟丙酮再沿糖异生途径转变为糖。脂肪中

大部分是脂肪酸，脂肪酸分解产生的乙酰辅酶 A 不能逆向转变为丙酮酸，通常是进入三羧酸循环，被彻底地氧化成 CO_2 和 H_2O；在肝中乙酰辅酶 A 合成为酮体被输出利用，或是用于脂肪酸的重新合成。乙酰辅酶 A 要生成糖，必须经过三羧酸循环生成草酰乙酸转变成糖，但此时要消耗一分子草酰乙酸，故不能净生成糖，而奇数碳代谢产生的丙酰 CoA 可以异生成糖。

3. 蛋白质与脂类代谢的联系　蛋白质可以转变成各种脂类。蛋白质分解生成的各种氨基酸，无论是生糖氨基酸，还是生酮氨基酸，都能生成乙酰辅酶 A，乙酰辅酶 A 是合成脂肪和胆固醇的原料。此外，某些氨基酸还是合成磷脂的原料。

脂肪中的甘油可以转变成糖，因而可同糖一样转变为各种非必需氨基酸，但脂肪中的甘油只占很少一部分。由脂肪酸转变成氨基酸是受限制的，因为脂肪酸分解产生的乙酰辅酶 A 虽然可以进入三羧酸循环产生 α-酮戊二酸，α-酮戊二酸可通过氨基化而生成谷氨酸，但必须有草酰乙酸参与。而草酰乙酸只能由糖和甘油生成，可以说脂肪酸只能与其他物质配合才能合成氨基酸。因此，动物机体几乎不用脂肪来合成蛋白质。

总之，糖、脂类、蛋白质等代谢以三羧酸循环为枢纽，彼此相互影响、相互联系和相互转化，其相互转化关系如图 8-14 所示。

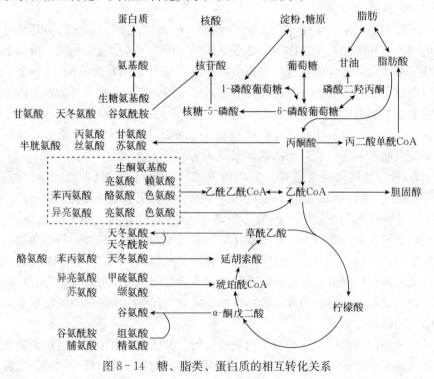

图 8-14　糖、脂类、蛋白质的相互转化关系

二、相互影响

糖、脂类和蛋白质代谢之间的互相影响是多方面的，主要表现在分解供能上。在正常情况下，动物生理活动所需要的能量主要靠糖分解供给，其次是脂肪。蛋白质则主要用于合成组织蛋白、酶、激素等某些生理活性物质，从而满足动物生长、发育和组织更新修补的需要。因此，当饲料中糖的供应充足时，机体脂肪动员减少，蛋白质也主要用于合成代谢。当饲料中糖的供应超过机体需要量时，因为糖不是动物机体能量的贮存形式，机体合成糖原贮存的量很少，糖会转化为脂肪，脂肪是动物机体内能量的贮存形式；相反，当饲料中糖类缺乏或长期饥饿时，机体就会动用脂肪来分解供能，同时酮体生成量增加，甚至造成酮中毒。另外，糖异生的主要原料为氨基酸，当糖类和脂肪都不足时，为了维持机体的血糖浓度，氨基酸分解加强，甚至动用组织蛋白。由上可知，动物的氧化供能物质以糖和脂肪为主，而糖氧化分解释放的能量是动物机体获得能量的主要来源，因此动物饲料中富含供能物质显得尤为重要。

第七节　氨基酸色谱技术简介

一、分配色谱法的一般原理

在分析化学领域，当人们广泛地使用吸附剂进行色谱分析的时候，液-液萃取分离在金属分离上已经得以广泛应用。分配色谱法是马丁和辛格在 1941年发明的，该法是用硅胶吸附水，水重为硅胶自身重量的 50%，再装成柱体，然后将氨基酸混合物的溶液加到柱体上，这时用含少量丁醇的氯仿进行色谱分离。这种方法可以使氨基酸分离，其原理是利用被分离物质在两相中分配系数的差别。

在上述试验方法中，硅胶被马丁和辛格称为载体，它在分配色谱中只起负担固定液的作用，基本上呈惰性。吸着在硅胶上的液体，被称为静止相；氯仿液被称为流动相。马丁在 1941 年的论文中，发表了这一方法的理论根据。

分配色谱法在试验中克服了吸附色谱法遇到的困难。比如，脂肪酸和多元醇等极性物质强烈地被一般吸附剂吸附，即使利用洗脱能力极强的液体进行洗脱也无济于事，因而不能用吸附色谱法将它们分离出来。而分配色谱法则很容易将这些脂肪酸一类的极性物质分离出来。因此，分配色谱法在极性有机混合物的分离上迅速得到了广泛的应用，取得了良好的效果。这一方法一般以水、稀硫酸、甲醇等极性溶剂作为静止相，以非极性或弱极性物质作为流动相。1948 年，摩尔和斯坦思用分配色谱法从淀粉中分离了一些氨基酸。呼伍等人在同年用纤维素柱分离了糖类。

1944 年，在试验中，马丁发现在水蒸气饱和的空气中，滤纸吸附约 22% 的水分之后，也可以在分配色谱法中用作静止相的支撑物。由此，形成了分配色谱法中重要的一支——纸色谱法。纸色谱法很快被应用到对酚类、脂肪酸、氨基酸、染料、糖类、甾类化合物、肽类以及蛋白质、核糖等复杂有机物的分析上，成为生物化学中重要的分离和分析方法之一。

分配色谱法的出现，使分析化学又多一只"手"，它对于复杂有机物及无机物的分析都相当有效。

二、氨基酸色谱技术

1. 纸色谱法分离氨基酸　纸色谱法是生物化学上分离、鉴定氨基酸混合物的常用技术，可用于蛋白质的氨基酸成分的定性鉴定和定量测定。纸色谱法是用滤纸作为惰性支持物的分配色谱法，纸色谱所用展开剂大多由有机溶剂和水组成。其中滤纸纤维素上吸附的水是固定相，展开用的有机溶剂是流动相。因为滤纸纤维与水的亲和力强，与有机溶剂的亲和力弱，因此在展开时，水是固定相，有机溶剂是流动相。在色谱分离时，将样品点在距滤纸一端 2~3 cm 的某一处，该点称为原点，然后在密闭容器中展开剂沿滤纸的一个方向进行展开，溶剂由下向上移动的称为上行法；溶剂由上向下移动的称为下行法。这样混合氨基酸在两相中不断分配，由于分配系数不同，即不同的氨基酸在相同的溶剂中溶解度不同，氨基酸随流动相移动的速率就不同，利用在滤纸上迁移速率不同分离氨基酸，它们分布在滤纸的不同位置上而形成距原点距离不等的色谱斑点。物质被分离后在纸色谱图谱上的位置可用比移值（rate of flow，R_f）表示。所谓比移值是指在纸色谱分离中，从原点到氨基酸停留点（又称为色谱斑点）中心的距离（X）与原点到溶剂前沿的距离（Y）的比值，即原点到色谱斑点中心的距离/原点到溶液前沿的距离。

R_f 的大小与物质的结构、性质、溶剂系统、色谱滤纸的质量和色谱分离温度等因素有关。在一定条件下，某种物质的 R_f 是常数。

2. 薄层色谱法分离氨基酸　薄层色谱法是将固体支持物在玻璃板上均匀地铺成薄层，把要分析的氨基酸样品加到薄层上，然后用合适的溶剂展开，可以达到分离、鉴定各种氨基酸的目的。作为固体支持物的材料主要有吸附剂，如氧化铝 G 和硅胶 G，它们能够将氨基酸密集到表面上，当用展开剂展开时氨基酸就会受到吸附与解吸附两种作用力，由于各种氨基酸的结构与性质的差异，它们在薄层板上移动的速率不同而得以分离，经显色后可以对氨基酸进行定性、定量鉴定。

3. 氨基酸离子交换色谱法　离子交换色谱法是以离子交换剂为固定相，依据流动相中的组分离子与交换剂上的平衡离子进行可逆交换时结合力大小的差别而进行分离的一种色谱分离方法。离子交换色谱法是目前生物化学领域中常用的一种色谱分离方法，被广泛应用于各种生化物质如氨基酸、蛋白质、糖类、核苷酸等的分离纯化。

离子交换色谱法是通过带电的溶质分子与离子交换色谱介质中可交换离子进行交换而达到分离纯化的方法，也可以认为离子交换色谱法是蛋白质分子中带电的氨基酸与带相反电荷的介质的骨架相互作用而达到分离纯化的方法。

各种氨基酸分子结构不同，有不同的等电点。在同一 pH 溶液内带的电荷不同，它们与离子交换树脂的亲和力不同，因此可依据亲和力从小到大的顺序被洗脱下来，达到分离各种氨基酸的目的。

第九章　核酸的酶促降解及核苷酸代谢

核苷酸是遗传大分子脱氧核糖核酸与核糖核酸的基本组成单位，核酸代谢与核苷酸代谢密切相关。

核苷酸是一类在代谢上极为重要的物质，几乎参与了细胞的所有生化过程，具有多种生物学功能：①它是核酸生物合成的原料；②是体内能量的利用形式，ATP 是细胞的主要能量形式，GTP、UTP、CTP 也均可以提供能量；③参与代谢和生理调节，如 cAMP 和 cGMP 是许多种细胞膜受体激素作用的第二信使；④是辅酶（FAD、NAD^+、CoA 等）的组成成分；⑤是多种活化中间代谢物的载体，如 UDP-葡萄糖和 CDP-二酯酰甘油分别是糖原和磷脂合成的活性原料。

第一节　核酸的降解

核酸分解的第一步是水解核苷酸之间的磷酸二酯键，在高等动物中都有作用于磷酸二酯键的核酸酶。不同来源的核酸酶，其专一性、作用方式都有所不同。有些核酸酶只能作用于 RNA，称为核糖核酸酶；有些核酸酶只能作用于 DNA，称为脱氧核糖核酸酶；有些核酸酶专一性较低，既能作用于 RNA，也能作用于 DNA，因此统称为核酸酶。根据核酸酶作用的位置不同，又可将核酸酶分为核酸外切酶和核酸内切酶。

一、核酸外切酶

有些核酸酶能从 DNA 或 RNA 链的一端逐个水解下单核苷酸，称之为核酸外切酶。核酸外切酶从 3′端开始逐个水解核苷酸，称为 3′→5′外切酶，如蛇毒磷酸二酯酶，水解产物为 5′-核苷酸；核酸外切酶从 5′端开始逐个水解核苷酸，称为 5′→3′外切酶，如牛脾磷酸二酯酶，水解产物为 3′-核苷酸。

二、核酸内切酶

核酸内切酶催化水解多核苷酸内部的磷酸二酯键。有些核酸内切酶仅水解 5′-磷酸二酯键，把磷酸基团留在 3′位置上，称为 5′-内切酶；有些核酸内切酶

仅水解 $3'$-磷酸二酯键，把磷酸基团留在 $5'$ 位置上，称为 $3'$-内切酶；有些核酸内切酶对磷酸酯键一侧的碱基有专一要求。

20 世纪 70 年代，在细菌中陆续发现了一类核酸内切酶，能专一性地识别并水解双链 DNA 上的特异核苷酸顺序，称为限制性核酸内切酶。当外源 DNA 侵入细菌后，限制性内切酶可将其水解切成片段，从而限制了外源 DNA 在细菌细胞内的表达，而细菌本身的 DNA 由于在该特异核苷酸顺序处被甲基化酶修饰，不被水解，从而得到保护。

近年来，限制性核酸内切酶的研究和应用发展很快，目前已提纯的限制性核酸内切酶有 100 多种，许多已成为基因工程研究中必不可少的工具酶。

三、核苷酸的降解

核酸经核酸酶的作用降解后产生的核苷酸还可以进一步分解。核苷酸可在核苷酸酶或磷酸单酯酶的催化下，水解为核苷和磷酸。

核苷可在核苷酶作用下水解为碱基和戊糖，也可在核苷磷酸化酶作用下分解为碱基和 1-磷酸戊糖。

核酸降解产生的戊糖可经戊糖途径进一步代谢，也可在磷酸核糖变位酶的催化下转变为 5-磷酸核糖，成为合成 5-磷酸核糖焦磷酸的原料。碱基可参加补救合成途径，也可进一步分解代谢。

第二节　核苷酸的分解代谢

一、嘌呤核苷酸的分解代谢

嘌呤核苷酸可以在核苷酸酶的催化下，脱去磷酸成为嘌呤核苷，嘌呤核苷在嘌呤核苷磷酸化酶（PNP）的催化下转变为嘌呤。嘌呤核苷及嘌呤又可经水解、脱氨及氧化作用生成尿酸，嘌呤核苷酸的分解代谢如图 9-1 所示。

在哺乳动物中，腺苷和脱氧腺苷不能由 PNP 分解，而是在核苷和核苷酸水平上，分别由腺苷脱氨酶和腺苷酸脱氨酶催化脱氨，生成次黄嘌呤核苷或次黄嘌呤核苷酸。它们再经水解成次黄嘌呤，并在黄嘌呤氧化酶的催化下逐步氧化为黄嘌呤和尿酸。

体内嘌呤核苷酸的分解代谢主要在肝、小肠及肾中进行。正常生理情况下，嘌呤合成与分解处于相对平衡状态，所以尿酸的生成与排泄也较恒定。当体内核酸大量分解（患白血病、恶性肿瘤等）或摄入高嘌呤食物时，血中尿酸水平升高，当超过一定量时，尿酸盐将过饱和而形成结晶，沉积于关节、软组织、软骨等处，从而导致关节炎、尿路结石，临床上称为痛风症。常用别嘌醇治疗痛风症。

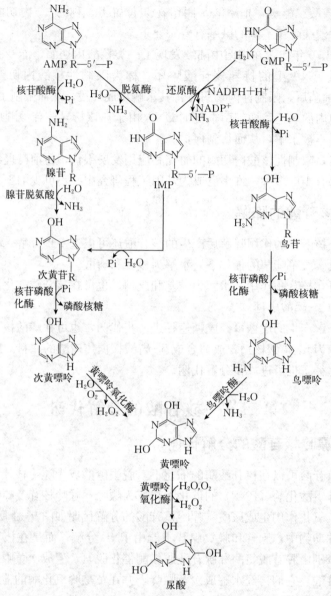

图 9-1　嘌呤核苷酸的分解代谢

案例 9.1

　　某鸡场一部分鸡表现精神萎靡、食欲不振，消瘦、贫血、鸡冠萎缩、苍白，粪便稀薄并含大量白色淀粉样物质。剖检病死鸡可见肾肿大，色苍白，肾小管变粗。少数鸡脚趾和腿部关节炎性肿胀和跛行、瘫痪。根据典型临床症状诊断该病为家禽痛风。

问题：家禽为什么只能生成尿酸不能生成尿素？

分析：正常情况下，家禽由于肝缺乏尿素合成酶——精氨酸酶，而不能将氨转变成尿素，只能通过嘌呤核苷酸合成与分解途径，以生成尿酸的形式而排泄。所以当禽类饲料中蛋白质含量过多，或肾功能损伤，尿酸排泄障碍时，体内就会大量蓄积尿酸，形成痛风。该病没有特效疗法，防重于治。

二、嘧啶核苷酸的分解代谢

嘧啶核苷酸的分解代谢途径与嘌呤核苷酸相似。首先通过核苷酸酶及核苷磷酸化酶的作用，分别除去磷酸和核糖，产生的嘧啶碱再进一步分解。嘧啶的分解代谢主要在肝中进行，分解代谢过程中有脱氨基、氧化、还原及脱羧基等反应，如图 9-2 所示。胞嘧啶脱氨基转变为尿嘧啶。尿嘧啶和胸腺嘧啶先在

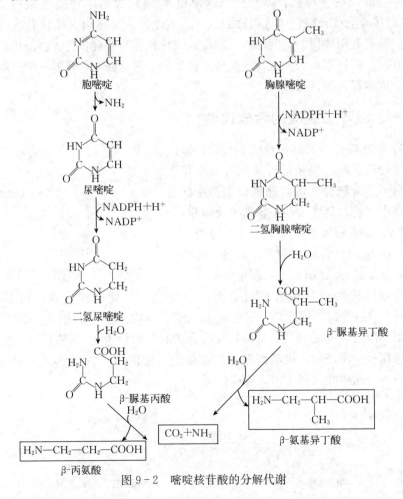

图 9-2 嘧啶核苷酸的分解代谢

二氢嘧啶脱氢酶的催化下，由 NADPH＋H$^+$ 供氢，分别还原为二氢尿嘧啶和二氢胸腺嘧啶。二氢嘧啶酶催化嘧啶环水解，分别生成 β-丙氨酸和 β-氨基异丁酸。β-丙氨酸和 β-氨基异丁酸可继续分解代谢，β-氨基异丁酸亦可随尿排出体外。

第三节　核苷酸的合成代谢

　　核苷酸是动物体内一类重要的含氮小分子，在机体内的能量转移和调节代谢中发挥了重要作用。畜禽虽可通过摄食饲料后消化获得核苷酸，但这些核苷酸很少被机体直接吸收利用，主要还是利用氨基酸等作为原料在动物体内合成各种核苷酸，还可利用体内的游离碱基或核苷进行合成。体内核苷酸有两条途径：一是以磷酸核糖、氨基酸、一碳单位及 CO_2 等简单物质为原料，消耗ATP直接合成核苷酸，此过程称为从头合成途径，是体内合成核苷酸的主要途径。二是利用体内游离的嘌呤、嘧啶或嘌呤核苷与嘧啶核苷，经简单反应合成核苷酸，此过程称为补救合成途径。在某些组织（如脑、骨髓）中只能通过补救合成途径合成核苷酸。

一、嘌呤核苷酸的合成代谢

　　1. 嘌呤核苷酸的从头合成　在动物体内，嘌呤核苷酸主要是通过从头合成途径由小分子化合物合成的。此过程主要在肝的胞液中进行，其次是在小肠黏膜及胸腺。Buchanan 等通过实验证实了合成嘌呤的前身物（图 9-3）为氨基酸（甘氨酸、天冬氨酸和谷氨酰胺）、CO_2 和一碳单位。

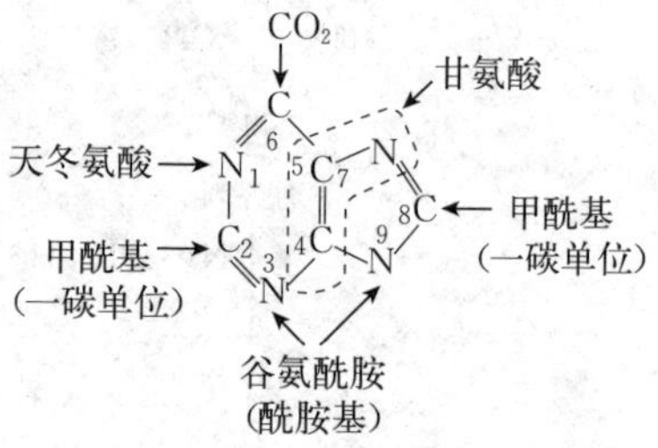

图 9-3　合成嘌呤的前身物

　　嘌呤核苷酸的从头合成可分为两个阶段：首先合成次黄嘌呤核苷酸（IMP）；然后通过不同途径分别生成核苷酸（AMP）和鸟苷酸（GMP）。

　　第一阶段是合成 IMP，嘌呤核苷酸合成的起始物为 5′-磷酸核糖，它是磷酸戊糖途径代谢产物，由磷酸核糖焦磷酸激酶催化，与 ATP 反应生成 5′-磷酸核糖-1′-焦磷酸（PRPP），反应如下：

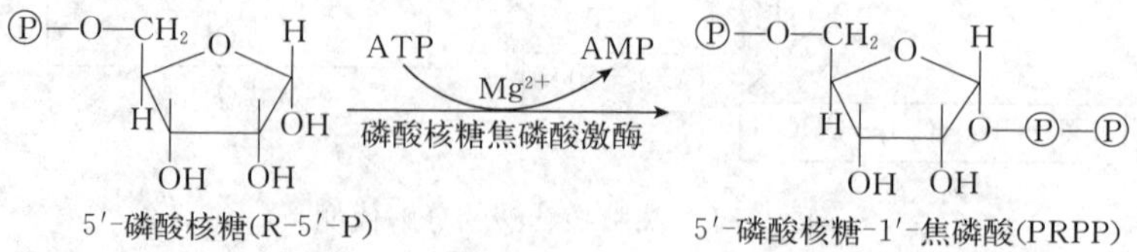

5′-磷酸核糖(R-5′-P)　　　　　　　　　　5′-磷酸核糖-1′-焦磷酸(PRPP)

此步反应是核苷酸合成代谢的关键步骤。PRPP 再经过多步反应，在多种酶的催化下，由 ATP 提供能量，先后与谷氨酰胺、甘氨酸、一碳单位、CO_2、天冬氨酸等反应，最终合成 IMP，IMP 的合成如图 9-4 所示。IMP 虽不是核酸的主要组成成分，但它是嘌呤核苷酸合成的重要中间产物。

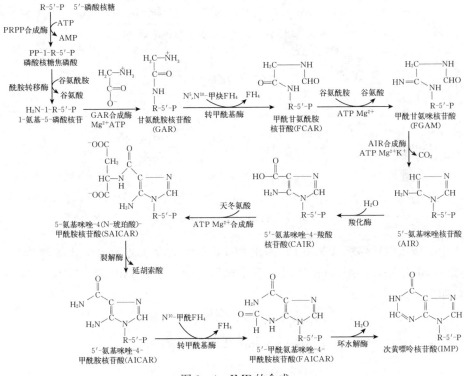

图 9-4 IMP 的合成

第二阶段是由 IMP 生成 AMP 和 GMP。上述反应生成的 IMP 并不在细胞内堆积，而是迅速转变为 AMP 和 GMP，IMP 生成 AMP 和 GMP 如图 9-5 所示。

AMP 和 GMP 可在磷酸激酶作用下，经两步磷酸化反应分别生成 ATP 和 GTP。

由上述反应过程可知，嘌呤核苷酸是在磷酸核糖分子上逐步合成的，而不是首先合成嘌呤碱再与磷酸核糖结合，这是嘌呤核苷酸从头合成途径的一个重要特点。

2. 嘌呤核苷酸的补救合成 大多数细胞在更新其核酸（尤其是 RNA）过程中，要分解核酸产生核苷和游离碱基。细胞利用游离的嘌呤或嘌呤核苷合成相应的嘌呤核苷酸的过程称为补救合成。与从头合成不同，补救合成过程较简单，消耗能量也较少。有两种特异性不同的酶催化嘌呤核苷酸的补救合成：腺

$$\text{AMP/GMP} \xrightarrow[\text{激酶}]{\text{ATP ADP}} \text{ADP/GDP} \xrightarrow[\text{激酶}]{\text{ATP ADP}} \text{ATP/GTP}$$

嘌呤核苷一磷酸　　　　嘌呤核苷二磷酸　　　　嘌呤核苷三磷酸

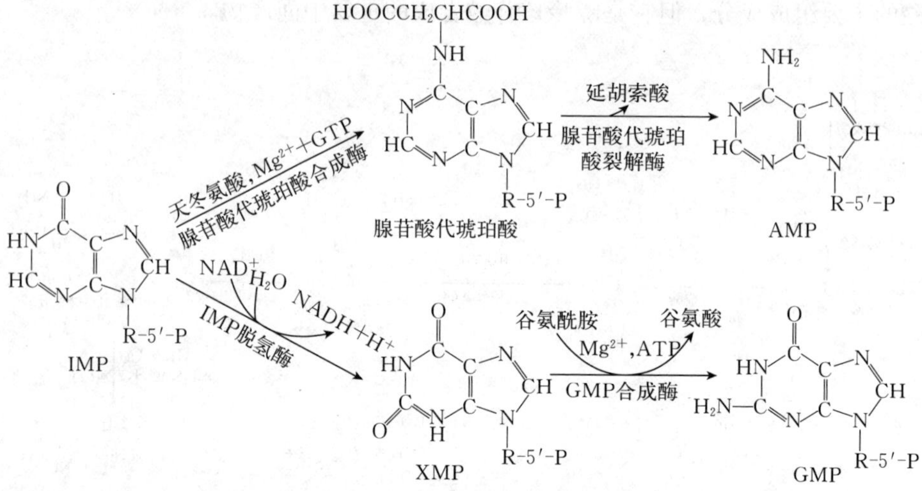

图 9-5　IMP 生成 AMP 和 GMP

嘌呤磷酸核糖转移酶（APRT）催化 PRPP 与腺嘌呤合成 AMP，次黄嘌呤/鸟嘌呤磷酸核糖转移酶（HGPRT）催化相似反应，生成 IMP 和 GMP，反应过程如下：

$$\text{腺嘌呤} + \text{PRPP} \xrightarrow{\text{APRT}} \text{AMP} + \text{PPi}$$

$$\text{次黄嘌呤} + \text{PRPP} \xrightarrow{\text{HGPRT}} \text{IMP} + \text{PPi}$$

$$\text{鸟嘌呤} + \text{PRPP} \xrightarrow{\text{HGPRT}} \text{GMP} + \text{PPi}$$

　　嘌呤核苷酸补救合成是一条次要途径。其生理意义在于：一方面可以节省能量及减少一些氨基酸的消耗；另一方面对某些缺乏从头合成途径酶体系的组织，如动物的白细胞和血小板、脑、骨髓、脾等，是一种重要的补救措施。如缺少补救合成途径会引起从头合成嘌呤核苷酸的速度增加，会因嘌呤分解增多而大量积累尿酸，导致肾结石和痛风，临床上常用别嘌呤醇（次黄嘌呤结构类似物）治疗痛风症。

二、嘧啶核苷酸的合成代谢

　　与嘌呤核苷酸合成相比，嘧啶核苷酸的从头合成较简单，合成原料来自天冬氨酸、CO_2 和谷氨酰胺，如图 9-6 所示。

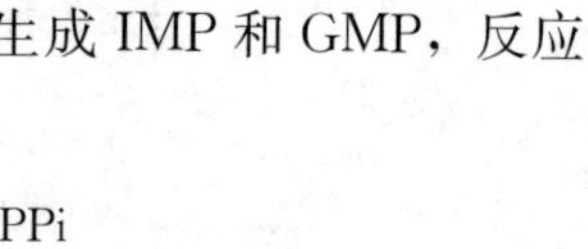

图 9-6　嘧啶环的合成原料

嘧啶核苷酸合成的起初物质并非 PRPP，而是先合成一个嘧啶环骨架，再与 PRPP 结合形成嘧啶核苷酸。合成可分为三个阶段：首先以 CO_2 和谷氨酰胺为原料合成氨基甲酰磷酸，然后氨基甲酰磷酸和天冬氨酸缩合生成氨基甲酰天冬氨酸，氨基甲酰天冬氨酸经过脱水、脱氢形成乳清酸，最后乳清酸接受 PRPP 的 5-磷酸核糖生成乳清酸核苷酸（OMP），并进一步脱羧生成尿嘧啶核苷酸（UMP）。上述尿嘧啶核苷酸的从头合成主要在肝中进行，合成过程如图 9-7 所示。

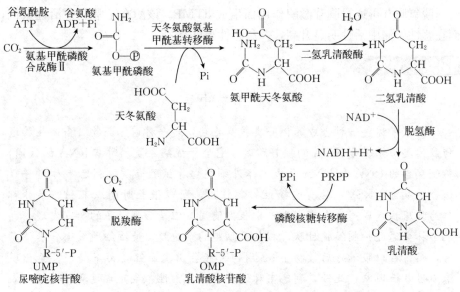

图 9-7　尿嘧啶核苷酸的合成过程

UMP 生成后，可由激酶催化和 ATP 提供高能磷酸键而生成尿嘧啶核苷二磷酸（UDP）和尿嘧啶核苷三磷酸（UTP）。

$$\text{UMP} \xrightarrow[\text{激酶}]{\text{ATP}\quad\text{ADP}} \text{UDP} \xrightarrow[\text{激酶}]{\text{ATP}\quad\text{ADP}} \text{UTP}$$

尿嘧啶核苷一磷酸　　　　　　　　　尿嘧啶核苷二磷酸　　　　　　　　　尿嘧啶核苷三磷酸

胞嘧啶核苷三磷酸（CTP）的生成则需在 CTP 合成酶催化下，消耗 1 分子 ATP，使 UTP 从谷氨酰胺接受氨基而形成。

$$\text{UTP} \xrightarrow[\text{ATP}\ Mg^{2+}\ \text{CTP合成酶}]{\text{谷氨酰胺}\quad\text{谷氨酸}}$$

尿嘧啶核苷三磷酸

胞嘧啶核苷三磷酸

嘧啶核苷酸的补救合成是利用细胞中现成的嘧啶和 PRPP 在嘧啶磷酸核糖转移酶的催化下合成嘧啶核苷酸的过程。嘧啶包括尿嘧啶、胸腺嘧啶和乳清酸，不包括胞嘧啶。

$$嘧啶＋PRPP \xrightarrow{嘧啶磷酸核糖转移酶} 嘧啶核苷酸＋PPi$$

尿苷激酶也是一种补救合成酶，它催化的反应如下：

$$嘧啶＋ATP \xrightarrow{尿苷激酶} UMP＋ADP$$

脱氧胸苷可通过胸苷激酶作用而生成 dTMP。该酶在正常肝中活性很低，而在恶性肿瘤中活性明显升高，并与恶性程度有关。

📘 知识链接

利巴韦林中毒

利巴韦林是一种合成的核苷类抗病毒药，是一种前体药物，当微生物遗传载体类似于嘌呤 RNA 的核苷酸时，它会干扰病毒复制所需 RNA 的代谢，抑制病毒的 RNA 和 DNA 合成。体外细胞培养试验表明，利巴韦林对呼吸道合胞病毒（RSV）具有选择性抑制作用，所以很长时间以来利巴韦林都作为临床抗病毒药物在畜禽生产中长期使用，但是后来很多的研究发现，利巴韦林会通过抑制谷胱甘肽，损伤红细胞的细胞膜，使红细胞裂解。具体而言，患畜在口服治疗后最初 1～2 周内可能会出现血红蛋白下降，甚至出现溶血性贫血现象。此外，利巴韦林还具有遗传毒性、生殖毒性和致癌性。农业部于 2005 年《农业部第 560 号公告》中明确规定禁止利巴韦林兽用。

第十章　核酸与蛋白质的生物合成

遗传学实验已经证实，DNA 是生物遗传信息的携带者，并且可以进行自我复制，这就保证了亲代细胞的遗传信息可以正确地传递到子代细胞中。但是，要完整地表现出生命活动的特征，细胞还必须以 DNA 为模板合成RNA，再以 RNA 为模板指导合成各种蛋白质，最后由这些蛋白质表现出生命活动的特征。上述遗传信息的传递方向，构成了分子遗传学的中心法则。后来的两个重要发现又完善了这个法则，一是发现某些病毒的遗传物质是RNA，它们是通过 RNA 的复制遗传的；二是发现某些 RNA 病毒可以合成 DNA，也就是将遗传信息由 RNA传递给 DNA。遗传学的中心法则如图 10－1 所示。

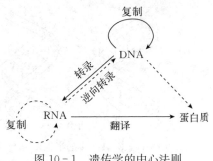

图 10－1　遗传学的中心法则

第一节　DNA 的生物合成

一、DNA 的复制

（一）DNA 的复制方式——半保留复制

1953 年，沃森（Watson）和克里克（Crick）在提出 DNA 分子双螺旋结构模型的同时就提出了 DNA 的复制是半保留复制，即 DNA 在进行复制时，首先碱基间氢键断裂，两链解旋后分开，以每条链作为模板合成新的互补链，这样，每个子代分子的一条链来自亲代 DNA，另一条链是新合成的，并且新合成的子代 DNA 分子和亲代 DNA 分子是完全一致的。这种复制方式称为半保留复制，DNA 的半保留复制如图 10－2 所示。半保留复制是双链 DNA 分子普遍的复制方式。

1958 年，梅塞尔森（Meselson）和斯塔尔（Stahl）利用同位素^{15}N 标记大肠杆菌 DNA，用实验证明了 DNA 的半保留复制。后来人们用多种原核生物和真核生物的 DNA 做了类似的实验，都证实了 DNA 的半保留复制方式，半保留复制的证据如图 10-3 所示。

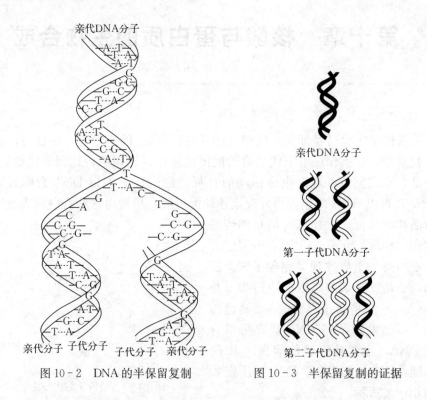

图 10-2　DNA 的半保留复制　　　　图 10-3　半保留复制的证据

（二）DNA 复制的起始点和方向

无论是原核生物还是真核生物，DNA 复制都是起始于一个特定的位点，称之为起始点。细胞中基因组 DNA 具有复制起始点并能独立进行复制的单位称为复制子。原核生物的染色体只有一个复制起始点，因此是单复制子。复制一旦起始，必须使得整个基因组复制完成才可终止。在起始点处 DNA 双螺旋的两条链分开，DNA 分别以两条链为模板复制新的 DNA，在复制的同时进行解链与合成，结果形成一个分叉，称之为复制叉或生长点。大多数 DNA 从起始点向两侧复制，即有两个复制叉，也有一些复制是单向的，只形成一个复制叉，DNA 复制的起始点和方向如图 10-4 所示。

真核生物有多个起始点，因此是多复制子。

（三）参与 DNA 复制的酶类和蛋白质因子

DNA 的复制过程非常复杂，包括超螺旋和双螺旋的解旋，复制的起始，链的延长和复制终止等，需要很多酶和蛋白质因子参与其中。如大肠杆菌的 DNA 复制过程需要有 DNA 聚合酶等 20 多种不同的酶和蛋白质因子的参与，每种酶和蛋白质因子都发挥不同的作用。

1. 拓扑异构酶和解旋酶

在细胞核中 DNA 是以超螺旋结构存在的，在复制时 DNA 的超螺旋和双螺旋必须解除，形成单链才能作为复制的模板。拓扑异构酶就是一类可以改变 DNA 拓扑性质的酶，它能使 DNA 的两条链同时发生断裂和再连接，使超螺旋分子松弛，

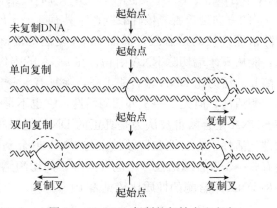

图 10-4　DNA 复制的起始点和方向

消除张力。由解旋酶使 DNA 双螺旋的两条互补链分开形成单链，DNA 双链的解开还需要参与起始的蛋白质因子，它可以识别复制起点，使双链连续变性，启动解链过程，解链过程所需要的能量由 ATP 提供。

2. 单链 DNA 结合蛋白　被解链酶解开的两条 DNA 单链必须被单链 DNA 结合蛋白覆盖以避免再形成链内氢键，从而阻止复性和保护单链部分不被核酸酶降解，稳定解开的 DNA 单链。

3. DNA 聚合酶　DNA 聚合酶是以 DNA 为模板，催化底物合成 DNA 的酶类，在所有的生物中都存在，在原核生物和真核生物中都发现了多种 DNA 聚合酶，它们的作用方式基本相同。①依赖模板和底物，即要有打开的 DNA 单链为模板，有 4 种脱氧的核苷-5′-三磷酸（dATP、dGTP、dTTP、dCTP）为底物时，此酶才有活性。②只能将脱氧核苷酸添加到已存在的 DNA 或 RNA 链的 3′-羟基上。③既有 5′→3′ 聚合酶的活性，又有 3′→5′ 外切酶的活性。在 DNA 的复制中，DNA 聚合酶以三磷酸脱氧核苷为底物，按碱基互补原则，将脱氧核苷酸加到 DNA 链末端 3′-羟基上，形成 3′,5′-磷酸二酯键，同时三磷酸脱氧核苷脱下焦磷酸。焦磷酸水解放出能量，促进 DNA 复制反应的进行。这样的反应重复进行，DNA 链就沿 5′ 至 3′ 的方向延长。

引物是 DNA 合成所必需的，是指在核苷酸聚合作用起始时，刺激合成的一种具有特定核苷酸序列的大分子。引物上含有的末端 3′-羟基，可与脱氧核苷酸的磷酸结合。因此，DNA 复制时只能在引物上沿 5′→3′ 的方向延长脱氧核苷酸链。按照碱基互补原则，只有新进入的脱氧核苷酸的碱基与模板链的碱基互补时，才能在该酶的催化下形成 3′,5′-磷酸二酯键。因此，在 DNA 聚合酶的催化下，模板 DNA 的两条链都能复制。

在大肠杆菌中，共有三种不同的 DNA 聚合酶，分别称为 DNA 聚合酶Ⅰ、

DNA 聚合酶Ⅱ、DNA 聚合酶Ⅲ。其中 DNA 聚合酶Ⅰ具有以下功能：①能沿 $5'→3'$ 的方向延长脱氧核苷酸链；②具有 $3'→5'$ 外切酶活性，能及时从 $3'$ 末端切除错配连接的核苷酸，保证 DNA 复制的准确性；③具有 $5'→3'$ 外切酶活性，能从 $5'$ 末端切除 RNA 引物，在 DNA 的损伤修复中起重要作用。DNA 聚合酶Ⅱ的活力比 DNA 聚合酶Ⅰ高，除具有 $5'→3'$ 聚合酶活性外，也有 $3'→5'$ 外切酶活性，但无 $5'→3'$ 外切酶活性，它也不是主要的复制酶，而是一种修复酶。DNA 聚合酶Ⅲ被认为是真正的 DNA 复制酶，它的组成复杂，具有很强的催化活性、忠实性和持续性，与 DNA 聚合酶Ⅱ一样，DNA 聚合酶Ⅲ除了具有 $5'→3'$ 聚合酶活性外，也有 $3'→5'$ 外切酶活性，但无 $5'→3'$ 外切酶活性。三种 DNA 聚合酶的性质比较见表 10 - 1。

表 10 - 1　3 种 DNA 聚合酶的性质比较

项目	DNA 聚合酶Ⅰ	DNA 聚合酶Ⅱ	DNA 聚合酶Ⅲ
不同种类亚基数目	1	≥7	≥10
相对分子质量	103 000	88 000	900 000
$5'→3'$ 核酸聚合酶活性	有	有	有
$3'→5'$ 核酸外切酶活性	有	有	有
$5'→3'$ 核酸外切酶活性	有	无	无
聚合速率/（个核苷酸/min）	1 000～1 200	2 400	15 000～60 000
持续合成能力	3～200	1 500	≥500 000
功能	切除引物，修复	修复	复制

真核生物也有多种 DNA 聚合酶，从哺乳动物细胞中分离出 5 种 DNA 聚合酶，分别以 DNA 聚合酶 α、DNA 聚合酶 β、DNA 聚合酶 γ、DNA 聚合酶 δ、DNA 聚合酶 ε 来命名。它们的性质与大肠杆菌中的 DNA 聚合酶基本相同，其中 DNA 的复制主要由 DNA 聚合酶 α 和 DNA 聚合酶 δ 共同完成。DNA 聚合酶 α 合成 RNA 引物，DNA 聚合酶 δ 复制 DNA 链。

1955 年，A. Kornberg 发现了 DNA 聚合酶，在此之前他与他的导师发现了 RNA 聚合酶，两人共享了 1959 年的诺贝尔生理学或医学奖。在获奖 10 年之后，人们才知道，他所发现的酶是 DNA 聚合酶Ⅰ，在 DNA 复制中起校读和填补空隙的作用。在细胞内执行复制任务的是另一种新发现的酶——DNA 聚合酶Ⅲ。非常有趣的是，DNA 聚合酶Ⅲ是 A. Kornberg 的二儿子在哥伦比亚大学读书时发现的。

A. Kornberg 家族是"科学之家"，A. Kornberg 的长子由于在真核生物转录酶结构研究中成绩卓越获得了 2006 年的诺贝尔化学奖，A. Kornberg 的妻子也是他的实验助手，他们共发现了 30 多种酶，对酶的研究情有独钟，他写了一部自传式的引人入胜的普及生物化学特别是酶知识的作品，书名就叫《酶的情人》。

4. 引物酶　用于合成引物 RNA 的合成酶为引物酶，引物酶合成的引物是长 5～10 个核苷酸的 RNA，一旦 RNA 引物合成，就可以由 DNA 聚合酶Ⅲ在它的 $3'-OH$ 上继续催化 DNA 新链的合成。

5. 连接酶　在 DNA 复制的开始需要有 RNA 引物存在，DNA 链合成后引物被切除，并被 DNA 替代，此时 DNA 链上仍存在缺口，DNA 连接酶会催化形成磷酸二酯键，将断裂的缺口连上，形成完整的 DNA 链，DNA 连接酶的作用如图 10－5 所示。

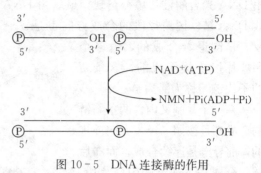

图 10－5　DNA 连接酶的作用

（四）DNA 的复制过程

DNA 的复制过程可人为地分成三个阶段：第一阶段是复制的起始阶段；第二阶段是 DNA 链的延伸阶段，包括前导链和随从链的形成以及切除 RNA 引物后填补其留下的空缺；第三阶段是 DNA 链的终止阶段，主要是连接 DNA 片段形成完整的 DNA 分子。

1. 复制的起点

（1）DNA 双螺旋的解开。DNA 的复制有特定的起始位点。首先能识别 DNA 起点的蛋白质与 DNA 结合，然后 DNA 拓扑异构酶和解旋酶与 DNA 结合，它们松弛 DNA 超螺旋结构，解开一小段双链形成复制叉。为了使解链后的 DNA 单链不再重新生成螺旋，需要有单链结合蛋白参与，单链结合蛋白使解旋后的两条 DNA 链稳定。

（2）RNA 引物的合成。当两股单链暴露出足够数量的碱基对时，引物酶以单链 DNA 为模板，以 4 种核糖核苷酸为原料，按 $5'→3'$ 方向在解旋后的 DNA 链上合成 RNA 引物，形成的 RNA 引物为 DNA 链的合成提供了连接脱氧核苷酸的 $3'-OH$ 末端。

2．DNA 链的延伸

（1）半不连续复制。DNA 的复制是半不连续复制，以亲代 DNA 的两条链各自为模板进行复制。DNA 聚合酶在合成子链 DNA 时只能沿着 $5'→3'$ 方向复制延伸，不能沿 $3'→5'$ 方向合成。任何 DNA 双螺旋都是由走向相反的两条链构成，即两条模板链一条走向是 $5'→3'$，另一条的走向是 $3'→5'$。这样 $3'→5'$ 模板链符合酶的要求，可以连续合成子链，而 $5'→3'$ 模板链的合成则无法解释。为了解决这个矛盾，1968 年冈崎提出了半不连续复制假说，他认为复制时复制叉向前移动，两条 DNA 单链分别作为模板合成新链。$3'→5'$ 模板链合成的新链是 $5'→3'$ 方向，是连续的，称为前导链；而 $5'→3'$ 模板链合成的新链是不连续的 DNA 片段，复制时先合成一些约 1 000 个核苷酸的片段（称为冈崎片段）暂时存在于复制叉周围，随着复制的进行，水解掉 RNA 引物，由 DNA 聚合酶催化填补空缺，最后由 DNA 连接酶把这些片段再连成一条子代 DNA 链。冈崎片段的合成方向也是 5′→3′，但它与复制叉前进的方向相反，是倒退着合成的，由多个冈崎片段连接而成的，这条新的子代链，称为滞后链。

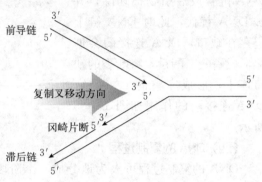

在一个复制叉内，两条新链的合成都是按照 5′→3′ 方向前进的，前导链是连续合成，而滞后链的合成是不连续的冈崎片段，DNA 这种复制方式称为半不连续复制，如图 10-6 所示。

图 10-6　半不连续复制

（2）RNA 引物的切除。滞后链的合成都是以冈崎片段的形式进行的，每个冈崎片段的合成也需要 RNA 引物，延长方向与前导链相反。滞后链的每个冈崎片段合成一旦完成，其 RNA 引物就被除去，通过 DNA 聚合酶合成 DNA 取而代之。

3. DNA 链的终止　在细菌环状 DNA 复制的最后，会遇到起终止作用的特殊核苷酸系列，这时 DNA 的复制就终止。引物被切除并且空隙也已修复的冈崎片段由 DNA 连接酶封闭缺口，把小片段连接成完整的子代链，其 5′ 最末端的 RNA 引物被切除后可借助于另半圈 DNA 链向前延伸来填补，最后可在 DNA 连接酶的作用下首尾相连，形成完整的基因组基因。真核生物复制的终止不能像原核生物那样填补 5′ 末端的空缺，从而会使 5′ 末端序列缩短，可通过形成端粒结构来填补 5′ 末端的空缺。DNA 复制过程如图 10-7 所示。

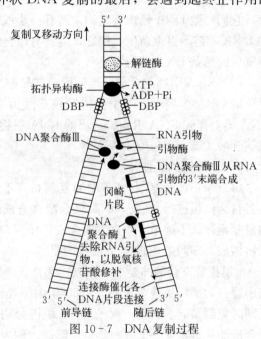

图 10-7　DNA 复制过程

二、DNA 的损伤和修复

(一) DNA 的损伤

DNA 是遗传信息的携带者，在细胞中，维持 DNA 信息的完整性是细胞必须遵守的准则。DNA 在复制过程中可能产生错配，某些生物因素如 DNA 重组、病毒整合和物理化学因素如紫外线、电离辐射、化学诱变剂等都会造成 DNA 局部结构和功能的破坏，受到破坏的可能是 DNA 的碱基、核糖或是磷酸二酯键，损伤的结果是引起遗传信息的改变导致生物突变甚至死亡。

(二) DNA 的修复

在长期的进化过程中，生物体获得了一种自我保护功能，可以通过不同的途径使损伤的 DNA 得以修复。细胞内含有一系列具备修复功能的酶系统，能切除 DNA 上的损伤，恢复 DNA 的正常螺旋结构。

DNA 损伤的修复有多种方式，如光复活、切除修复、重组修复、SOS 修复等。

1. 光复活 DNA 分子中同一条链上两个相邻的嘧啶核苷酸在紫外线的照射下可以共价连接生成嘧啶二聚体（TT）。嘧啶二聚体的形成影响了 DNA 的双螺旋结构，使其复制和转录功能都受到阻碍。光复活的机制是可见光激活了光复活酶，它能分解由于紫外线照射而形成的嘧啶二聚体，光复活示意见图 10-8。

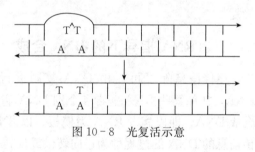

图 10-8 光复活示意

2. 切除修复 切除修复是指在一系列酶的作用下，将 DNA 分子中受损伤部分切除，并以完整的那一条链为模板，合成出切除的部分，使 DNA 恢复正常结构的过程。其修复过程包括 4 个步骤：一是识别损伤部位，切断 DNA 单链；二是切除损伤部位；三是在缺口处修复合成；四是将新合成的 DNA 链与原来的链连接。DNA 损伤的切除修复示意见图 10-9。

切除修复是一种比较普遍的功能，它并不局限于某种特殊原因造成的损伤，而能一般地识别 DNA 双螺旋结构的改变，对遭受破坏而呈现不正常结构的部分加以去除，这种功能对于保护遗传物质 DNA 具有重要的意义。

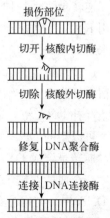

图 10-9 DNA 损伤的切除修复示意

3. 重组修复　DNA 复制时尚未修复的损伤可以先复制再修复。在复制时复制酶在损伤部位无法合成子代 DNA，它跳过损伤部位，在下一个相应位置重新合成引物和 DNA 链，结果子代链在损伤对应处留下缺口。这种遗传信息有缺损的子代 DNA 分子可通过遗传重组加以弥补，即从同源 DNA 的母链上相应核苷酸序列片段移至子链缺口处，然后利用再合成的序列来补上母链的空缺，此过程称为重组修复（图 10 - 10）。因为修复过程发生在复制后，重组修复又称为复制后修复。

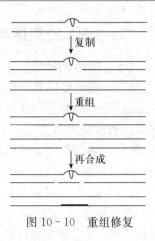

图 10 - 10　重组修复

4. SOS 修复　SOS 修复是指 DNA 受到严重损伤、细胞处于危急状态时所诱导的一种 DNA 修复方式，由于 SOS 修复反应是细胞受到损伤或复制系统受到抑制的紧急情况下，为求得生存而出现的应急修复效应，故修复结果只是能维持基因组的完整性，提高细胞的生成率，但留下的错误较多，又称倾错性修复。

三、RNA 指导下的 DNA 合成

遗传信息除了可以由 DNA 复制进行传递外，也可以由 RNA 传递给 DNA，比如某些 RNA 病毒和个别 DNA 病毒。病毒逆转录酶催化 RNA 指导合成 DNA，即以病毒 RNA 为模板，以 dNTP 为底物，合成含有病毒全部遗传信息的 DNA 的过程称为逆向转录或反转录。

逆转录酶是一种依赖 RNA 的 DNA 聚合酶，它兼有三种酶的活力：①它利用 RNA 为模板合成出一条互补的 DNA 链，形成 RNA - DNA 杂交分子；②水解 RNA - DNA 杂交链的 RNA；③以 DNA 为模板合成 DNA。

逆转录酶催化合成方向也是 $5' \rightarrow 3'$，并需要 RNA 为引物。当致癌病毒进入宿主细胞后，在细胞液中脱去外壳，逆转录酶利用病毒 RNA 为模板，合成一条互补 DNA 链，形成 RNA - DNA 杂交分子，然后逆转录酶将 RNA 水解掉，再以新的 DNA 为模板，合成另一条互补的 DNA 链，形成双链 DNA 分子，逆转录合成 DNA 如图 10 - 11 所示。

新合成的双链 DNA 分子可以进入宿主细胞的细胞核并整合到细胞的染色体 DNA 中，与宿主细胞 DNA 一起复制传递给子代，在某些条件下潜伏的 DNA 可以活跃起来，转录出病毒 RNA 而使病毒繁殖，在另一些条件下它也可以引起宿主细胞发生癌变。

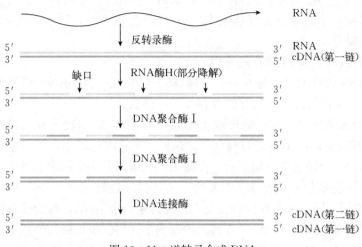

图 10 - 11　逆转录合成 DNA

知识链接

基　因

　　今天 DNA 已经是家喻户晓，每个细胞的 DNA 都含有复制生命的全部密码。DNA 是个庞大的分子，印出来有 75 490 页报纸那么长，即使每天花 8 h 研读，也要 30 年才能读完。在自然界，除了一部分的病毒之外，几乎所有的生物，包括人类、动物、植物、微生物，都受制于其 DNA。学者正在利用生物科技了解基因的功能，以求借其功能来改善人们的健康，或进一步改变并引导基因来塑造更健康的身体。为此，1990 年，人类基因组计划开始实施，并于 2003 年基本完成测序工作。截至 2014 年 2 月 14 日，已经有 12 889 种生物的基因组完成测序。目前，基因组研究已经进入后基因组时代。

第二节　RNA 的生物合成

一、转录

　　生命有机体要将遗传信息传递给子代，并在子代中表现出生命活动的特征，只进行 DNA 的复制是不够的，还必须以 DNA 为模板，在 RNA 聚合酶的作用下合成 RNA，从而使遗传信息从 DNA 分子转移到 RNA 分子上，即在 DNA 指导的 RNA 聚合酶的催化下，按照 dT - A、dA - U、dG - C、dC - G 的配对原则，以四种核糖核苷三磷酸（NTP）为原料，合成一条与 DNA 链互补的 RNA 链，这一过程称为转录。转录的产物是 RNA 前体，它们必须经过转录后的加工才能转变为成熟的 RNA，具有生物活性，转录是生物界 RNA 合成的主要方式。

(一) DNA 转录为 RNA 的特点

1. RNA 合成的方向为 $5'→3'$ 与 DNA 的合成一样，RNA 新链合成的方向也是 $5'→3'$，新加入的核苷酸都在 $3'$ 末端延长。

2. DNA 双链中只有一条被转录成 RNA RNA 链的转录有选择性，起始于 DNA 模板链的一个特定的起点，并在另一个终点处终止，此转录区域称为转录单位。一个转录单位可以是一个基因，也可以是多个基因。基因是遗传物质的最小功能单位，相当于 DNA 的一个片段。在转录过程中，两个互补的 DNA 链作用不同，一个作为模板负责指导转录合成 RNA，称为模板链；另一个是非模板链，或称编码链，在转录中起调节作用。模板链与编码链互补，模板链转录合成的 RNA 的碱基顺序与编码链的碱基顺序是一致的，只是 T 被 U 取代。需要注意的是，DNA 分子上的模板链和编码链是相对的，如某一基因以这条链为模板链，而另一基因则可能在该 DNA 分子的其他部位以另一条链为模板链。由于转录仅以一条 DNA 链的某区段为模板，因而称为不对称转录。

3. RNA 的生物合成是一个酶促反应过程 参与该过程的酶主要是 RNA 聚合酶，以双链 DNA 的一条链或单链 DNA 为模板，按照碱基配对的原则，将四种核糖核苷酸以 $3',5'$-磷酸二酯键的方式聚合起来，催化合成与模板互补的 RNA。

4. 转录不需引物 绝大多数新合成的 RNA 链的 $5'$ 末端是 pppG 或 pppA，说明转录起始的第一个底物是 GTP 或 ATP。转录不需要引物引导，这与 DNA 的复制不同。

(二) RNA 聚合酶

1. 原核生物 RNA 聚合酶 催化 RNA 生物合成的酶称为 RNA 聚合酶。原核生物 RNA 聚合酶由五个亚基组成 $\alpha_2\beta\beta'\sigma$，其中 σ 的结合不牢固，可以随时从全酶上脱落下来，剩余的部分 $\alpha_2\beta\beta'$ 称为核心酶。核心酶负责 RNA 链的延长。亚基的作用是识别起始位点并使 RNA 聚合酶能稳定地结合到启动子上。

2. 真核生物 RNA 聚合酶 真核生物 RNA 聚合酶有三种。RNA 聚合酶 Ⅰ 位于核仁内，负责合成 28S rRNA、18S rRNA、5.8S rRNA。RNA 聚合酶 Ⅱ 分布于核基质中，转录蛋白质编码基因中的 mRNA，并转录大部分参与 mRNA 加工过程的核内小 RNA（snRNA）。RNA 聚合酶 Ⅲ 也分布于核基质中，负责转录 tRNA、5SRNA 等。

（三）转录过程

转录过程可分为三个阶段：转录的起始、RNA 链的延伸和转录的终止。

1. 转录的起始　在 σ 亚基的帮助下，RNA 聚合酶识别并结合到启动子上。启动子是 DNA 分子中可以与 RNA 聚合酶特异结合的部位。一般包括RNA 聚合酶的识别位点、结合位点、转录起始位点。大肠杆菌的 RNA 聚合酶与 DNA 模板链结合分三步：①RNA 聚合酶的 α 亚基辨认启动子的识别位点；②酶与启动子以"关闭"复合体的形式即双螺旋形式结合；③RNA 聚合酶覆盖的部分 DNA 双链打开形成转录泡（图 10 - 12），进入转录起始位点，开始合成 RNA。

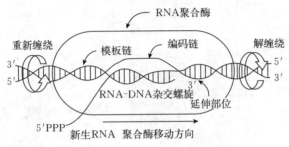

图 10 - 12　RNA 延伸过程中的转录泡示意

转录起始不需引物，第一个核苷酸总是 GTP 或 ATP，GTP 更常见。转录空泡不是 RNA 聚合酶覆盖的全部 DNA 双链解开，只是由覆盖酶的部分双链解开。合成 RNA 的第一个核苷酸和进入的第二个核苷酸在 RNA 聚合酶的催化下形成 $3',5'$-磷酸二酯键，第一个核苷酸保留 NTP 状态，进入的第二个核苷酸末端有游离羟基，可供后面加入 NTP 延长 RNA 链。常把"RNA 聚合酶全酶- DNA 模板- NTPNMP - OH"称为转录起始复合物，起始复合物的形成标志起始的结束。

2. RNA 链的延伸　起始复合物形成后，σ 亚基从启动子处脱落并循环使用。核心酶沿 DNA 模板链 $3'{\rightarrow}5'$ 方向移动，以 NTP 为原料和能量，按照模板链的碱基顺序和碱基配对原则，核苷酸间通过 $3',5'$-磷酸二酯键生成核糖核酸链（RNA），RNA 的合成方向为 $5'{\rightarrow}3'$。模板链与新生成的 RNA 链是反向平行的。

在整个 RNA 链的延伸过程中，转录泡的大小保持不变，即在核心酶向前移动时，前面的双螺旋逐渐打开，转录过后的 RNA 链与模板链之间形成的RNA - DNA 杂交链呈疏松的状态，使 RNA 链很容易脱离 DNA，RNA 脱离后 DNA 重新形成双螺旋，双螺旋的打开和重新形成速度相同，直至转录结束。

转录过程中模板的识别、转录的起始与延伸如图 10 - 13 所示。

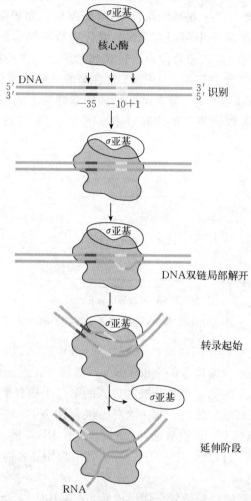

图 10 - 13　转录过程中模板的识别、转录的起始与延伸

3. 转录的终止　原核生物转录终止过程包括：RNA 链延长的停止、新生 RNA 链释放、RNA 聚合酶从 DNA 上释放。当 RNA 聚合酶沿 DNA 模板移动到基因 3′端的终止序列时，转录就停止了，原核生物基因转录终止方式有两种：不依赖 ρ 因子的转录终止和依赖 ρ 因子的转录终止。

不依赖 ρ 因子的转录终止：这种终止子通常有一个富含 A（腺嘌呤）、T（胸腺嘧啶）的区域和一个或多个富含 G（鸟嘌呤）、C（胞嘧啶）的区域，具有回文对称序列。当 RNA 链延伸至终止区时，转录出的 RNA 产物会形成一个鼓槌状的发夹结构，可以改变 RNA 聚合酶的构象，使酶不再向下移动。同时转录复合物局部存在不稳定的 RNA - DNA 杂交链，由于 RNA 分子形成自身双链，使杂交链更不稳定，促使 DNA 双链复性，转录复合体解体，转录终止。

依赖 ρ 因子的转录终止：ρ 因子帮助 RNA 聚合酶辨认终止顺序，并停止转录，随后利用 ATP 放出的能量将 RNA 链从酶和模板中释放。

二、RNA 的转录后加工

转录后的 RNA 链，必须经过一系列变化，包括链的断裂和化学改造过程，才能转变为成熟的 mRNA、rRNA 和 tRNA，称为 RNA 的成熟或转录后加工过程。

（一）原核生物中 RNA 的加工

1. mRNA 的加工 原核生物的 mRNA 不需要或很少需要加工，许多甚至在转录结束前即开始翻译，即转录与翻译是偶联在一起的。

2. rRNA 的加工 rRNA 的加工过程是以核糖体颗粒的形式进行的，即 rRNA 前体合成后先与蛋白质结合，形成新生核糖体颗粒，而后再经过一系列的加工过程，形成有功能的核糖体。

rRNA 基因首先转录为一个 30S rRNA 前体，再切割成 16S rRNA、23S rRNA 和 5S rRNA，其中，16S rRNA 和 23S rRNA 需甲基化，5S rRNA 不需甲基化。

3. tRNA 的加工 原核生物 tRNA 也是先合成一个 tRNA 前体，如果前体中含有 2 个及以上 tRNA 分子，则首先剪切成单个 tRNA 分子，再由外切酶从 5′ 端切去前导顺序，从 3′ 端切去附加顺序。若 3′ 端本身无 CCA 序列，则要在切除附加序列后由酶催化在 tRNA 的 3′ 端加上—CCA—OH。最后，通过各种不同的修饰酶进行修饰，形成成熟的 tRNA 分子。

（二）真核生物中 RNA 的加工

1. mRNA 的加工 真核生物的 mRNA 前体在细胞核内合成，而且大多数基因是不连续的，都被不表达的内含子分隔成为断裂基因，因此，必须对转录产生的初级产物进行加工和修饰才能变为成熟的 mRNA，其加工过程包括首、尾修饰、剪接及甲基化等。

（1）在 5′ 端形成称为"帽"的特殊结构。原始转录的 RNA 5′ 端为三磷酸嘌呤核苷，转录起始后不久从 5′ 端三磷酸脱去一个磷酸，然后与 GTP 反应生成 5′,5′-三磷酸相连的键，并释放出焦磷酸，最后由 S-腺苷甲硫氨酸进行甲基化产生所谓的帽子结构。5′ 端帽子可能参与 mRNA 与核糖体的结合，在翻译过程中起识别作用，保护 mRNA 免受核酸外切酶的破坏。

（2）在核苷酸链的 3′ 端形成一段多聚核苷酸 ［poly （A）］ 尾。大多数真核生物 mRNA 的 3′端通常都有 20～200 个连续排列的腺苷酸残基，称为 poly（A）尾。poly（A）尾顺序不是由 DNA 编码，而是转录后在核内加上去的，反应由多聚腺苷酸聚合酶催化，以带 3′—OH 基团的 RNA 为受体，聚合而成。

（3）mRNA 的剪接。在 mRNA 前体中将在成熟 mRNA 中出现的编码序列称为外显子，把那些将外显子间隔开而不在成熟 mRNA 出现的序列称为内含子。去掉这些内含子使外显子拼接形成连续序列是基因表达调控的一个重要环节。

（4）mRNA 内部甲基化。真核生物 mRNA 分子内往往有一些甲基化的碱基，主要是 3-甲基腺嘌呤。

2. rRNA 的加工　在转录过程中先形成一个 45S 前体，45S 的前体 rRNA 由核酸酶降解形成 18S rRNA、28S rRNA 和 5.8S rRNA，再进行化学修饰，主要是核糖的甲基化。

3. tRNA 的加工　真核细胞 tRNA 前体的加工与原核生物类似，加工的方式大致如下：切除前体两端多余的序列；在 3′末端加上 CCA 序列；修饰，主要为甲基化修饰。

三、RNA 的复制

在某些生物中，RNA 是其遗传信息的基本携带者，并能通过复制合成出相同的 RNA 而传递遗传信息，例如脊髓灰质炎病毒和大肠杆菌 Qβ 噬菌体等。当它们进入宿主细胞后，会产生一种特殊的 RNA 复制酶，这种酶称为 RNA 指导的 RNA 聚合酶。在病毒 RNA 指导下合成新的 RNA，称为 RNA 的复制。

RNA 复制酶以 RNA 为模板，在有 4 种核苷三磷酸和 Mg^{2+} 存在时合成出与模板相同的 RNA。RNA 复制酶的模板特异性很高，它只识别病毒自身的 RNA，对宿主细胞和其他与病毒无关的 RNA 均无反应。当 Qβ 噬菌体的 RNA 侵入大肠杆菌细胞后，其 RNA 本身即为 mRNA，可以直接进行与病毒繁殖有关的蛋白质的合成。通常将具有 mRNA 功能的链称为正链，而将它的互补链称为负链。Qβ 噬菌体的 RNA 为正链，它进入宿主细胞后首先合成复制酶，然后在复制酶的催化下以正链为模板合成负链 RNA，合成结束后，酶以负链为模板合成正链 RNA，进行病毒的装配。

第三节　蛋白质的生物合成

蛋白质是生命活动的重要物质基础，要不断地进行代谢和更新。生物体生命活动的每一个过程都有蛋白质的参与，蛋白质的生物合成是生命现象的主要内容。

经过转录，DNA 的遗传信息转移到了 mRNA 分子的核苷酸排列顺序中，但 mRNA 不能直接表现出生命活动的特征，必须进一步将这些信息转变为具有特定氨基酸序列的蛋白质，才能最终表现出生命活动的特征。

在细胞中，以 mRNA 为模板，在核糖体、tRNA 和多种蛋白因子的共同作用下，将 mRNA 分子的核苷酸序列转变为氨基酸序列的过程称为翻译。转录和翻译统称为基因表达。

一、RNA 在蛋白质生物合成中的作用

mRNA 是合成蛋白质的模板，tRNA 是运载各种氨基酸的特异工具，核糖体是蛋白质合成的场所，促使肽链生成。各种氨基酸在各自的运载工具（tRNA）携带下，按照模板 mRNA 的要求，在 mRNA 与多个核糖体组成的多聚核糖体上有秩序地依次相互连接，以肽键结合，生成具有一定氨基酸排列顺序的蛋白质。

DNA 指导不同 mRNA 的合成。mRNA 不同，氨基酸在其肽链上的顺序也不同，生成的蛋白质也就各不相同，也就是说，mRNA 的核苷酸排列顺序决定着由它指导合成的蛋白质多肽链中氨基酸的排列顺序。

（一）mRNA 与遗传密码

1. mRNA mRNA 是单链线性分子，由 400～1 000 个核苷酸组成。mRNA 把从细胞核内 DNA 中转录出来的遗传信息带到细胞质中的核糖体上，以此为模板合成蛋白质。

mRNA 起着传递遗传信息的作用，所以称为信使核糖核酸。

2. 遗传密码 已知组成 mRNA 的核苷酸有 4 种，组成蛋白质的氨基酸有 20 种。那么 mRNA 是如何指导氨基酸以正确的顺序连接起来呢？现已证明，mRNA 分子中每 3 个相邻的核苷酸编码一个特定的氨基酸。编码一个特定氨基酸的三联体核苷酸称为三联体密码子（简称密码子）。遗传密码是指 mRNA 中的核苷酸排列顺序与蛋白质中的氨基酸排列顺序的关系。

遗传密码是编码在核酸分子上，由 $5' \rightarrow 3'$ 方向编码、不重叠、无标点的三联体密码子。在这些密码子中，UAA、UAG、UGA 为终止密码子，不代表任何氨基酸。其余 61 个密码子编码 20 种氨基酸，其中 AUG 既是甲硫氨酸的密码子，又是"起始"密码。密码子的翻译从 $5'$ 末端的起始密码子开始，按一定的读码框架连续进行，直到遇到终止密码子为止。由于起始密码也是甲硫氨酸的密码，因此，蛋白质合成的第一个氨基酸一般为甲硫氨酸。各种密码子代表的氨基酸见表 10-2。

表 10 - 2　各种密码子代表的氨基酸

5′末端碱基	中间碱基				3′末端碱基
	U	C	A	G	
U	苯丙氨酸	丝氨酸	酪氨酸	半胱氨酸	U
	苯丙氨酸	丝氨酸	酪氨酸	半胱氨酸	C
	亮氨酸	丝氨酸	终止密码子	终止密码子	A
	亮氨酸	丝氨酸	终止密码子	色氨酸	G
C	亮氨酸	脯氨酸	组氨酸	精氨酸	U
	亮氨酸	脯氨酸	组氨酸	精氨酸	C
	亮氨酸	脯氨酸	谷氨酰胺	精氨酸	A
	亮氨酸	脯氨酸	谷氨酰胺	精氨酸	G
A	异亮氨酸	苏氨酸	天冬酰胺	丝氨酸	U
	异亮氨酸	苏氨酸	天冬酰胺	丝氨酸	C
	异亮氨酸	苏氨酸	赖氨酸	精氨酸	A
	甲硫氨酸（起始密码）	苏氨酸	赖氨酸	精氨酸	G
G	缬氨酸	丙氨酸	天冬氨酸	甘氨酸	U
	缬氨酸	丙氨酸	天冬氨酸	甘氨酸	C
	缬氨酸	丙氨酸	谷氨酸	甘氨酸	A
	缬氨酸	丙氨酸	谷氨酸	甘氨酸	G

遗传密码的特点具有一些共同的特性，主要表现为简并性、连续性、通用性。

（1）简并性。密码子共有 64 个，除 UAA、UAG、UGA 不编码氨基酸外，其余 61 个密码子负责编码 20 种氨基酸。因此，出现了同一种氨基酸有两个或多个密码子编码的现象，称为密码子的简并性。同一种氨基酸的不同密码子称为同义密码子。在所有氨基酸中只有色氨酸和甲硫氨酸仅有一个密码子，而其他氨基酸都有多个密码子。

简并性使得那些即使密码子中碱基被改变，仍然能编码原来氨基酸的可能性大为提高。密码的简并也使 DNA 分子上碱基组成有较大余地的变动，同义密码子的前两位碱基是相同的，只有第三位的碱基不同。如 GGU、GGC、GGA 和 GGG 都是甘氨酸的密码子。所以密码子的专一性取决于前两位碱基，第三位碱基起的作用有限。即使第三个碱基发生变化，也能保证翻译出正确的蛋白质，这对保持物种的稳定、减少有害突变有重要意义。

（2）连续性。遗传密码在 mRNA 中是连续排列的，相邻两个密码子之间没有任何核苷酸间隔。在合成蛋白质的多肽链时，同一个密码子中的核苷酸不会被重复阅读，从起始密码 AUG 开始，一个密码接一个密码连续地进行翻译，直到出现终止密码为止。

（3）通用性。密码的通用性指各种高等和低等生物，包括病毒、细菌和真核生物，基本上共用一套遗传密码。它充分证明生物界是起源于共同的祖先，也是当前基因工程中能将一种生物的基因转移到另一种生物中去表达的原因。

密码的通用性也不是绝对的，例如，在人的线粒体中，AUA 和 AUG 都是甲硫氨酸的密码；UGA 不是终止密码而是色氨酸的密码；AGA 和 AGG 都是编码终止密码而不是编码精氨酸。

20 世纪中叶，人们已经知道 DNA 是遗传信息的携带分子，并通过 RNA 控制蛋白质的生物合成。此后，一些科学家开始从不同角度去破译遗传密码。

M. W. Nirenbreg 等人推断出 64 个三联体密码子，并解读第一个"象形文字"——UUU 代表苯丙氨酸。其后，他们又证明 CCC、AAA 分别代表脯氨酸和赖氨酸。另外，H. G. Khorana 等确定了半胱氨酸、缬氨酸等密码子。tRNA（转运 RNA）发现者之一的 R. W. Holley 成功地制备了一种纯的 tRNA，标志着有生物学活性的核酸的化学结构的确定。多位科学家经过近 5 年的共同努力，于 1966 年确定了 64 个密码子的意义，在现代生物学研究史上写下了最激动人心的篇章。Nirenbreg、Khorana、Holley 这三位美国科学家因此共同荣获 1968 年诺贝尔生理或医学奖。

（二）tRNA 的作用

tRNA 主要功能是识别 mRNA 上的密码子和携带密码子所编码的氨基酸，并将其转移到核糖体中用于蛋白质的合成。每种 tRNA 都特异地携带一种氨基酸，并利用其反密码子根据碱基配对的原则来识别 mRNA 上的密码子。在 tRNA 链的反密码环上，由 3 个特定的碱基组成一个反密码子，反密码子与密码子的方向相反。由反密码子按照碱基配对原则识别 mRNA 链上的密码子。

（三）rRNA 与核糖体

rRNA 和蛋白质结合成的核糖体蛋白，简称核糖体。核糖体是蛋白质合成的场所，能识别参与多肽链的启动、延伸和终止的各种因子，结合并移动含有遗传信息的 mRNA。核糖体由大、小两个亚基组成。原核细胞核糖体为 70S 核糖体，由 50S 和 30S 两个亚基组成；真核细胞核糖体为 80S 核糖体，由 60S 和 40S 两个亚基组成。小亚基有供 mRNA 附着的部位，可以容纳两个密码的位置。大亚基有供 tRNA 结合的两个位点：一个称为 P 位点，是 tRNA 携带多肽链占据的位点，又称肽酰基位点；另一个称为 A 位点，为 tRNA 携带氨基酸占据的位点，又称氨酰基位点。

二、蛋白质的生物合成过程

蛋白质生物合成的机制要比 DNA 复制和转录复杂得多，它需要约 300 种生物大分子参与，其中包括 tRNA、mRNA、核糖体、ATP、GTP、可溶性蛋白质因子等。

蛋白质的生物合成过程是按照 mRNA 上密码子的排列顺序，肽链从 N 端向 C 端逐渐延伸的过程，大致分为四个阶段：①氨基酸的激活；②肽链合成的起始；③肽链的延伸；④肽链合成的终止与释放。

下面以原核生物为例介绍蛋白质的生物合成过程。

（一）氨基酸的激活

氨基酸在掺入肽链之前均由特异的酶来激活，这种酶称为氨酰- tRNA 合成酶，不同的氨基酸由不同的酶催化。在此酶的作用下，氨基酸被活化且转移到 tRNA 分子上。激活反应分两步进行：第一步，在氨酰- tRNA 合成酶的催化下，氨基酸与 ATP 反应，生成氨酰- AMP -酶的复合物；第二步，氨酰- AMP -酶复合物将氨酰基转移到相应的 tRNA $3'$末端腺苷酸的核糖残基 $3'$位或 $2'$位羟基上去，生成氨酰- tRNA。

$$R-\underset{\underset{NH_2}{|}}{CH}-\overset{\overset{O}{\|}}{C}-OH + ATP + 酶 \xrightarrow{Mg^{2+}} R-\underset{\underset{NH_2}{|}}{CH}-\overset{\overset{O}{\|}}{C}-AMP-酶 + PPi$$

氨基酸　　　　　　　　　　氨酰- AMP -酶复合物　　焦磷酸

$$R-\underset{\underset{NH_2}{|}}{CH}-\overset{\overset{O}{\|}}{C}-AMP-酶 + tRNA \xrightarrow{酶} R-\underset{\underset{NH_2}{|}}{CH}-\overset{\overset{O}{\|}}{C}-tRNA + AMP + 酶$$

氨酰- AMP -酶复合物　　　　　　　　氨酰- tRNA

氨基酸一旦与 tRNA 形成氨酰- tRNA 后，tRNA 由自身的反密码子与 mRNA 分子上的密码子相识别，把所携带的氨基酸送到肽链的一定位置上。

氨酰- tRNA 合成酶具有极高的专一性，即每种氨基酸只由一个专一的氨酰 tRNA 合成酶催化。对应于合成蛋白质的 20 种氨基酸，在大多数细胞中每一种氨基酸只含有一种与之对应的氨酰 tRNA 合成酶。每一种氨酰 tRNA 合成酶既能识别相应的氨基酸，又能识别与此氨基酸相对应的一个或多个 tRNA 分子，从而保证了蛋白质合成的正确性。

（二）肽链合成的起始

蛋白质合成起始包括 mRNA、核糖体的 30S 亚基与甲酰甲硫氨酰- tRNA 结合形成 30S 复合物，接着进一步形成 70S 复合物。此过程需要起始因子 (IF) 的参与，起始因子是与起始复合物形成有关的所有蛋白质因子。真核生物的起始因子目前已发现有十几种，用 eIF 表示（eIF - 1、eIF - 2、eIF - 3、eIF - 4A、eIF - 4B）。原核生物的起始因子主要有 IF - 1、IF - 2、IF - 3。

起始复合物的形成首先是 30S 亚基在起始因子 IF‑1、IF‑2、IF‑3 作用下与 mRNA 相结合，IF‑3 的作用是促使 mRNA 与 30S 亚基结合并防止 50S 亚基与 30S 亚基在没有 mRNA 的情况下结合，IF‑1、IF‑2 的作用是促使 fMet‑tRNA 与 mRNA‑30S 亚基复合体的结合。30S 起始复合体形成后便与 50S 亚基结合形成完整的蛋白质合成起始复合物。起始因子全部离开核糖体，在此过程中结合的 GTP 水解成 GDP，放出能量。在起始复合物中，fMet‑tRNA 结合在肽酰 tRNA 位点上（P 位点），空的氨酰 tRNA 位点（A 位点）可以接受由 tRNA 转运的氨基酸。蛋白质合成起始过程如图 10‑14 所示。

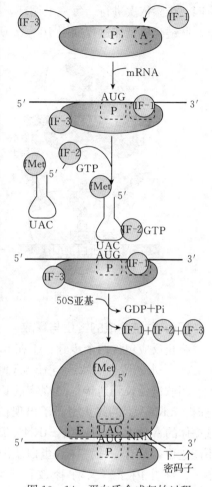

图 10‑14　蛋白质合成起始过程

（三）肽链的延伸

从 70S 起始复合物形成到肽链合成终止前的过程，称为肽链的延伸。需要有延长因子（EF）参加并消耗 GTP，原核细胞的延长因子主要有 EF‑Tu、EF‑Ts、EF‑G 等。延伸过程分为进位、转肽、脱落和移位四个步骤。

1. 进位　肽链延伸阶段的第一步是氨酰‑tRNA 进入 A 位。在延长因子 EF‑Tu、EF‑Ts 和 GTP 作用下，氨酰‑tRNA 识别起始复合物中 A 位点上 mRNA 的密码子，并且结合到 A 位点上。

2. 转肽　当氨酰‑tRNA 占据 A 位后，P 位上的 fMet‑tRNA 将其活化的甲酰甲硫氨酸部分转移到 A 位的氨酰‑tRNA 的氨基上，形成肽键，此过程由肽酰转移酶催化。经过转肽后，原来结合在 P 位的 tRNA 成为无负荷的 tRNA。

3. 脱落　转肽后，P 位上无负荷的 tRNA 脱落，并移出核糖体，空出 P 位点。

4. 移位　核糖体沿着 mRNA 链 $5' \rightarrow 3'$ 方向移动一个密码子位置，使肽酰‑tRNA 的 A 位移到 P 位，此时 A 位置空出，接受下一个氨酰‑tRNA。移位过程需要延长因子 EF‑G 推动，同时需要消耗 GTP。

蛋白质合成中，多肽链上每增加一个氨基酸都要按进位、转肽、脱落、移位四个步骤依次进行。每一个循环，多肽链增加一个氨基酸，直到肽链合成终止。肽链合成延伸过程如图 10-15 所示。

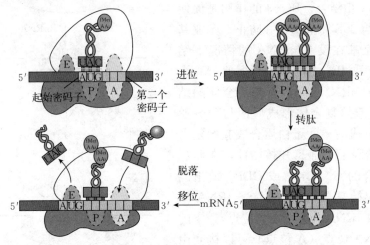

图 10-15　肽链合成延伸过程

（四）肽链合成的终止与释放

终止反应包含两个步骤：①在 mRNA 上识别终止密码子 UAA、UAG 及 UGA；②水解所合成肽链与 tRNA 间的酯键，从而释放出新生的蛋白质。

当肽链延长到遗传信息规定的长度时，mRNA 上的终止密码子出现在核糖体的 A 位上，各种氨酰-tRNA 都不能进位，只有一种特殊的蛋白质因子——终止因子（又称释放因子，RF）能识别终止密码子，并结合到 A 位上。此时，大亚基上的肽酰转移酶由于构象发生改变（变构），使肽酰转移酶活性转变为水解酶活性，即肽酰转移酶不再起转肽作用，而变成催化 P 位上的 tRNA 脱落。

肽链合成终止后，在核糖体释放因子（RRF）的作用下，核糖体解离成两个亚基并与 mRNA 分离，最后 mRNA、脱酰基的 tRNA 和释放因子离开核糖体，至此，多肽链的合成完毕，多肽链合成的终止如图 10-16 所示。

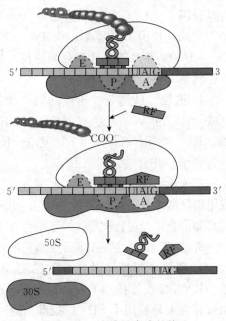

图 10-16　多肽链合成的终止

肽链起始、延伸、终止过程统称为核糖体循环，核糖体循环实际上就是蛋白质合成的翻译过程。

蛋白质的合成是消耗能量的过程。每个氨基酸的活化形成氨酰- tRNA 需要消耗两个高能磷酸键，肽链的延长阶段消耗两个 GTP。因此，形成一个肽键需要消耗 4 个高能磷酸键。如果氨基酸活化形成错误的氨酰- tRNA，水解改正还需要消耗 ATP。

三、多肽链合成后的加工

刚合成出来的多肽链多数是没有生物活性的，要经过多种方式的加工修饰才能转变为具有一定活性的蛋白质，这一过程称为翻译后的加工。

不同蛋白质的加工过程不同，常见的加工方式有以下几种。

1. N 端甲酰基或 N 端氨基酸的除去　原核细胞蛋白质合成的起始氨基酸是甲酰甲硫氨酸，经去甲酰基酶水解除去 N 端的甲酰基，然后在氨肽酶的作用下再切去一个或多个 N 端的氨基酸。

现在还不很清楚原核细胞中这种加工是发生在肽链合成过程中还是发生在肽链合成后。真核细胞中 N 端的甲硫氨酸常常在肽链的其他部位还未完全合成时就已经水解下来。

2. 信号肽的切除　某些蛋白质在合成过程中，在新生肽链的 N 端有一段信号肽（15～30 个氨基酸残基），它由具有高度疏水性的氨基酸组成，这种强的疏水性有利于多肽链穿过内质网膜，当多肽链穿过内质网膜，进入内质网腔后，立即被信号肽酶作用，将信号肽除去。

3. 二硫键的形成　mRNA 中没有胱氨酸的密码子，胱氨酸中的二硫键是通过两个半胱氨酸—SH 的氧化形成的，肽链内或肽链间都可形成二硫键，二硫键对维持蛋白质的空间构象起了很重要的作用。

4. 氨基酸的修饰　有些氨基酸如羟脯氨酸、羟赖氨酸等没有对应的密码子，这些氨基酸是在肽链合成后，在羟化酶的催化下，使氨基酸发生羟化而形成的，如胶原蛋白中的羟脯氨酸和羟赖氨酸就是以这种方式形成的。

5. 切除一段肽段　某些蛋白质合成后要经过专一的蛋白酶水解，切除一段肽段后，才能显示出生物活性。如胰岛素原变为胰岛素，胰蛋白酶原转变为胰蛋白酶等。

6. 加糖基　糖蛋白中的糖链是在多肽链合成中或合成后通过共价键连接到相关的肽段上。糖链的糖基可通过 N-糖苷键连于天冬酰胺或谷氨酰胺基的 N 原子上，也可通过糖苷键连于丝氨酸或苏氨酸羟基的 O 原子上。

7. 多肽链的折叠　蛋白质的一级结构决定高级结构，所以合成后的多肽链能自动折叠。许多蛋白质的多肽链可能在合成过程中就已经开始折叠，并非一定要从核糖体上脱下来以后，才折叠形成特定的构象。但是，在细胞中并不是所有的蛋白质合成后都能自动折叠，现已在多种细胞中发现了一个能帮助其他蛋白质折叠的蛋白质，该种蛋白质称为分子伴侣或多肽链结合蛋白。

蛋白质生物合成的调控，包括 DNA 水平、转录水平、转录后水平和翻译水平的调控，其中以转录水平的调控研究最多。

操纵子学说是转录水平调控的经典学说。操纵子是由一组结构基因，加上其上游的启动子和操纵基因组成。启动子是结合 RNA 聚合酶的部位，操纵基因是结合阻遏物的部位，位于启动子与结构基因之间，它是 RNA 聚合酶能否通过的开关，在操纵子的上游还存在调节基因，调节基因是通过调节阻遏蛋白的合成来控制操纵基因的开关。

当大肠埃希菌在以乳糖为唯一碳源的培养基中生长时，乳糖作为诱导物与阻遏蛋白结合，并使阻遏蛋白发生变构，使之失去与操纵基因结合的活性。

第十一章 物质代谢的调节

第一节 概 述

机体不断从外界摄入营养物质，在体内经由不同的代谢途径进行转变，又不断地把代谢产物和热量排出体外，这种状态称为恒态，是机体代谢的基本状态。恒态的破坏意味着生命活动的终止。恒态使动物机体各种代谢中间物的含量在一定条件下基本保持不变，但并不是固定不变。为了适应环境的变化，动物机体进化出了随时可以改变各个代谢途径的速度和代谢中间物浓度的能力，使一种恒态转变为另一种恒态，这是通过代谢的调节来完成的。

代谢调节所包括的内容很广泛，既有随动物生长发育的不同时期进行的调节，又有因为内外环境的变化进行的调节。然而无论是在什么情况下所进行的代谢调节，都是对各个代谢途径速度的调节，使它们加快、变慢，或者使有些途径开放，另一些途径关闭。由于所有代谢途径都是由酶催化的，因而无论调节的内容多么庞杂，调节的机制多么复杂和多样，归根结底，代谢的调节都是对酶的调节，是对酶活性和酶量进行的调节。

在一条代谢途径的多酶系统中，通常存在一种或少数几种催化单向不平衡反应，也就是通常所说的不可逆反应，决定代谢途径方向的关键酶，以及催化反应速率最慢、决定代谢速率的限速酶，它们是最受关注的对于代谢途径的方向和运行速率起决定作用的酶。这些酶的活性可受细胞内各种信号的调节，故又称调节酶。通过调节酶的作用，使机体既不会造成某些代谢产物的不足或过剩，也不会造成某些底物的缺乏或积聚。也就是说，生物体内各种代谢物的含量基本上是保持恒定的。总之，代谢调节的实质，就是把体内的酶组织起来，在统一的指挥下，互相协作，以便使整个代谢过程适应生理活动的需要。

一、物质代谢调节的生理意义

物质代谢是生命现象的基本特征，是生命活动的物质基础。动物体是一个有机的整体，各种物质代谢是由许多连续的和相关的代谢途径所组成，在正常情况下，各种代谢途径几乎全部按照生理的需求，有节奏、有规律地进行，同时，为适应体内外环境的变化，应及时地调整反应速率，保持整体的动态平衡。可见，体内物质代谢是在严密的调控下进行的。代谢调节的意义在于：①代谢调节能使生物体适应其生长发育的内外环境变化，在正常的机体中，代谢过程总是与机体的生长发育和外界环境相适应；②代谢的调节按经济原则进行，各种物质的代谢速率根据机体的需要随时改变，各种代谢产物既满足需要，又不会过剩。

二、物质代谢调节的基本方式

代谢调节机制普遍存在于生物界，是生物在长期进化过程中逐步形成的一种适应能力。进化程度越高的生物，其代谢调节的机制越复杂。物质代谢调节的基本方式有以下三种。

（1）单细胞的微生物受细胞内代谢物浓度变化的影响，改变其各种相关酶的活性和酶的含量，从而调节代谢的速度，这是细胞水平的代谢调节，是生物体在进化上较为原始的调节方式。

（2）较复杂的多细胞生物，出现了内分泌细胞。高等动物则出现了专门的内分泌器官，这些器官所分泌的激素可以对其他细胞发挥代谢调节作用。激素可以改变某些酶的催化活性或含量，也可以改变细胞内代谢物的浓度，从而影响代谢反应的速率，这称为激素水平的调节。

（3）高等动物不仅有完整的内分泌系统，而且还有功能复杂的神经系统。在中枢神经的控制下，或者通过神经递质对效应器直接发生影响，或者通过改变某些激素的分泌，来调节某些细胞的功能状态，并通过各种激素的互相协调而对整体代谢进行综合调节，这种调节称为整体水平的调节。

激素水平的调节和整体水平的调节是较高级的调节方式，但仍以细胞水平调节为基础。

第二节 细胞水平的代谢调节

细胞水平调节主要是通过细胞内代谢物浓度的改变来调节酶促反应的速率，以满足机体的需要，所以细胞水平调节也称为酶水平调节或分子水平调节。细胞水平调节主要包括酶的定位调节、酶的活性调节和酶的含量调节三种方式，其中以酶活性的调节最为重要。

一、酶的定位调节

从物质代谢过程可知，酶在细胞内是分隔着分布的。代谢上有关的酶，常组成一个酶体系，分布在细胞的某一组分中，例如糖酵解酶系和糖原合成、分解酶系存在于胞液中；三羧酸循环酶系和脂肪酸内氧化酶系定位于线粒体；核酸合成的酶系则绝大部分集中在细胞核内。这样的酶的隔离分布为代谢调节创造了有利条件，使某些调节因素可以较为专一地影响某一细胞组分中的酶的活性，而不致影响其他组分中的酶的活性，从而保证了整体反应的有序性。酶在细胞内的区域化分布见表 11-1。

表 11-1　酶在细胞内的区域化分布

细胞器	主要酶及代谢途径
胞浆	糖酵解途径、磷酸戊糖途径、糖原分解、脂肪酸合成、嘌呤和嘧啶的降解、肽酶、转氨酶、氨酰合成酶
线粒体	三羧酸循环、脂肪酸 β 氧化、氨基酸氧化、脂肪酸链的延长、尿素生成、氧化磷酸化作用
溶酶体	溶菌酶、酸性磷酸酶、水解酶、蛋白酶、核酸酶、葡萄糖苷酶、磷酸酯酶、脂肪酶、磷脂酶及磷酸酶
内质网	NADH 及 NADPH 细胞色素 C 还原酶、多功能氧化酶、6-磷酸葡萄糖磷酸酶、脂肪酶，蛋白质合成途径、磷酸甘油酯及三酯甘油合成、类固醇合成与还原
高尔基体	转半乳糖苷基及转葡萄糖糖苷基酶、5-核苷酸酶、NADH 细胞色素 C 还原酶、6-磷酸葡萄糖磷酸酶
过氧化体	尿酸氧化酶、D-氨基酸氧化酶、过氧化氢酶，长链脂肪酸氧化
细胞核	DNA 与 RNA 的合成途径

二、酶的活性调节

酶的活性调节是细胞内一种快速调节方式，一般在数秒或数分钟内即可发生。这种调节是通过激活或抑制体内原有的酶分子来调节酶促反应速率的，是在温度、pH、作用物和辅酶等因素不变的情况下，通过改变酶分子的构象或对酶分子进行化学修饰来实现酶促反应速率的迅速改变。

（一）变构调节

1. 变构调节的概念　某些物质能与酶分子上的非催化部位特异地结合，引起酶蛋白的分子构象发生改变，从而改变酶的活性，这种现象称为酶的变构调节或称别位调节。受这种调节作用的酶称为变构酶或别构酶，能使酶发生变构效应的物质称为变构效应剂。如变构后引起酶活性的增强，则此变构效应剂称为激活变构剂或正效应物；反之，则称为抑制变构剂或负效应物。变构调节在生物界普遍存在，它是动物体内快速调节酶活性的一种重要方式。糖和脂肪代谢酶系中某些变构酶及其变构效应剂见表 11-2。

表 11-2　糖和脂肪代谢酶系中某些变构酶及其变构效应剂

代谢途径	变构酶	激活变构剂	抑制变构剂
糖氧化分解	己糖激酶		G-6-P
	磷酸果糖激酶	AMP、ADP、FDP、Pi	ATP、柠檬酸
	丙酮酸激酶	FDP	ATP、乙酸 CoA
	异柠檬酸脱氢酶	AMP	ATP、长链脂酰 CoA
	柠檬酸合成酶	ADP、AMP	ATP
糖异生	果糖-1,6-二磷酸酶		AMP
	丙酮酸羟化酶	乙酰 CoA、ATP	
脂肪酸合成	乙酰 CoA 羟化酶	柠檬酸、异柠檬酸	长链脂酰 CoA

由表 11-2 可知，效应物一般是有机小分子化合物，有的是底物，有的是非底物物质。在细胞内，变构酶的底物通常是它的变构激活剂，代谢途径的终产物通常是它的变构抑制剂。变构调节效应如图 11-1 所示。

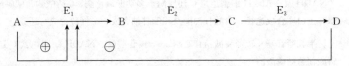

图 11-1　变构调节效应

注：A 为原始底物；B、C 为中间产物；D 为终产物；E_1、E_2、E_3 为催化 A、B、C 的不同酶，其中 E_1 是异促变构酶，D 是 E_1 的变构抑制剂，A 是 E_1 的变构激活剂。

2. 变构调节的机理　能受变构调节的酶，常常是由两个以上亚基组成的聚合体。有的亚基与作用物结合，起催化作用，称为催化亚基；有的亚基与变构剂结合，发挥调节作用，称为调节亚基。但也可在同一亚基上既存在催化部位又存在调节部位。变构剂与调节亚基（或部位）间是非共价键的结合，结合后改变酶的构象，从而使酶活性被抑制或激活。

下面以果糖-1,6-二磷酸酶为例阐述这一过程。果糖-1,6-二磷酸酶是由四个结构相同的亚基所组成，每个亚基上既有催化部位，也有调节部位。在催化部位上能结合一分子 FDP，在调节部位上能结合一分子变构剂。此酶有两种存在形式，即紧密型（T 型，高活性）与松弛型（R 型，低活性）。AMP 是此酶的抑制变构剂。当酶处于 T 型时，因其调节部位转至聚合体内部而难以与 AMP 结合，故对 AMP 不敏感而表现出较高的活性。在第一个 AMP 分子与调节部位结合后，T 型逐步转变成 R 型，各亚基构象相继发生改变，调节部位相继暴露，与 AMP 的亲和力逐步增加，酶的活性逐渐减弱，这就是果糖-1,6-二磷酸酶由紧密型变成松弛型的变构过程（图 11-2）。抑制变构剂促进高活性型至低活性型的转变，激活变构剂则促进低活性型至高活性型的转变。这一变构过程是可逆的。图 11-2 中 3-磷酸甘油醛和脂肪酸-载体蛋白可使低活性型转变为高活性型。

图 11-2　果糖-1,6-二磷酸酶的变构过程

注：△为酶亚基上的催化部位；X 为酶亚基上的调节部位；FDP 为果糖-1,6-二磷酸。

3. 变构调节的生理意义　变构效应在酶的快速调节中占有特别重要的地位。代谢速率的改变，常常是由于影响了整条代谢通路中催化第一步反应的酶或整条代谢反应中限速酶的活性而引起的。这些酶往往受到一些代谢物的抑制或激活，这些抑制或激活作用大多是通过变构效应来实现的。因而这些酶的活力可以极灵敏地受到代谢产物浓度的调节，这对机体的自身代谢调控具有重要的意义。

（二）共价修饰调节

1. 共价修饰调节的概念　酶分子肽链上的某些基团可在另一种酶的催化下发生可逆的共价修饰，或通过可逆的氧化还原互变使酶分子的局部结构或构象产生改变，从而引起酶活性的改变，这个过程称为酶的共价修饰调节。如磷酸化和去磷酸化，乙酰化和去乙酰化，腺苷化和去腺苷化，甲基化和去甲基化，以及—SH 和—S—S—互变等，其中磷酸化和去磷酸化作用在物质代谢调节中最为常见，也是真核生物酶共价修饰调节的主要形式。表 11-3 列出了一些酶的共价修饰调节实例。

表 11-3　一些酶的共价修饰调节实例

酶类	反应类型	效应
糖无磷酸化酶	磷酸化/去磷酸化	激活/抑制
磷酸化酶 b 激酶	磷酸化/去磷酸化	激活/抑制
磷酸化酶磷酸酶	磷酸化/去磷酸化	抑制/激活
糖原合成酶	磷酸化/去磷酸化	抑制/激活
丙酮酸脱羟酶	磷酸化/去磷酸化	抑制/激活
脂肪酶（脂肪细胞）	磷酸化/去磷酸化	激活/抑制
谷氨酰胺合成酶（大肠杆菌）	腺苷化/去腺苷化	抑制/激活
黄嘌呤氧化（脱氢）酶	—SH/—S—S	脱氢/氧化

2. 酶共价修饰的机理 肌肉糖原磷酸化酶的酶促化学修饰是研究得比较清楚的一个例子。该酶有两种形式，即无活性的磷酸化酶 b 和有活性的磷酸化酶 a。磷酸化酶 b 在酶的催化下，使每个亚基分别接受 ATP 供给的一个磷酸基团，转变为磷酸化酶 a，后者具有高活性。两分子磷酸化酶 a 二聚体可以再聚合成活性较低的磷酸化酶 a 四聚体。肌肉糖原磷酸化酶的共价修饰作用如图 11-3 所示。

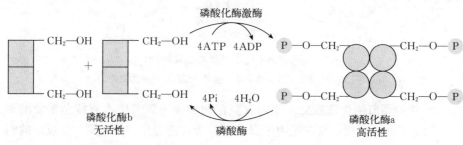

图 11-3 肌肉糖原磷酸化酶的共价修饰作用

3. 共价修饰的特点 酶的共价修饰调节可在激素的作用下产生级联放大的效应，即少量的调节因素就可使大量的酶分子发生共价修饰，因此催化效率高。同时，酶的共价修饰调节耗能少，是一种经济有效的调节方式。

三、酶的含量调节

除通过改变酶分子的结构来调节细胞内原有酶的活性外，生物体还可通过改变酶的合成或降解速率以控制酶的绝对含量来调节代谢。酶蛋白的合成与降解需要消耗能量，所需时间和持续时间都较长，故酶含量的调节属迟缓调节。

（一）酶蛋白合成的诱导和阻遏

酶的底物或产物、激素以及药物等都可以影响酶的合成。一般将加强酶合成的化合物称为诱导剂，减少酶合成的化合物称为阻遏剂。诱导剂和阻遏剂可在转录水平或翻译水平上影响蛋白质的合成，以影响转录过程较为常见。这种调节作用要通过一系列蛋白质生物合成的环节，故调节效应出现较迟缓。一旦酶被诱导合成，即使除去诱导剂，酶仍能保持活性，直至酶蛋白降解完毕。因此，这种调节的效应持续时间较长。

1. 底物对酶合成的诱导作用 受酶催化的底物常常可以诱导该酶的合成，此现象在生物界普遍存在。

2. 产物对酶合成的阻遏 代谢反应的终产物不但可通过变构调节直接抑制酶体系中的关键酶或起催化起始反应作用的酶，有时还可阻遏这些酶的合成。

3. 激素对酶合成的诱导作用　激素是高等动物体内影响酶合成最重要的调节因素。糖皮质激素能诱导一些氨基酸分解代谢中起催化起始反应作用的酶和糖异生途径关键酶的合成，而胰岛素则能诱导糖酵解和脂肪酸合成途径中的关键酶的合成。

4. 药物对酶合成的诱导作用　很多药物和毒物可促进肝细胞微粒体中单加氧酶或其他一些药物代谢酶的诱导合成，从而促进药物本身或其他药物的氧化失活，这对防止药物或毒物的中毒和蓄积有着重要的意义。

（二）酶蛋白降解的调节

细胞内酶的含量可通过改变酶分子的降解速率来调节。酶蛋白受细胞内溶酶体中蛋白水解酶的催化而降解，因此，凡能改变蛋白水解酶活性或蛋白水解酶在溶酶体内分布的因素，都可间接地影响酶蛋白的降解速率。目前认为，通过酶降解以调节酶含量的作用的重要性不如酶的诱导和阻遏作用。

第三节　激素对物质代谢的调节

细胞的物质代谢反应不仅受到局部环境的影响，即各种代谢底物和产物的正、负反馈调节，而且还受来自机体其他组织器官的各种化学信号的控制，激素就属于这类化学信号。激素是一类由特殊细胞合成并分泌的化学物质，它随血液循环于全身，作用于特定的组织或细胞（称为靶组织或靶细胞），引导细胞物质代谢沿着一定的方向进行。同一激素可以使某些代谢反应加强，而使另一些代谢反应减弱，从而适应整体的需要。通过激素来控制物质代谢是高等动物体内代谢调节的一种重要方式。

一、激素通过细胞膜受体的调节

20 世纪 50 年代初期，Sutherland 在实验中发现，肝细胞组织切片若加入肾上腺素，可以加速肝糖原分解为葡萄糖；测定磷酸化酶（分解肝糖原的酶），发现其活性增加。因此他认为，磷酸化酶是肝糖原分解的限速酶，肾上腺素能激活此酶。但是，若用纯化的磷酸化酶与肾上腺素一起温育，后者对酶则没有激活作用。由此可知，肾上腺素激活磷酸化酶是一个间接过程，需要肝细胞中其他物质的协助。后来的实验证实，肾上腺素首先与细胞膜上的特异性受体结合，激活 G 蛋白，G 蛋白再激活膜上的腺苷酸环化酶，后者使细胞内 ATP 转变为 cAMP，cAMP 可使胞浆中的磷酸化酶 b 转变为磷酸化酶 a。由于肾上腺素并不进入细胞，其作用是通过细胞内 cAMP 传递的，因此将 cAMP 称为细胞内信使或激素的第二信使。激素调节糖原代谢的连续激活反应见图 11 - 4。

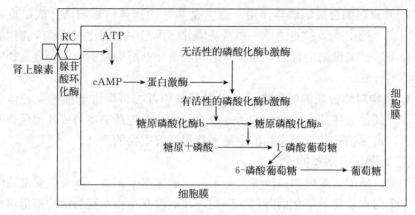

图 11-4 激素调节糖原代谢的连续激活反应

多数激素可使 cAMP 的生成加速，少数激素则可以降低细胞内 cAMP 的浓度。大部分肽类激素，包括胰高血糖素、甲状旁腺素、降钙素、抗利尿激素和催产素等以及儿茶酚胺类激素，均可通过相应的受体激活靶细胞膜上的腺苷酸环化酶，从而使胞内 cAMP 的浓度增加。

二、激素通过细胞内受体的调节

非膜受体激素包括类固醇激素、前列腺素、甲状腺素、活性维生素 D 及视黄醇，这些激素可透过细胞膜进入细胞，与其胞核内的特异性受体结合，引起受体的构象变化，然后激素-受体复合物共同形成二聚体，作为转录因子，与 DNA 上特异基因邻近的激素反应元件结合。由此使邻近基因易于（或难于）被 RNA 聚合酶转录，以促进（或阻止）这些基因的 mRNA 合成。受该激素调节的基因产物（酶或蛋白质）的合成因而增多（或减少）。随着酶的诱导生成（或阻遏），即可产生代谢效应。激素通过细胞内受体的调节途径见图 11-5。

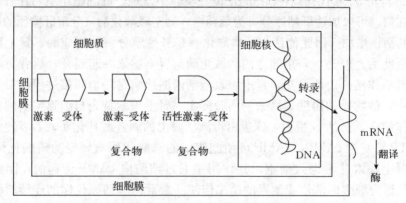

图 11-5 激素通过细胞内受体的调节途径

知识链接

甲状腺激素与能量代谢

甲状腺激素是调节能量代谢的重要激素，能通过诱导 Na^+、$K^+ - ATP$ 酶的基因表达促进氧化磷酸化，同时它还能激活一些细胞线粒体内的解偶联蛋白，使生物氧化释放的能量不能用于合成 ATP 而以热量的形式散发，因此甲状腺功能亢进症患者会出现身体乏力并伴随多汗、发热。甲状腺激素对物质代谢有广泛的影响，包括合成代谢和分解代谢。生理浓度的甲状腺激素对合成代谢和分解代谢都有促进作用，但高浓度的甲状腺激素对分解代谢促进作用更强。因此，甲状腺功能亢进症患者虽然食欲很好，但会出现身体消瘦、体重减轻等症状。但如果甲状腺激素浓度偏低则会导致能量代谢减弱、产热减少，生长发育迟缓。

刘观昌，马少宁，2015. 生物化学检验［M］.4 版 . 北京：人民卫生出版社 .

朱圣庚，徐长法，2016. 生物化学［M］.4 版 . 北京：高等教育出版社 .

宋小平，2015. 生物化学实验实训教程［M］. 南京：东南大学出版社 .

张源淑，2017. 动物生物化学学习导航暨习题解析［M］. 北京：中国农业大学出版社 .

李庆章，2016. 动物生物化学［M］. 北京：高等教育出版社 .

李庆章，2015. 动物生物化学实验技术教程［M］. 北京：高等教育出版社 .

周春燕，药立波，2018. 生物化学与分子生物学［M］.9 版 . 北京：人民卫生出版社 .

周顺伍，2010. 动物生物化学［M］. 北京：化学工业出版社 .

邹思湘，2012. 动物生物化学［M］.5 版 . 北京：中国农业出版社 .

图书在版编目（CIP）数据

动物生物化学 / 金成浩主编 . —北京：中国农业
出版社，2024.4
ISBN 978 - 7 - 109 - 31825 - 0

Ⅰ.①动⋯　Ⅱ.①金⋯　Ⅲ.①动物学－生物化学
Ⅳ.①Q5

中国国家版本馆 CIP 数据核字（2024）第 059141 号

中国农业出版社出版
地址：北京市朝阳区麦子店街 18 号楼
邮编：100125
策划编辑：姜爱桃
责任编辑：刁乾超　李　夷　　文字编辑：徐志平
版式设计：王　晨　　责任校对：吴丽婷
印刷：北京印刷集团有限责任公司
版次：2024 年 4 月第 1 版
印次：2024 年 4 月北京第 1 次印刷
发行：新华书店北京发行所
开本：700mm×1000mm　1/16
印张：16.25
字数：310 千字
定价：118.00 元

版权所有·侵权必究
凡购买本社图书，如有印装质量问题，我社负责调换。
服务电话：010 - 59195115　010 - 59194918